教科書ぴったりトレーニング

はなまるシール

…の「がんばり表」に使おう！
…こ、キミのおとも犬を選んで、
…んばり表にはろう！
★ 学習が終わったら、がんばり表に「はなまるシール」をはろう！
★ 余ったシールは自由に使ってね。

キミのおとも犬

はなまるシール

ごほうびシール

教科書ぴったりトレーニング 理科 4年 がんばり表

いつも見えるところに、この「がんばり表」をはっておこう。
この「ぴたトレ」を学習したら、シールをはろう！
どこまでがんばったかわかるよ。

シールの中からすきなぴた犬をえらぼう。

おうちのかたへ

がんばり表のデジタル版「デジタルがんばり表」では、デジタル端末でも学習の進捗記録をつけることができます。1冊やり終えると、抽選でプレゼントが当たります。「ぴたサポシステム」にご登録いただき、「デジタルがんばり表」をお使いください。LINE または PC・ブラウザを利用する方法があります。

★ ぴたサポシステムご利用ガイドはこちら ★
https://www.shinko-keirin.co.jp/shinko/news/pittari-support-system

スタート

1. 季節と生き物
① あたたかくなって

2〜3ページ	4〜5ページ	6〜7ページ
ぴったり12	ぴったり12	ぴったり3
できたらシールをはろう	できたらシールをはろう	できたらシールをはろう

2. 1日の気温と天気
① 1日の気温の変化
② 1日の気温の変化と天気

8〜9ページ	10〜11ページ
ぴったり12	ぴったり3
できたらシールをはろう	できたらシールをはろう

3. 空気と水
① とじこめた空気のせいしつ
② 空気と水のせいしつ

12〜13ページ	14〜15ページ	16〜17ページ
ぴったり12	ぴったり12	ぴったり3
できたらシールをはろう	できたらシールをはろう	できたらシールをはろう

4. 電気のはたらき
① モーターの回る向きと電気の流れ
② モーターを速く回す方法

18〜19ページ	20〜21ページ	22〜23ページ
ぴったり12	ぴったり12	ぴったり3
できたらシールをはろう	できたらシールをはろう	できたらシールをはろう

5. 雨水の流れ
① 雨水の流れ
② 土のつぶと水のしみこみ方

24〜25ページ	26〜27ページ
ぴったり12	ぴったり3
できたらシールをはろう	できたらシールをはろう

1-2. 暑い季節

28〜29ページ	30〜31ページ
ぴったり12	ぴったり3
できたらシールをはろう	できたらシールをはろう

★. 夏の星

32〜33ページ	34〜35ページ
ぴったり12	ぴったり3
できたらシールをはろう	できたらシールをはろう

6. 月や星の動き
① 朝の月の動き
② 星の動き
③ 午後の月の動き

36〜37ページ	38〜39ページ	40〜41ページ
ぴったり12	ぴったり12	ぴったり3
できたらシールをはろう	できたらシールをはろう	できたらシールをはろう

1-3. すずしくなると

42〜43ページ	44〜45ページ
ぴったり12	ぴったり3
できたらシールをはろう	できたらシールをはろう

7. 自然の中の水
① 水のゆくえ
② 空気中の水じょう気

46〜47ページ	48〜49ページ
ぴったり12	ぴったり3
できたらシールをはろう	できたらシールをはろう

8. 水の３つのすがた
① 水を熱したときのようす
② 水がこおるときのようす

50〜51ページ	52〜53ページ	54〜55ページ
ぴったり12	ぴったり12	ぴったり3
できたらシールをはろう	できたらシールをはろう	できたらシールをはろう

9. ものの体積と温度
① 空気の体積と温度
② 水の体積と温度
③ 金ぞくの体積と温度

56〜57ページ	58〜59ページ	60〜61ページ
ぴったり12	ぴったり12	ぴったり3
できたらシールをはろう	できたらシールをはろう	できたらシールをはろう

★. 冬の星

62〜63ページ	64〜65ページ
ぴったり12	ぴったり3
できたらシールをはろう	できたらシールをはろう

1-4. 寒さの中でも

66〜67ページ	68〜69ページ	70〜71ページ
ぴったり12	ぴったり12	ぴったり3
できたらシールをはろう	できたらシールをはろう	できたらシールをはろう

10. ものの温まり方
① 金ぞくの温まり方
② 水の温まり方
③ 空気の温まり方

72〜73ページ	74〜75ページ
ぴったり12	ぴったり3
できたらシールをはろう	できたらシールをはろう

11. 人の体のつくりと運動
① わたしたちの体とほね
② 体が動くしくみ

76〜77ページ	78〜80ページ
ぴったり12	ぴったり3
できたらシールをはろう	できたらシールをはろう

ゴール

さいごまでがんばったキミは「ごほうびシール」をはろう！

ごほうびシールをはろう

教科書ぴったりトレーニングの使い方

『ぴたトレ』は教科書にぴったり合わせて使うことができるよ。教科書も見ながら、勉強していこうね。ぴた犬たちが勉強をサポートするよ。

ふだんの学習

ぴったり1 じゅんび

教科書のだいじなところをまとめていくよ。
めあて でどんなことを勉強するかわかるよ。
問題に答えながら、わかっているかかくにんしよう。
QRコードから「3分でまとめ動画」が見られるよ。

※QRコードは株式会社デンソーウェーブの登録商標です。

ぴったり2 練習

「ぴったり1」で勉強したこと、おぼえているかな？
かくにんしながら、問題に答える練習をしよう。

ぴったり3 たしかめのテスト

「ぴったり1」「ぴったり2」が終わったら取り組んでみよう。
学校のテストの前にやってもいいね。
わからない問題は、ふりかえり を見て前にもどってかくにんしよう。

実力チェック

- 夏のチャレンジテスト
- 冬のチャレンジテスト
- 春のチャレンジテスト
- 4年 理科のまとめ 学力しんだんテスト

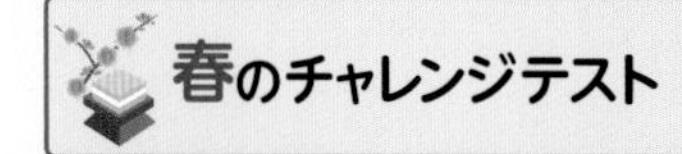

夏休み、冬休み、春休み前に使いましょう。
学期の終わりや学年の終わりのテストの前にやってもいいね。

ふだんの学習が終わったら、「がんばり表」にシールをはろう。

別冊

丸つけラクラクかいとう

問題と同じ紙面に赤字で「答え」が書いてあるよ。
取り組んだ問題の答え合わせをしてみよう。まちがえた問題やわからなかった問題は、右の「てびき」を読んだり、教科書を読み返したりして、もう一度見直そう。

おうちのかたへ

本書『教科書ぴったりトレーニング』は、教科書の要点や重要事項をつかむ「ぴったり1 じゅんび」、おさらいをしながら問題に慣れる「ぴったり2 練習」、テスト形式で学習事項が定着したか確認する「ぴったり3 たしかめのテスト」の3段階構成になっています。教科書の学習順序やねらいに完全対応していますので、日々の学習（トレーニング）にぴったりです。

「観点別学習状況の評価」について

学校の通知表は、「知識・技能」「思考・判断・表現」「主体的に学習に取り組む態度」の3つの観点による評価がもとになっています。

問題集やドリルでは、一般に知識を問う問題が中心になりますが、本書『教科書ぴったりトレーニング』では、次のように、観点別学習状況の評価に基づく問題を取り入れて、成績アップに結びつくことをねらいました。

ぴったり3 たしかめのテスト

●「知識・技能」のうち、特に技能（観察・実験の器具の使い方など）を取り上げた問題には「技能」と表示しています。

●「思考・判断・表現」のうち、特に思考や表現（予想したり文章で説明したりすることなど）を取り上げた問題には「思考・表現」と表示しています。

チャレンジテスト

●主に「知識・技能」を問う問題か、「思考・判断・表現」を問う問題かで、それぞれに分類して出題しています。

別冊『丸つけラクラクかいとう』について

おうちのかたへ では、次のようなものを示しています。

- 学習のねらいやポイント
- 他の学年や他の単元の学習内容とのつながり
- まちがいやすいことやつまずきやすいところ

お子様への説明や、学習内容の把握などにご活用ください。

内容の例

> おうちのかたへ　1. 生き物をさがそう
> 身の回りの生き物を観察して、大きさ、形、色など、姿に違いがあることを学習します。虫眼鏡の使い方や記録のしかたを覚えているか、生き物どうしを比べて、特徴を捉えたり、違うところや共通しているところを見つけたりすることができるか、などがポイントです。

（キリトリ線）

バッチリポスター

自由研究にチャレンジ！

「自由研究はやりたい，でもテーマが決まらない…。」
そんなときは，この付録を参考に，自由研究を進めてみよう。
この付録では，『豆電球２この直列つなぎとへい列つなぎ』というテーマを例に，説明していきます。

①研究のテーマを決める

「小学校で，かん電池２こを直列つなぎにしたときと，へい列つなぎにしたときのちがいを調べた。それでは，豆電球２こを直列つなぎにしたときとへい列つなぎにしたときで，明るさはどうなるか調べたいと思った。」など，学習したことや身近なぎもんから，テーマを決めよう。

②予想・計画を立てる

「豆電球，かん電池，どう線，スイッチを用意する。豆電球１こととかん電池をつないで明かりをつけて，明るさを調べたあと，豆電球２こを直列つなぎやへい列つなぎにして，明るさをくらべる。」など，テーマに合わせて調べる方法とじゅんびするものを考え，計画を立てよう。わからないことは，本やコンピュータで調べよう。

③調べたりつくったりする

計画をもとに，調べたりつくったりしよう。結果だけでなく，気づいたことや考えたことも記録しておこう。

④まとめよう

「豆電球２こを直列つなぎにしたときは，明るさは〜だった。豆電球２こをへい列つなぎにしたときは，明るさは〜だった。」など，調べたりつくったりした結果から，どんなことがわかったかをまとめよう。

豆電球のかわりに，
モーターを使っても
いいね。

右は自由研究を
まとめた例だよ。
自分なりに
まとめてみよう。

豆電球２この直列つなぎとへい列つなぎ

年　組

【１】研究のきっかけ

小学校で，かん電池２こを直列つなぎにしたときと，へい列つなぎにしたときのちがいを調べた。それでは，豆電球２こを直列つなぎにしたときと，へい列つなぎにしたときで，明るさはどうなるか調べたいと思った。

【２】調べ方

①豆電球（２こ），かん電池，どう線，スイッチを用意する。
②豆電球１ことかん電池をどう線でつないで，豆電球の明るさを調べる。
③豆電球２こを直列つなぎにして，豆電球の明るさを調べる。
④豆電球２こをへい列つなぎに変えて，豆電球の明るさを調べる。

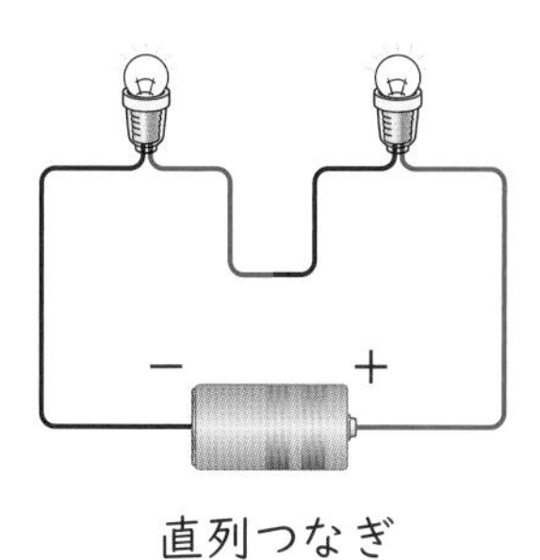
−
+
直列つなぎ

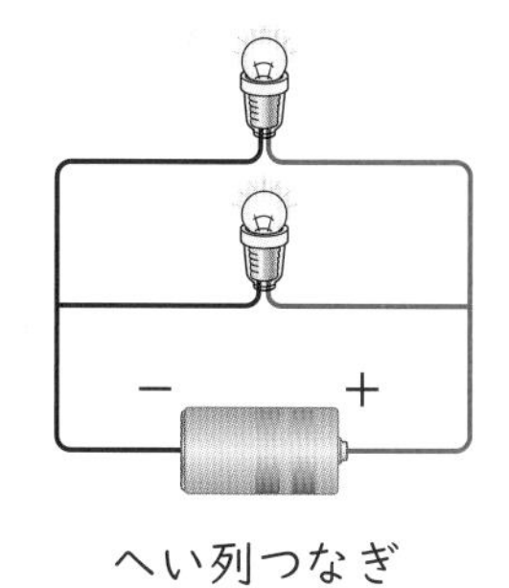
−
+
へい列つなぎ

【３】結果

豆電球２こを直列つなぎにしたときは，豆電球１このときとくらべて，明るさは，〜だった。
豆電球２こをへい列つなぎにしたときは，豆電球１このときとくらべて，明るさは，〜だった。

【４】わかったこと

豆電球２こを直列つなぎにしたときと，へい列つなぎにしたときでは，明るさがちがって，〜だった。

\ きょうみを広げる・深める！ /

観察・実験カード

4年

生き物

どの季節(きせつ)のようすかな？

生き物

どの季節(きせつ)のようすかな？

生き物

どの季節(きせつ)のようすかな？

生き物

どの季節(きせつ)のようすかな？

生き物

どの季節(きせつ)のようすかな？

生き物

どの季節(きせつ)のようすかな？

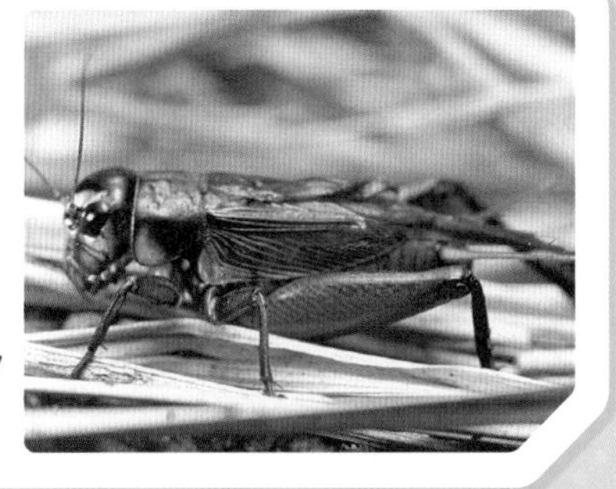

生き物

どの季節(きせつ)のようすかな？

生き物

どの季節(きせつ)のようすかな？

星

図の大きい三角形を何というかな？

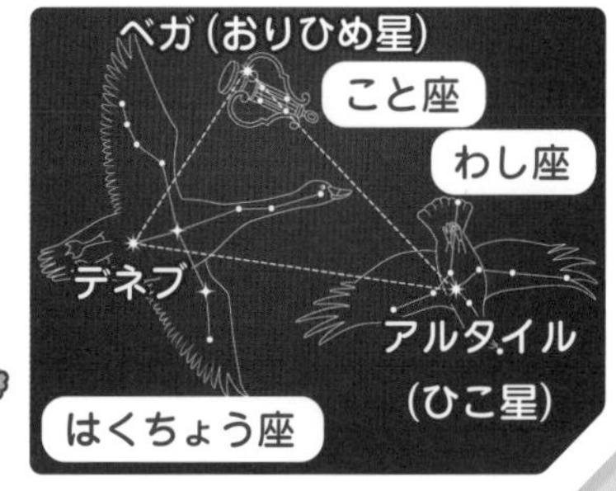

星

図の大きい三角形を何というかな？

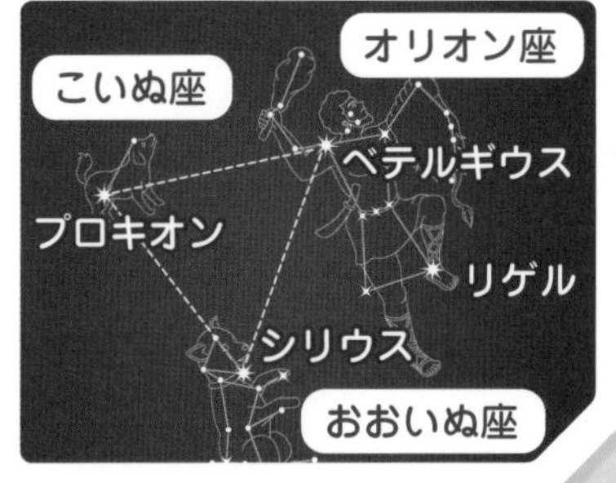

星

何という星座(せいざ)かな？

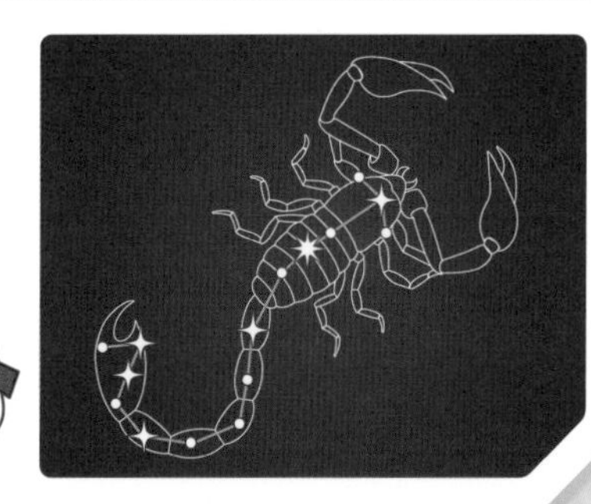

使い方

- 切り取り線にそって切りはなしましょう。

説明

- 「生き物」「星」「器具等」の答えはうら面に書いてあります。

春

春になると、植物が芽を出したり、花をさかせたりする。
サクラは、その代表の一つ。

夏

夏になると、植物は大きく成長する。
ヒマワリは、花をさかせる。

秋

秋になると、実をつける木がたくさんある。
その代表がどんぐり（カシやコナラなどの実）で、日本には約20種類のどんぐりがある。

冬

冬になると、植物は葉がかれたり、くきがかれたりする。
ナズナは、葉を残して冬ごしする。

夏の大三角

こと座のベガ（おりひめ星）、わし座のアルタイル（ひこ星）、はくちょう座のデネブの３つの一等星をつないでできる三角形を、夏の大三角という。

さそり座

夏に南の空に見られる。
さそり座の赤い一等星をアンタレスという。

春

春になると、ツバメのようなわたり鳥が南の方から日本へやってくる。ツバメは、春から夏にかけて、たくさんの虫を自分やひなの食べ物にする。

夏

夏になり、気温が高くなると、生き物の動きや成長が活発になる。セミは、種類によって鳴き声や鳴く時こくにちがいがある。

秋

秋になると、コオロギなどの鳴き声が聞こえてくるようになる。鳴くのはおすだけで、めすに自分のいる場所を知らせている。

冬

気温が低くなると、北の方からわたり鳥が日本へやってくる。その一つであるオオハクチョウは、おもに北海道や東北地方で冬をこす。

冬の大三角

オリオン座のベテルギウス、おおいぬ座のシリウス、こいぬ座のプロキオンの３つの一等星をつないでできる三角形を、冬の大三角という。

星

何という星のならびかな？

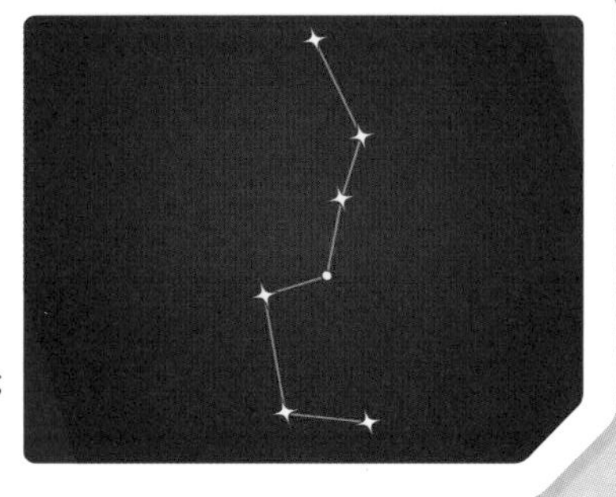

器具等

何というものかな？

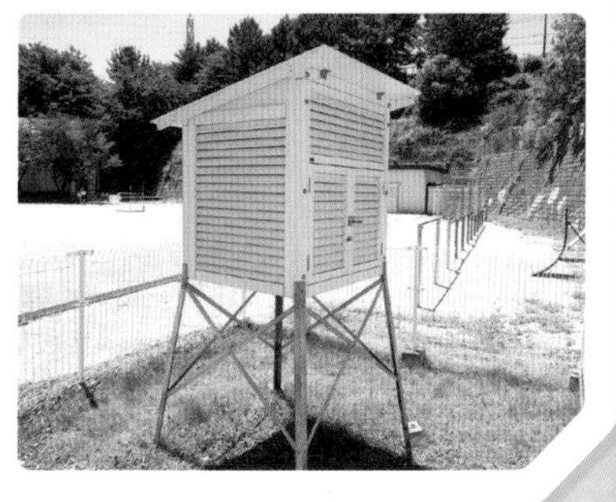

器具等

何という器具かな？

器具等

何という器具かな？

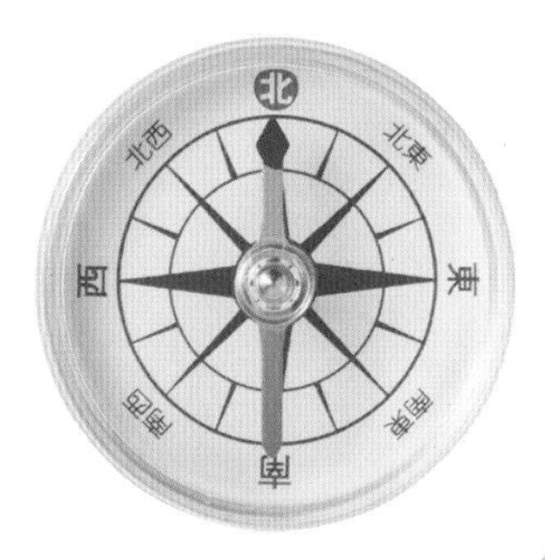

器具等

写真の上側にある器具は何かな？

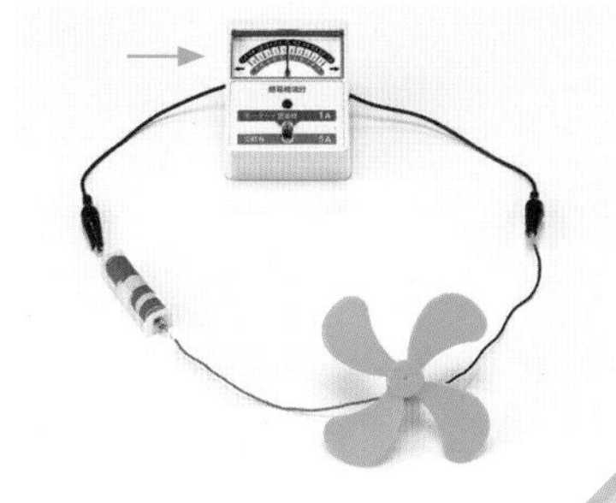

器具等

それぞれ何の電気用図記号かな。

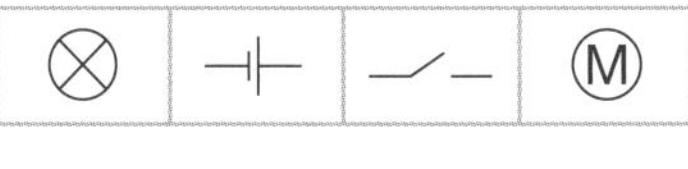

器具等

何という器具かな？

器具等

何という器具かな？

器具等

何という器具かな？

器具等

写真の中央にある器具は何かな？

器具等

急に湯がわき立つのをふせぐために、何を入れるかな？

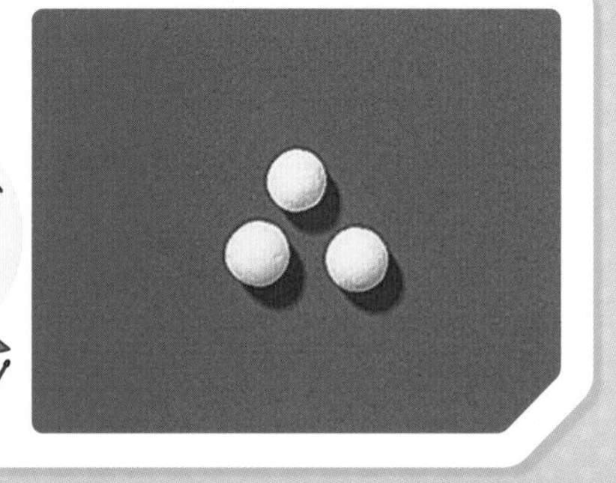

器具等

温度によって色が変化するえきを何というかな？

百葉箱

風通しがよく、日光や雨が入りこまないなど、気温をはかるじょうけんに合わせてつくられている。

北斗七星

北の空に見えるひしゃくの形をした星のならび。

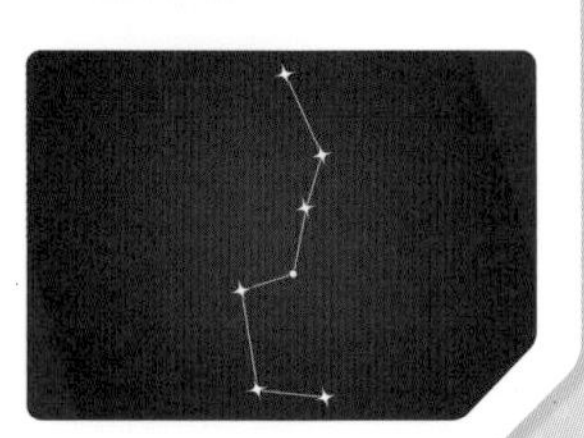

方位じしん

方位を調べるときに使う。はりは、北と南を指して止まる。色がついているほうのはりが北を指す。

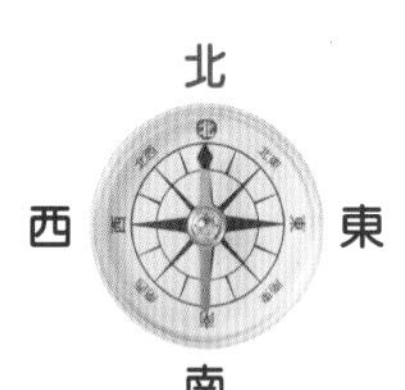

温度計

ものの温度をはかるときに使う。
目もりを読むときは、真横から読む。

	豆電球	かん電池	スイッチ	モーター
記号	⊗	─┤├─ (－極 ＋極)	─／─	Ⓜ

電気用図記号を使うと、回路を図で表すことができる。このような記号を使って表した回路の図のことを回路図という。

かんいけん流計

電流の流れる向きや大きさを調べるときに使う。はりのふれる向きで電流の向きをしめし、ふれぐあいで電流の大きさをしめす。

実験用ガスコンロ

ものを熱するときに使う。調節つまみを回すだけでほのおの大きさを調節できる。転とうやガスもれのきけんが少ない。

星座早見

星や星座をさがすときに使う。観察する時こくの目もりを、月日の目もりに合わせ、観察する方位を下にして、夜空の星とくらべる。

ガスバーナー

ものを熱するときに使う。空気調節ねじをゆるめるときは、ガス調節ねじをおさえながら、空気調節ねじだけを回すようにする。

アルコールランプ

ものを熱するときに使う。マッチやガスライターで火をつけ、ふたをして火を消す。使用する前に、ひびがないか、口の部分がかけていないかなどかくにんする。

示温インク

温度によって色が変化することから、水のあたたまり方を観察することができる。

ふっとう石

急に湯がわき立つのをふせぐ。ふっとう石を入れてから、熱し始める。一度使ったふっとう石をもう一度使ってはいけない。

理科４年
学校図書版
みんなと学ぶ 小学校理科

教科書ぴったりトレーニング
3分でまとめ動画

		教科書ページ	ぴったり1 じゅんび	ぴったり2 練習	ぴったり3 たしかめのテスト
1.季節と生き物	①あたたかくなって①	6～9、12	2	3	6～7
	①あたたかくなって②	10～15	4	5	
2.１日の気温と天気	①１日の気温の変化 ②１日の気温の変化と天気	16～25	8	9	10～11
3.空気と水	①とじこめた空気のせいしつ	26～31	12	13	16～17
	②空気と水のせいしつ	32～37	14	15	
4.電気のはたらき	①モーターの回る向きと電気の流れ	38～43	18	19	22～23
	②モーターを速く回す方法	44～53	20	21	
5.雨水の流れ	①雨水の流れ ②土のつぶと水のしみこみ方	54～65	24	25	26～27
1-2.暑い季節	暑い季節	66～73	28	29	30～31
★ 夏の星	夏の星	74～85	32	33	34～35
6.月や星の動き	①朝の月の動き ②星の動き	88～94	36	37	40～41
	③午後の月の動き	95～99	38	39	
1-3.すずしくなると	すずしくなると	100～107	42	43	44～45
7.自然の中の水	①水のゆくえ ②空気中の水じょう気	108～117	46	47	48～49
8.水の３つのすがた	①水を熱したときのようす	118～124	50	51	54～55
	②水がこおるときのようす	125～131	52	53	
9.ものの体積と温度	①空気の体積と温度 ②水の体積と温度	132～140	56	57	60～61
	③金ぞくの体積と温度	141～145	58	59	
★ 冬の星	冬の星	146～151	62	63	64～65
1-4.寒さの中でも	寒さの中でも①	152～155	66	67	70～71
	寒さの中でも②	156～159	68	69	
10.ものの温まり方	①金ぞくの温まり方 ②水の温まり方 ③空気の温まり方	160～175	72	73	74～75
11.人の体のつくりと運動	①わたしたちの体とほね ②体が動くしくみ	176～187	76	77	78～80

巻末 夏のチャレンジテスト／冬のチャレンジテスト／春のチャレンジテスト／学力しんだんテスト
別冊 丸つけラクラクかいとう

とりはずしてお使いください

【写真提供】
アフロ／コーベット・フォトエージェンシー／スマイルミッションフォトワークス／ピクスタ

1. 季節(きせつ)と生き物

①あたたかくなって①

学習日　月　日

めあて
気温のはかり方と、あたたかくなったときの植物のようすをかくにんしよう。

教科書 6〜9、12ページ　答え 2ページ

下の(　)にあてはまる言葉を書くか、あてはまるものを〇でかこもう。

1 気温(きおん)は何℃くらいだろうか。

教科書 6〜8、198ページ

- 地面から(①　0.1m〜0.3m　・　1.2m〜1.5m　)くらいの高さではかる。
- 温度計のえきだめに、直せつ日光が(②　　　)ようにしてはかる。
- 温度計の目もりは、(③　　　)から見て読む。

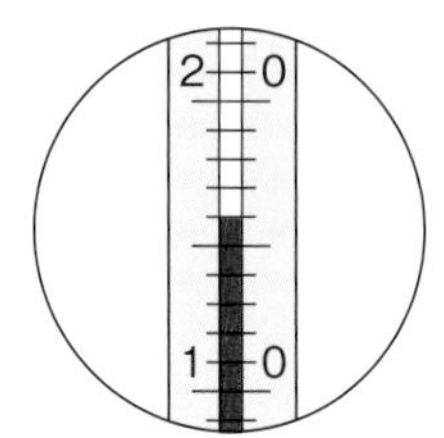

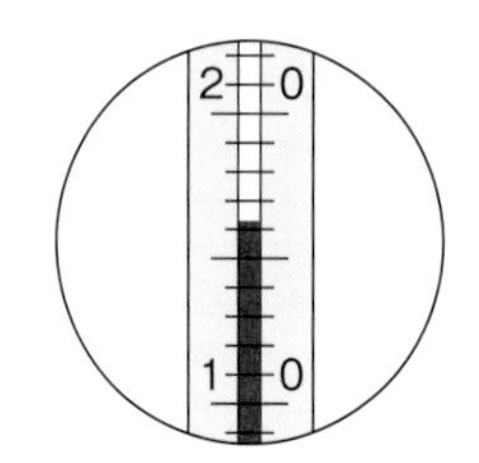

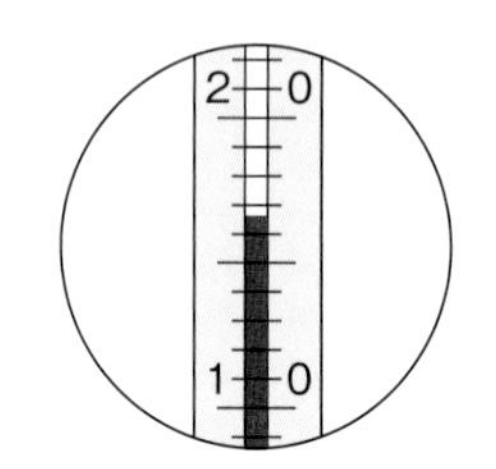

- 「16ど」と読み、(④　　　)と書く。
- えきの先に近い下の目もりを読み、(⑤　　　)とする。
- えきの先に近い上の目もりを読み、(⑥　　　)とする。

2 植物はどのように育っているだろうか。

教科書 8〜9、12ページ

- 観察記録(かんさつきろく)のタイトルは大きく書き、日づけ、天気、気温は必(かなら)ず記録する。
- 時間や日にちをおいて気温をはかるときは、同じ(①　　　)ではかる。
- 観察記録には、言葉以外にも(②　　　)や写真などを使い、わかりやすくかくようにする。
- わかったことや気づいたことのほか、観察してぎ問に思ったこと、これからどうなるかの(③　　　)なども書く。また、図かんなどで調べたことも書く。
- 春になると、葉が出たり、(④　　　)がさいたりする植物が多くなる。

サクラの花と葉

4月20日　天気 晴れ　気温 18℃(午前10時)　名前 井上さとる

- 観察した木はソメイヨシノ。
- 葉は、花びらが散ってから出てきた。
- 花になる芽と、葉になる芽がちがうことに気がついた。
- これから気温が高くなっていくので、葉が大きくなっていくと思う。

①春になるとあたたかくなり、葉が出たり、花がさいたりする植物が多くなる。

植物が花をさかせるじょうけんには、気温の変化や夜の長さの変化なども関係しています。

学習日　月　日

1. 季節と生き物

①あたたかくなって①

教科書 6~9、12ページ　答え 2ページ

1 気温をはかりました。

(1) 冬にくらべて、春の気温はどうなっているでしょうか。

(　　　　　　　　　　　　　　　　　　　)

(2) 気温をはかるとき、地面から何mの高さの温度をはかりますか。**ア**～**ウ**のうち正しいものの(　)に○をつけましょう。

ア(　　)0.2 m～0.5 m

イ(　　)1.2 m～1.5 m

ウ(　　)2 m～3 m

(3) 気温をはかるとき、上の図のようにするのは、何が直せつ温度計のえきだめに当たらないようにするためでしょうか。(　　　　　)

2 サクラの木を観察しました。

(1) 春のサクラのようすについて、**ア**～**ウ**のうち正しいものの(　)に○をつけましょう。

ア(　　)葉がすべて落ちる。

イ(　　)花がさいて葉が出る。

ウ(　　)花はさかずに葉が出る。

(2) 観察記録を書くときはどのようなことに注意しますか。**ア**～**エ**のうち正しいものの(　)2つに○をつけましょう。

ア(　　)気温は同じ場所ではかって書きこむ。

イ(　　)天気は記入しなくてもよい。

ウ(　　)絵のかわりに写真を入れてもよい。

エ(　　)記録には感じたことや予想は書かない。

(3) サクラの木のようすと気温との関係を調べます。**ア**～**ウ**のうち正しいものの(　)に○をつけましょう。

ア(　　)春に１回だけ観察する。

イ(　　)１年間を通して観察する。

ウ(　　)あたたかい季節だけ観察する。

学習日　　月　　日

1. 季節(きせつ)と生き物

①あたたかくなって②

めあて
あたたかくなったときの動物のようす、ヘチマの育て方をかくにんしよう。

教科書 10～15ページ　答え 3ページ

下の(　)にあてはまる言葉を書くか、あてはまるものを〇でかこもう。

1 春の動物の活動のようすは、どう変わってきただろうか。 教科書 10～12ページ

- あたたかくなると、南の方から、ツバメがやってきて、屋根(やね)の下などに(①　　　)をつくり、(②　　　)を産(う)む。
- 池には、アマガエルの(③　　　)がたくさん泳いでいるようすが見られる。
- 野原では、オオカマキリが(④　　　)からかえるようすや、たまごを産むナナホシテントウを見ることができる。
- 右の写真のこん虫は(⑤　　　)であり、花の(⑥　　　)をすっている。このこん虫は、サンショウの葉に(⑦　　　)を産みつける。

2 ヘチマの1年間の育ち方を調べるにはどうすればよいだろうか。 教科書 13～14ページ

- ヘチマの育ち方

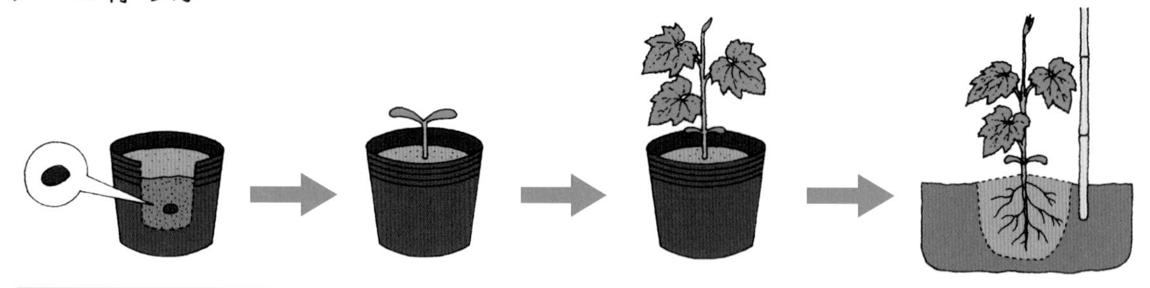

・(①　　　)をまいた。　・(②　　　)が出た。　・(③　　　)が3まいになった。　・土ごと植えかえをした。

- 葉が(④　3～5　・　8～10　)まいになったら、花だんに植えかえ、ささえのぼうを立てる。
- くきの(⑤　　　)や気温(きおん)をはかり、植物の成長(せいちょう)と気温との関係(かんけい)を続(つづ)けて調べていく。

①春になるとあたたかくなり、こん虫などの動物の活動が活発になってくる。

ヘチマとヒョウタンは、どちらもウリ科という植物のなかまです。スイカやカボチャも同じウリ科のなかまです。

1. 季節と生き物

①あたたかくなって②

教科書 10〜15ページ　答え 3ページ

1 春の動物のようすを調べました。

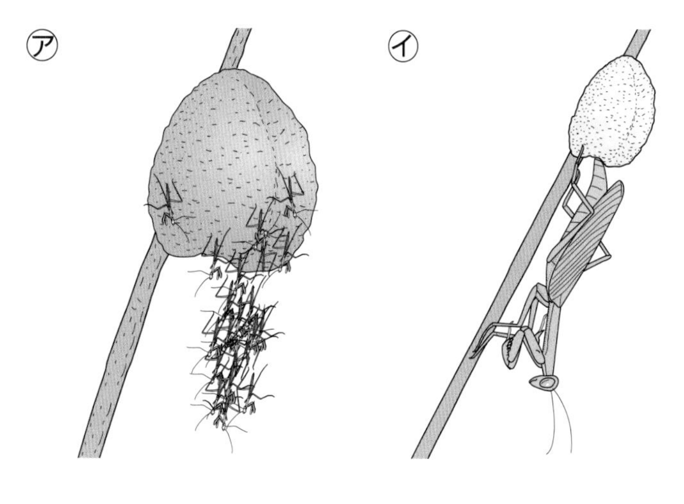

(1) 右の図は、オオカマキリのようすを絵にかいたものです。春のようすは、㋐、㋑のどちらでしょうか。

(　　)

(2) 次のア〜ウの文のうち、春のようすについて書いてあるものの(　)に○をつけましょう。

ア(　　)カブトムシがたまごを産んでいた。
イ(　　)ツバメが巣をつくっていた。
ウ(　　)冬のころよりも、さかんに活動しているこん虫の数がへった。

2 ヘチマのたねを育てました。

(1) ヘチマの観察や育て方について、**ア〜エ**のうち正しいものの(　)2つに○をつけましょう。

ア(　　)観察を続けるとき、気温をはかる時こくは同じでなくてよい。
イ(　　)ポットにたねをまき、少し育ったら、花だんに植えかえる。
ウ(　　)花だんに植えかえるときは、根についた土をしっかり落とす。
エ(　　)花だんに植えかえたら、ささえのぼうを立てる。

(2) ヘチマの植えかえをするとよい時期はいつでしょうか。㋐〜㋓のうち、正しいものを選びましょう。

(　　)

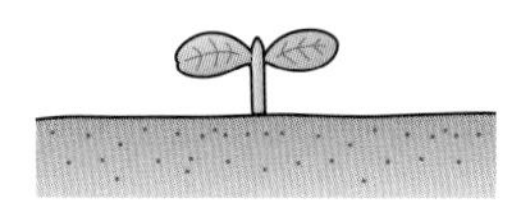

ヒント 2 (2)ポットにたねをまいたヘチマは、葉が3〜5まいになったら、花だんなどに植えかえます。

1. 季節(きせつ)と生き物

教科書 6～15ページ　答え 4ページ

よく出る

1 ヘチマを育てて、成長(せいちょう)のようすを調べます。

1つ10点(30点)

(1) ヘチマのたねは、㋐～㋒のどれでしょうか。　(　　)

㋐

㋑

㋒

(2) 植えかえをするとよい時期はいつでしょうか。**ア**～**ウ**のうち正しいものの(　)に○をつけましょう。

ア(　　)芽(め)が出たころ

イ(　　)葉が3～5まい出たころ

ウ(　　)葉が6～8まい出たころ

(3) 右の図のささえのぼうに目もりがついています。これは何をはかるためでしょうか。

(　　　　　　　　)

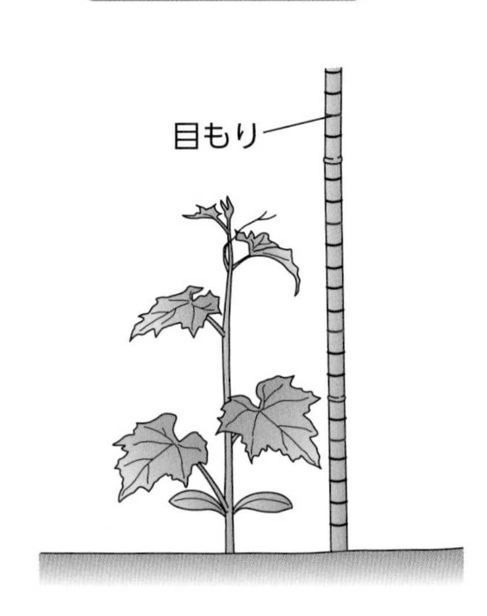

2 気温(きおん)をはかりました。

技能　(1)は8点、(2)は14点(22点)

(1) 次の**ア**、**イ**は、冬のころと春のころの晴れた日に、同じ場所、同じ時こくに気温をはかった記録(きろく)です。**ア**、**イ**のうち春のころの気温の(　)に○をつけましょう。

ア(　　)5℃

イ(　　)16℃

(2) 記述 図の気温のはかり方はまちがっています。どのように直せば、正しい気温がはかれるでしょうか。　思考・表現

(　　　　　　　　)

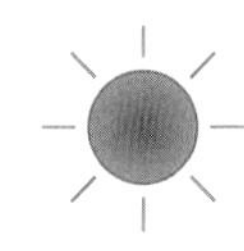

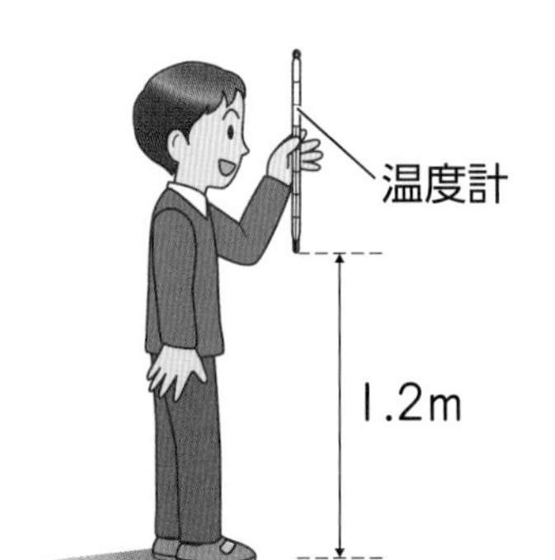

3 中川さんはツバメを観察して記録しました。この記録について、ア〜エのうち正しいものの（　）2つに○をつけましょう。

技能　1つ10点(20点)

観察した日づけを入れないといつの記録かわからないね。　ア（　　）

絵はまわりの景色をもっと入れたほうがいいね。　イ（　　）

記録には自分の考えは入れないほうがいいよ。　ウ（　　）

予想やぎ問、気づいたことも入れるといいね。　エ（　　）

できたらスゴイ！

4 春のころのこん虫や鳥のようすを調べました。

1つ7点(28点)

(1) 右の写真は、春のころのアゲハのようすです。アゲハは何をすっているでしょうか。

（　　　　　　　　）

(2) 春のころのナナホシテントウのようすで、**ア**〜**ウ**のうち正しいものの（　）に○をつけましょう。

ア（　　）土の中で活動している。

イ（　　）石の下で動かないでじっとしている。

ウ（　　）たまごを産んでいる。

(3) 春に見られるオオカマキリは、よう虫と成虫のどちらでしょうか。

（　　　　　　　　）

(4) 春になると、校庭や野原で見られるこん虫や鳥の種類の数は、冬とくらべて多くなるでしょうか、少なくなるでしょうか。

（　　　　　　　　）

ふりかえり

2(2)がわからないときは、2ページの**1**にもどってかくにんしましょう。
4(1)がわからないときは、4ページの**1**にもどってかくにんしましょう。

ぴったり1 じゅんび

3分でまとめ

2. 1日の気温と天気

①1日の気温の変化

②1日の気温の変化と天気

学習日　月　日

めあて
天気によって1日の気温の変化にちがいがあることをかくにんしよう。

教科書 16～25ページ　答え 5ページ

下の(　)にあてはまる言葉を書くか、あてはまるものを○でかこもう。

1 晴れの日の１日の気温は、どのように変化(へんか)するだろうか。 教科書 18～19ページ

▶１日の気温がどのように変化するかを調べるときには、いつも(①　　　　)場所で気温をはかる。

▶晴れの日の１日の気温は、朝や夕方には(②　　　)く、昼すぎに(③　　　)くなる。

(④　　　　)

(⑤　　　　)

右の記録(きろく)ノートの④・⑤にあてはまる言葉を書こう。

4/20

晴れの日の１日の気温の変化

④ このごろ、晴れの日の昼間はあたたかいが、登下校のときは寒いので、１日の気温も昼ごろ高くて、朝や夕方は低くなると思う。

観察 午前９時～午後３時の間、１時間おきに気温を調べる。
●風通しのよい所で、温度計に直せつ日光が当たらないようにしてはかる。
●いつも同じ場所ではかる。

⑤ 4月20日（晴れ）
はかった場所　校庭のサクラの木の下

時こく	気温
午前 9時	15℃
10時	17℃
11時	19℃
正午	21℃
午後 1時	22℃
2時	22℃
3時	18℃

▶右のグラフのように、点を(⑥　直線　・　曲線　)で結(むす)んだ形のグラフを折(お)れ線グラフという。

▶折れ線グラフで表すと、気温などの(⑦　　　　)のようすがわかりやすい。

時こく	気温
午前 9時	15℃
10時	17℃
11時	19℃
正午	21℃
午後 1時	22℃
2時	22℃
3時	18℃

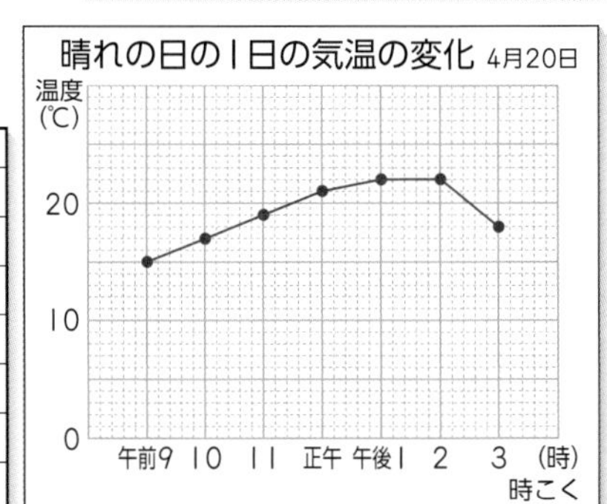

2 雨の日の１日の気温は、どのように変化するだろうか。 教科書 20～23ページ

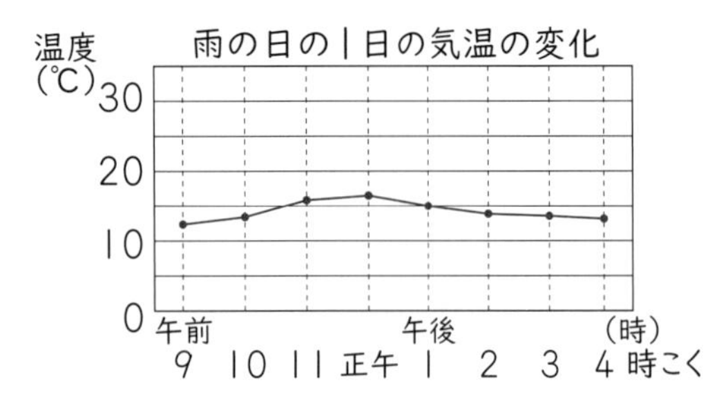

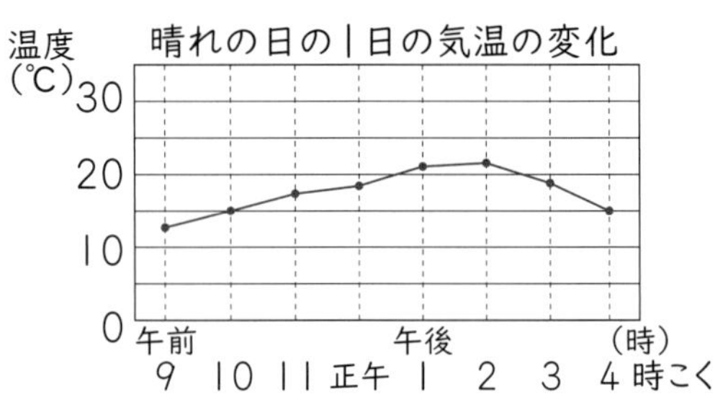

▶雨の日の１日の気温の変化は、晴れの日の１日の気温の変化とくらべて、変化が(①　　　　　)。

▶くもりの日の１日の気温の変化は、(②　　　　　)の日とにている。

ここが だいじ！
①晴れの日の１日の気温は、朝や夕方は低(ひく)く、昼すぎに高くなる。
②雨の日の１日の気温の変化は、晴れの日の気温の変化とくらべて小さい。

晴れの日は、日光をさえぎる雲が少ないため、空気や地面はよくあたためられます。よくあたためられた地面が、さらに空気をあたためるため、晴れの日は気温の変化が大きくなります。

2. 1日の気温と天気

①1日の気温の変化

②1日の気温の変化と天気

教科書 16～25ページ 答え 5ページ

1 晴れの日と雨の日の１日の気温の変化(へんか)を調べました。

⑴ 右のグラフのうち、晴れの日の１日の気温の変化を表しているのは、㋐、㋑のどちらでしょうか。

（　　）

⑵ ⑴では、なぜそう答えましたか。そう答えた理由を書きましょう。

（　　　　　　　　　　　　）

⑶ 右のグラフのように、点を直線で結(むす)んだグラフを何というでしょうか。

（　　　　　）

⑷ 右のグラフはどのようなものを表すのに便利(べんり)ですか。下の（　）にあてはまる言葉を書きましょう。

気温などの（　　　　　）のようすを表すのに便利。

㋐

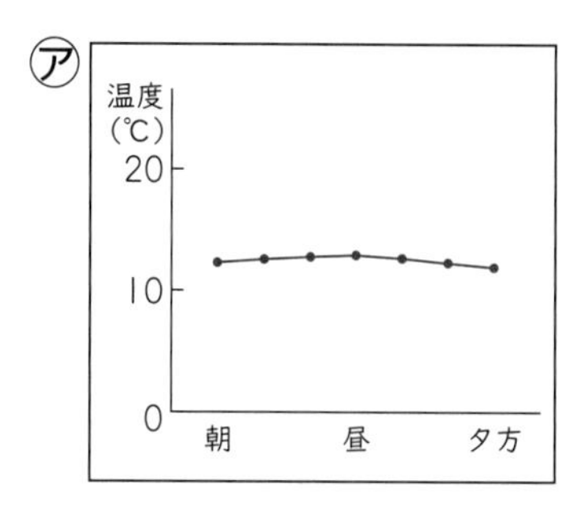

㋑

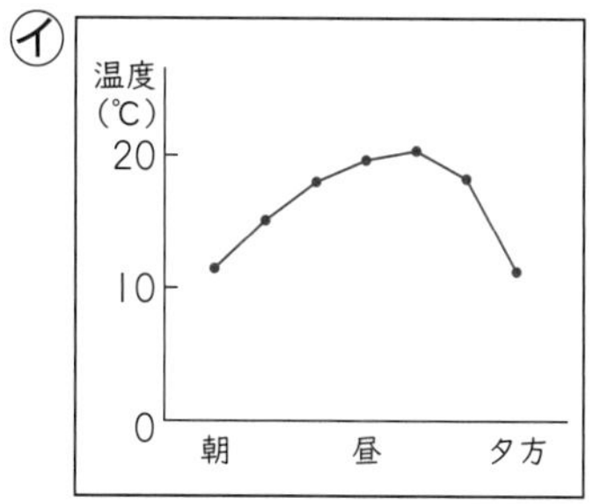

2 晴れの日、くもりの日、雨の日の１日の気温の変化のようすをまとめました。

⑴ 気温をはかる場所について、ア～ウのうち正しいものの（　）に○をつけましょう。

ア（　　）いつも同じ場所ではかる。

イ（　　）天気によってはかる場所を変(か)える。

ウ（　　）時間によってはかる場所を変える。

温度(℃) 25 20 15 10 5 0　㋐ ㋑ ㋒　9(午前) 10 11 正午 1(午後) 2 3 4 (時) 時こく

⑵ ㋐のグラフで、気温が最(もっと)も高くなっているのは、何時ごろでしょうか。

（　　　　　）

⑶ 晴れの日の１日の気温の変化を表すグラフは㋐～㋒のどれでしょうか。

（　　）

⑷ １日の気温の変化が最も大きいのは、晴れの日、くもりの日、雨の日のどれでしょうか。

（　　　　）

ヒント ❷ ⑶晴れの日の１日の気温の変化のグラフのようすは、山のような形になります。

2. 1日の気温と天気

教科書 16～25ページ　答え 6ページ

1 晴れの日、くもりの日、雨の日の１日の気温の変化のようすをまとめました。

1つ5点(40点)

(1) 気温のはかり方について、次の{ }のうち、正しいほうの( )に○をつけましょう。

気温をはかるときは、風通しが①{ア( )よい　イ( )わるい}場所で、えきだめに直せつ日光が②{ア( )当たる　イ( )当たらない}ようにしてはかる。温度を読むときは、えきの先の目もりを③{ア( )ななめ　イ( )真横}から読む。

(2) 右の写真は気温を正しくはかるためにつくられたものです。これを何というでしょうか。( )

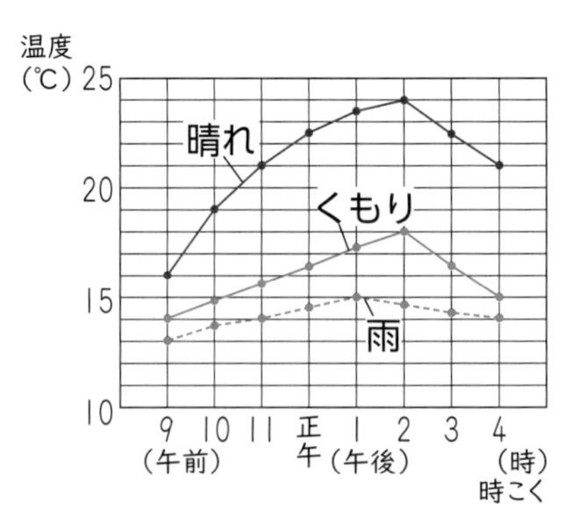

(3) 次の( )にあてはまる言葉を書きましょう。

晴れの日の１日の気温は、朝から昼すぎにかけて(①)なり、右のグラフでは(②)ごろが最も高い。その後、夕方になるにつれて、気温は(③)なっている。

(4) １日の気温の変化が最も大きいのは、晴れの日、くもりの日、雨の日のどれでしょうか。

( )

温度(℃)
25
20
15
10
晴れ
くもり
雨
9 10 11 正午 1 2 3 4 (時)
(午前) (午後)
時こく

2 作図 ある日の気温を表にしました。折れ線グラフで表しましょう。

技能 (20点)

時こく	気温
午前９時	21℃
午前１０時	22℃
午前１１時	24℃
正午	26℃
午後１時	27℃
午後２時	28℃
午後３時	27℃
午後４時	25℃

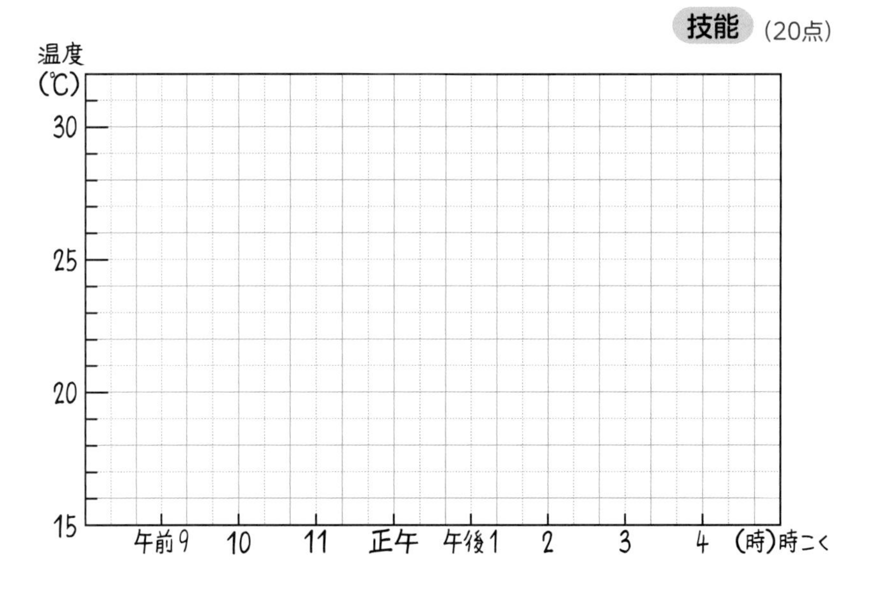

できたらスゴイ!

3 ある日の気温の変化のようすをグラフに表しました。この日は、１日のうちで、天気が変(か)わっていきました。

1つ5点(20点)

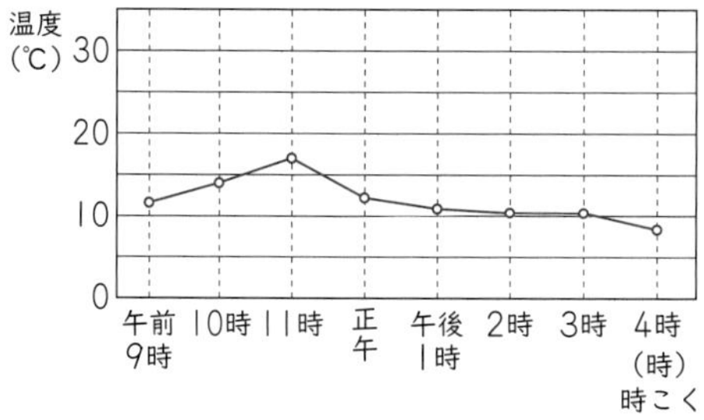

(1) この日の最高気温(さいこう)(その日のうちで最も高い気温)は何℃ですか。ア～ウのうち正しいものの(　)に〇をつけましょう。

ア(　　)およそ11℃　　イ(　　)およそ17℃

ウ(　　)およそ23℃

(2) この日の最高気温は何時ごろに記録(きろく)しましたか。ア～ウのうち正しいものの(　)に〇をつけましょう。

ア(　　)午前11時ごろ　　イ(　　)正午ごろ　　ウ(　　)午後2時ごろ

(3) この日の気温の変わり方は、晴れの日の気温の変わり方とにていますか。にていませんか。　(　　　　　　　　)

(4) この日の天気は、どのように変わっていったと考えられますか。ア～ウのうちあてはまるものの(　)に〇をつけましょう。

ア(　　)昼近くまでは晴れていたが、午後からしだいに雲が多くなり、夕方には雨がふりだした。

イ(　　)午前中は雨がふっていたが、午後から晴れてきた。

ウ(　　)午後2時ごろまでは晴れていたが、午後2時ごろ急に雨がふってきた。雨はすぐにやんで、夕方にはふたたび晴れた。

4 雨の日と晴れの日の１日の気温の変化をグラフに表しました。

1つ10点(20点)

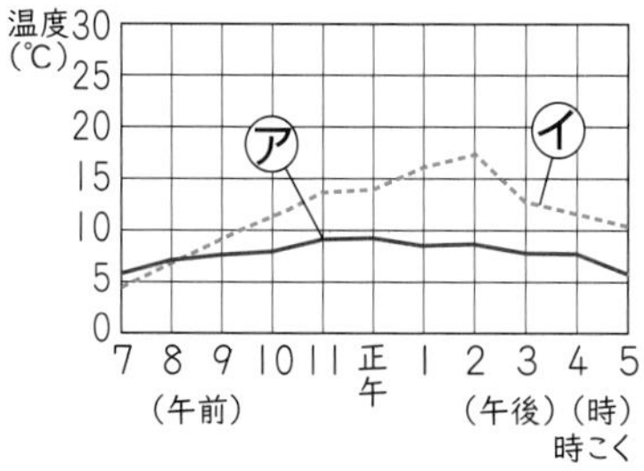

(1) 晴れの日を表すグラフは、㋐、㋑のどちらでしょうか。　(　　　)

(2) 記述 (1)で、そのグラフが晴れの日の気温の変化を表すと考えた理由を書きましょう。　思考・表現

(　　　　　　　　　　　　　　　　　　　　)

ふりかえり　❷がわからないときは、8ページの❶にもどってかくにんしましょう。
❹がわからないときは、8ページの❷にもどってかくにんしましょう。

3分でまとめ

学習日　　月　　日

3. 空気と水

①とじこめた空気のせいしつ

めあて
とじこめた空気をおすと、中の空気はどうなるかをかくにんしよう。

教科書 26～31ページ　答え 7ページ

下の(　)にあてはまる言葉を書くか、あてはまるものを○でかこもう。

1 空気をとじこめたふくろをおすと、どうなるだろうか。 教科書 26～30ページ

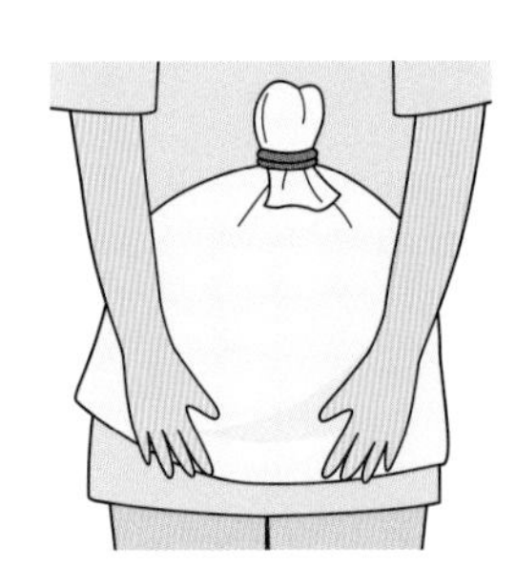

▶空気をとじこめたふくろを図のようにおすと、ふくろは(①　　　　)、おし返されるような感じがする。

▶空気をとじこめたふくろをおすのをやめると、ふくろは(②　　　　)。

▶とじこめた空気は、強くおすと元にもどろうとする力が(③　　　　)なる。

①、②には、ふくろのようすを書こう。

2 とじこめた空気をおすと、中の空気はどうなるだろうか。 教科書 28～31ページ

▶図のように、つつに空気をとじこめて、おしぼうをおすと、空気の体積(たいせき)は(①　　　　)なって、手ごたえは(②　　　　)なる。

▶おしぼうをおした後、おしぼうをぬくと、上の玉は(③ 上がる ・ 下がる ・ そのまま動かない)。これは、おされた空気が(④　　　　)からである。

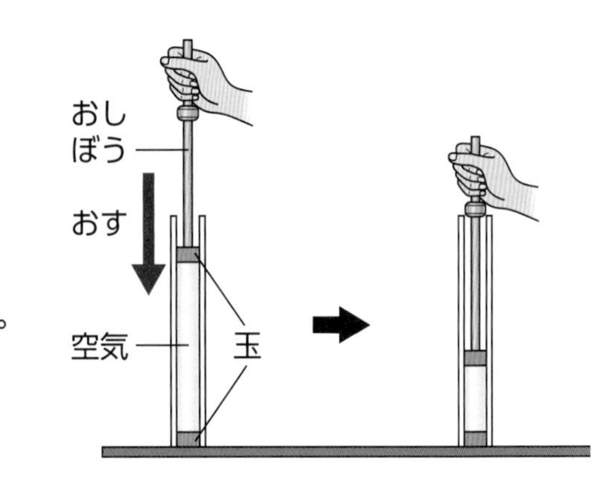

▶空気でっぽうでは、おしちぢめられた(⑤　　　　)が元にもどろうとする力により、いきおいよくつつから玉が飛(と)び出す。

〈空気でっぽうのしくみ〉

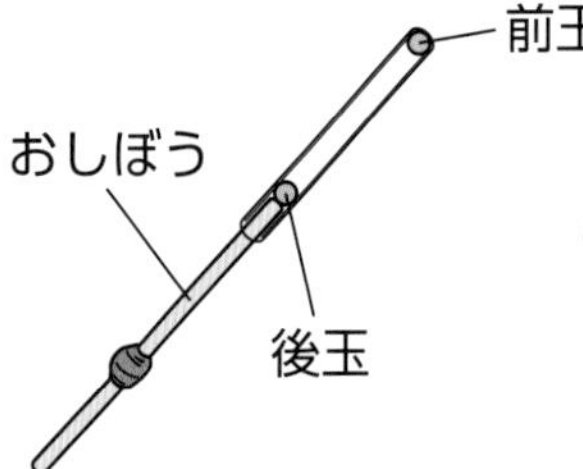

(⑥　　　　)がおしちぢめられる。

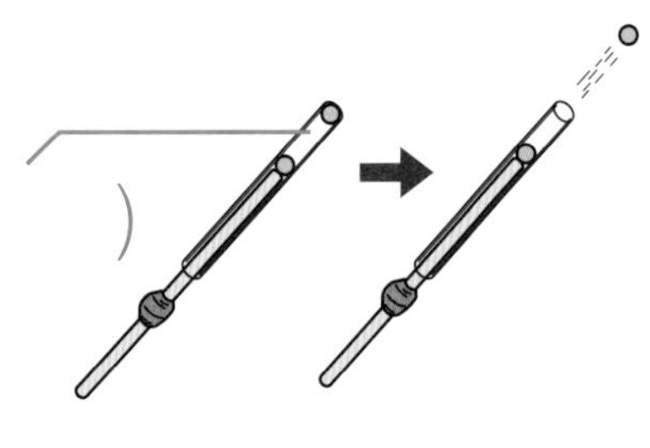

▶空気でっぽうでは、空気がおしちぢめられるほど、玉は(⑦ 遠く ・ 近く)へ飛ぶ。

ここが だいじ!
①空気をとじこめておすと、空気はちぢんで、体積が小さくなる。
②空気は体積が小さくなるほど、元にもどろうとする力が大きくなる。

ぴたトリビア　自転車や自動車では、空気入りのタイヤを使うことで、地面からのしんどうやしょうげきが伝わるのをやわらげています。

3. 空気と水

①とじこめた空気のせいしつ

教科書 26〜31ページ 答え 7ページ

1 つつに空気をとじこめて、空気のせいしつを調べます。

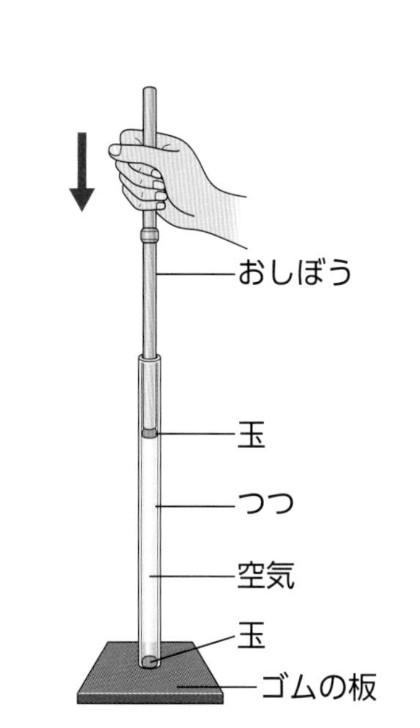

(1) おしぼうをおすと、とじこめた空気はどうなりますか。
ア、**イ**のうち正しいものの(　)に○をつけましょう。
ア(　　)おしちぢめることができるので、体積(たいせき)が小さくなる。
イ(　　)おしちぢめることができないので、体積が変(か)わらない。

(2) おしぼうをさらにおすと、手ごたえはどうなりますか。
ア、**イ**のうち正しいものの(　)に○をつけましょう。
ア(　　)手ごたえは変わらない。
イ(　　)手ごたえは大きくなる。

(3) おしぼうをおしてから、おしぼうをぬくと、上の玉の位置(いち)が上がりました。これはなぜですか。
(　　　　　　　　　　　　　　　　　　　　)

2 空気でっぽうで玉を飛(と)ばします。

㋐

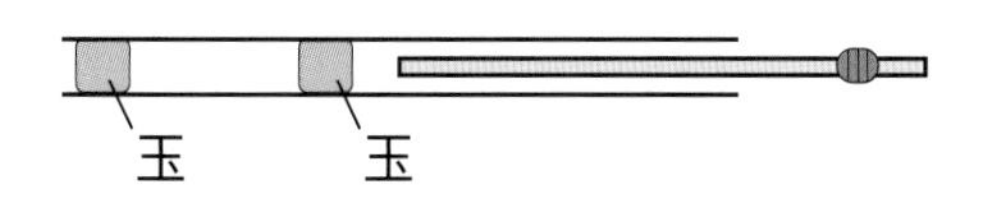

㋑

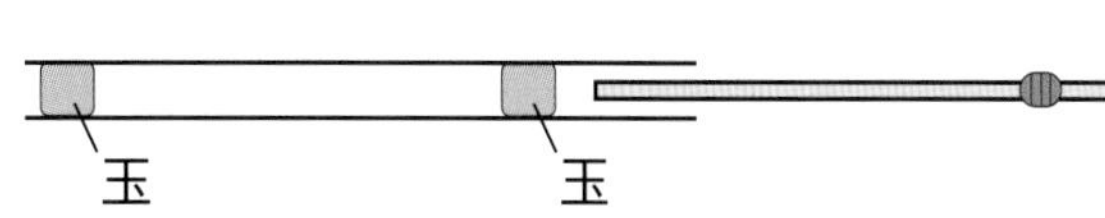

(1) 上の㋐、㋑を、右の図のようにして、おしぼうでおして手ごたえをくらべるとどうなりますか。**ア**〜**ウ**のうち正しいものの(　)に○をつけましょう。
ア(　　)㋐の方が手ごたえが大きい。
イ(　　)㋑の方が手ごたえが大きい。
ウ(　　)㋐と㋑の手ごたえはほぼ同じ。

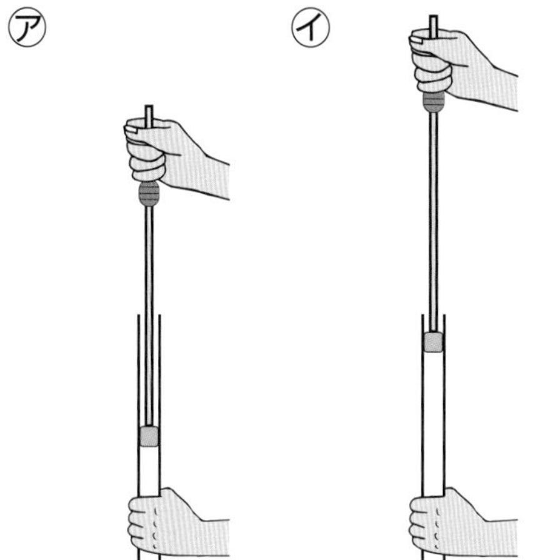

(2) ㋐と㋑では、どちらの方が玉が遠くへ飛ぶでしょうか。
(　　　)

学習日　　月　　日

3. 空気と水

②空気と水のせいしつ

めあて
とじこめた水をおすと中の水はどうなるか、空気とくらべてかくにんしよう。

教科書 32〜37ページ　答え 8ページ

下の(　)にあてはまる言葉を書こう。

1 とじこめた空気や水をおすと、どうなるだろうか。

教科書 32〜34ページ

- 空気を、注しゃ器に入れて、図のようにしてピストンをおすと、空気の体積は(①　　　　)なって、手ごたえは(②　　　　)なる。
- ピストンから手をはなすと、空気の体積は、おす前と(③　　　　)になる。
- 水を、注しゃ器に入れて、図のようにしてピストンをおすと、水の体積は、空気とちがって、変化(④　　　　)。
- 水の場合、ピストンから手をはなしても、ピストンの位置は変化(⑤　　　　)。

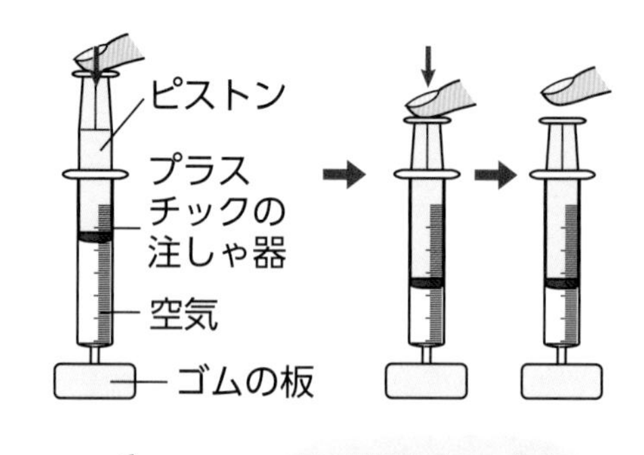

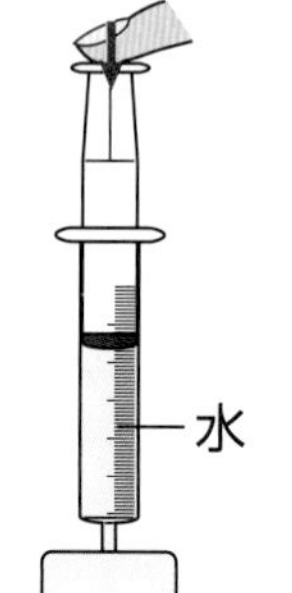

水はおしちぢめることができたかな…。

●空気と水のせいしつ

- とじこめた空気は、おしちぢめることができ、空気がおしちぢめられるほど、元にもどろうとする力が(⑥　　　　)なる。
- 水は、空気とちがって、おしちぢめることができないので、水の体積は変化(⑦　　　　)。
- 空気でっぽうの後玉をおすと、とじこめた空気が(⑧　　　　)られ、元にもどろうとして、前玉をおし出すから、玉がいきおいよく飛び出す。

空気でっぽうは、手ごたえが大きいほど、空気が元にもどろうとする力が大きいよ。

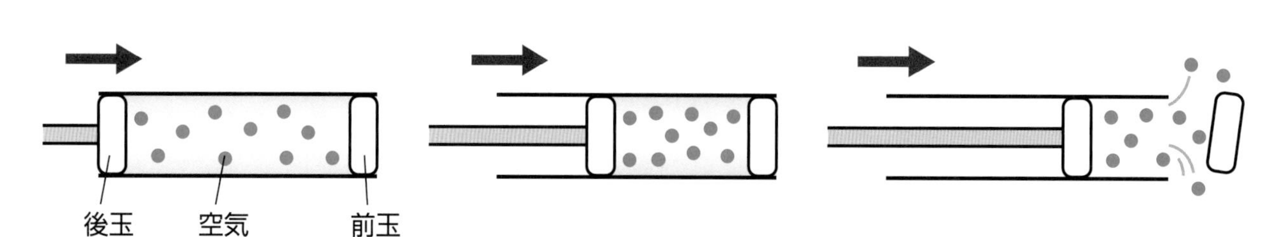

ここが、だいじ！ ①とじこめた空気はおしちぢめることができるが、とじこめた水はおしちぢめることができないので、体積は変わらない。

とじこめた水をおしちぢめることはできませんが、おした力は水のあらゆる方向につたわります。

3. 空気と水

②空気と水のせいしつ

教科書 32～37ページ　答え 8ページ

1 注しゃ器の中に空気や水を入れ、ピストンをおして、体積や手ごたえを調べます。

(1) ピストンをおすとき、どのようにおしますか。
正しいものの(　)に○をつけましょう。
ア(　　)ななめ横からゆっくりおす。
イ(　　)真上からゆっくりおす。
ウ(　　)真上からすばやくおす。

(2) ㋐の注しゃ器のピストンをおすと中の空気はどうなるでしょうか。
(　　　　　　　　)

(3) (2)で、さらにピストンをおしていくと、中の空気は(2)のときとくらべてどうなるでしょうか。
(　　　　　　　　)

(4) ㋐で、ピストンをおしていた手をはなすと、ピストンはどうなるでしょうか。

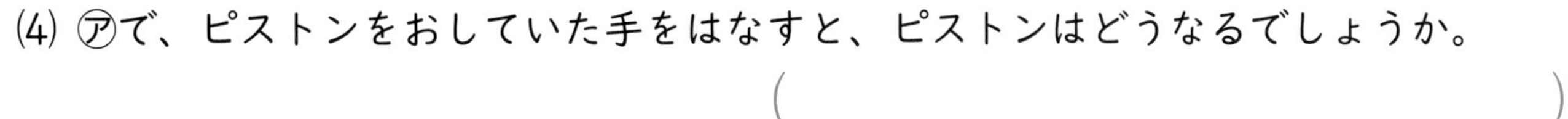

(　　　　　　　　)

(5) ㋑の注しゃ器のピストンをおすと、ピストンの位置はどうなるでしょうか。
(　　　　　　　　)

(6) ㋑で、ピストンをおしたとき、水の体積はどうなるでしょうか。
(　　　　　　　　)

2 とじこめた空気と水の体積の変化や手ごたえについて考えます。

(1) おしちぢめることができるのは、空気、水のどちらでしょうか。
(　　　　　　　　)

(2) (1)がおしちぢめられるほど、おし返す力はどうなるでしょうか。
(　　　　　　　　)

(3) 力を加えておしちぢめた(1)は、加えていた力がなくなるとどうなりますか。ア～ウのうち正しいものの(　)に○をつけましょう。
ア(　　)元の体積にもどる。
イ(　　)おしちぢめられたままである。
ウ(　　)元の体積よりも大きくなる。

ヒント ❶ (1)ピストンをおすときは、たおれたり、手をいためたりしないように注意することが必要です。

3. 空気と水

教科書 26〜37ページ　答え 9ページ

1 空気や水のせいしつをまとめます。

1つ10点(30点)

(1) ア、イの文で、空気だけにあてはまることは「空気」、水だけにあてはまることは「水」を（　）に書きましょう。

ア（　　　　）とじこめたものは、おしちぢめることができて、体積(たいせき)は小さくなる。

イ（　　　　）とじこめたものは、力を加(くわ)えてもおしちぢめることができず、体積も変(か)わらない。

(2) ゴムのボールに空気をいっぱいに入れると、よくはずみます。これは空気にどのようなせいしつがあるからでしょうか。ア〜ウのうち正しいものの（　）に○をつけましょう。

ア（　）空気をおしちぢめようとしても、体積が変わらないから。

イ（　）空気はおしちぢめられると、体積が小さくなり、元にもどろうとする力があるから。

ウ（　）空気はおしちぢめられると、体積が小さくなるが、元にもどろうとしないから。

2 空気でっぽうを作ります。

1つ10点(30点)

(1) 下の空気でっぽうで、玉が遠くまでよく飛(と)ぶほうに○をつけましょう。

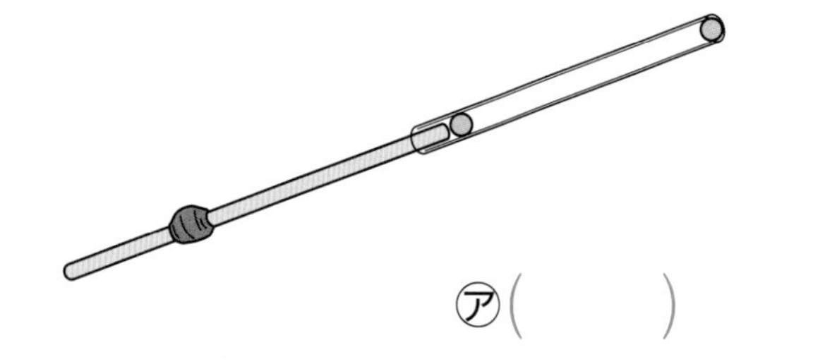

㋐（　　）

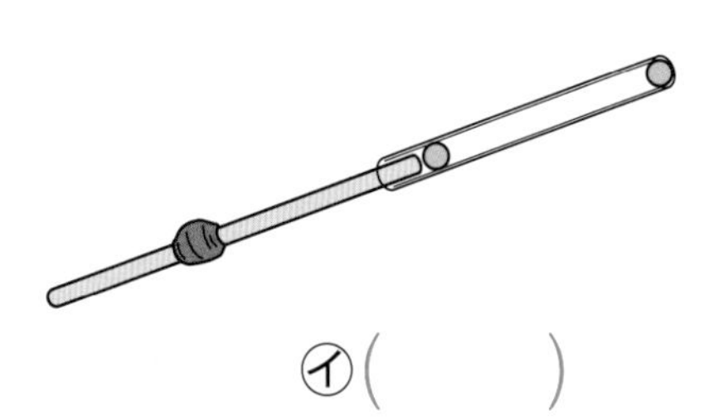

㋑（　　）

(2) 記述 (1)で玉の飛び方がちがうのはどうしてですか。「体積」という言葉を使って答えましょう。（　　　　　　　　）

(3) 空気でっぽうに、水を入れました。玉の飛び方は、空気を入れたときとくらべてどうなるでしょうか。ア〜ウのうち正しいものの（　）に○をつけましょう。

ア（　）空気を入れたときよりよく飛ぶ。

イ（　）空気を入れたときと同じくらい飛ぶ。

ウ（　）空気を入れたときより飛ばない。

よく出る

3 注しゃ器の中に、空気や水を入れて、空気や水のせいしつを調べます。

1つ5点(20点)

(1) 注しゃ器のピストンをおすと、ピストンの位置はそれぞれどうなるでしょうか。

㋐(　　　　　　　　　　)

㋑(　　　　　　　　　　)

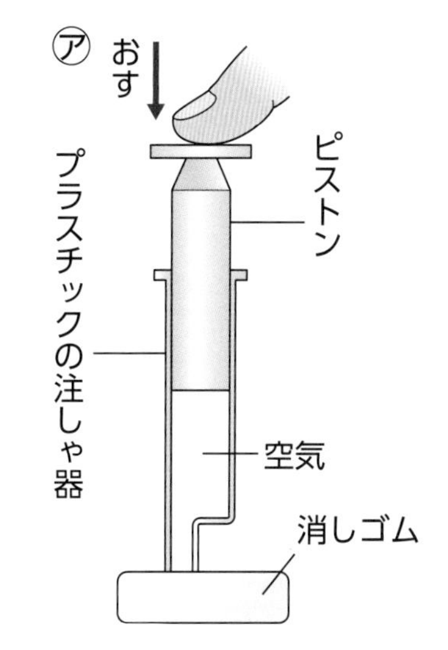

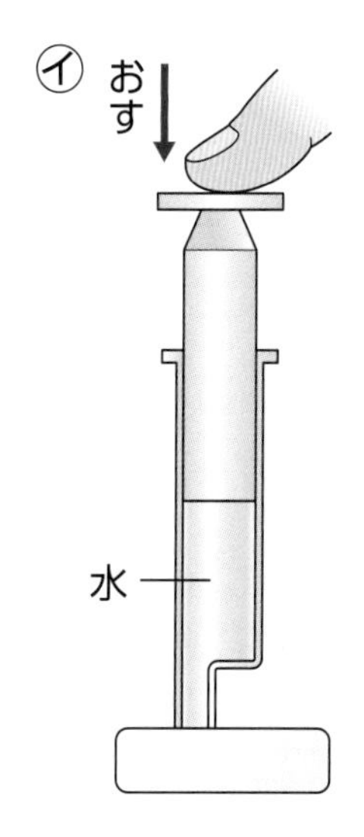

(2) ピストンをおしていた手をはなすと、ピストンの位置はそれぞれどうなるでしょうか。

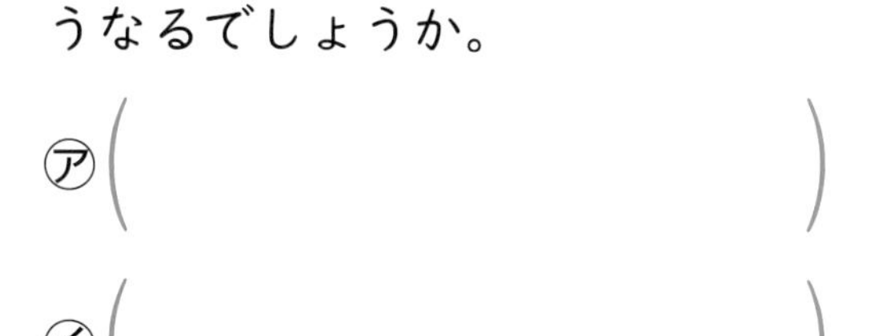

㋐(　　　　　　　　　　)

㋑(　　　　　　　　　　)

できたらスゴイ!

4 注しゃ器に水と空気を半分ずつ入れて、空気や水のせいしつを調べます。

1つ10点(20点)

(1) 注しゃ器のピストンをおすと、どうなりますか。**ア**～**オ**のうち正しいものの(　)に○をつけましょう。

ア(　　)空気だけがおしちぢめられる。

イ(　　)水だけがおしちぢめられる。

ウ(　　)空気はあわとなって、水にとけてしまう。

エ(　　)空気も水も同じくらいおしちぢめられる。

オ(　　)空気も水もおしちぢめることができない。

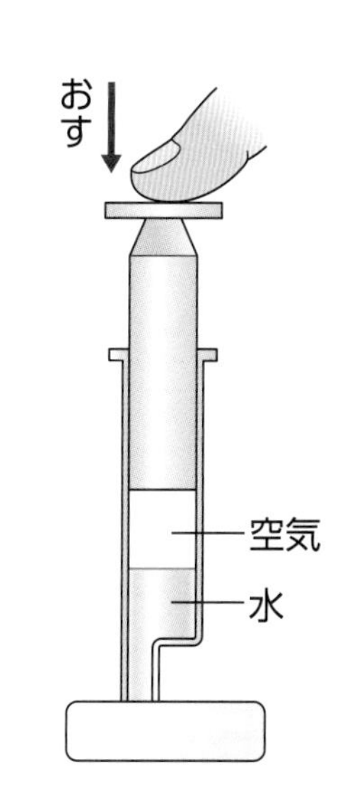

(2) 注しゃ器に入れる水をふやし、空気をへらして、(1)と同じ力でピストンをおしました。水と空気を半分ずつ入れたときとくらべて、ピストンの位置は下がりますか、上がりますか。　思考・表現

(　　　　　　　　　　)

ふりかえり
❸がわからないときは、12ページの❷にもどってかくにんしましょう。
❹がわからないときは、14ページの❶にもどってかくにんしましょう。

4. 電気のはたらき

①モーターの回る向きと電気の流れ

めあて
かん電池の向きと電流の向きを知り、けん流計の使い方をかくにんしよう。

教科書 38～43ページ　答え 10ページ

下の(　)にあてはまる言葉を書くか、あてはまるものを○でかこもう。

1 かん電池の向きを変えると、モーターの回る向きはどうなるだろうか。

教科書 40～43ページ

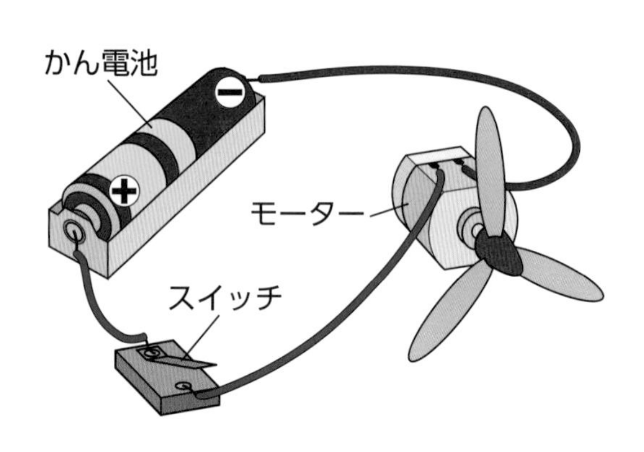

- 右の図で、スイッチを入れると、電気は、かん電池の(①　　)極からモーターを通って、(②　　)極に流れる。この電気の流れを(③　　　)といい、電気の通り道を(④　　　)という。
- かん電池の＋極と－極を入れかえると、入れかえる前と電流の向きが変わるので、モーターの回る向きが(⑤　　　)。
- 電流の向きや大きさを調べるときには、(⑥　　　　)を使う。⑥では、電流の流れる向きが反対になると、はりは(⑦　　　　)にふれる。また、電流の大きさが大きいと、はりはより(⑧　　　)ふれる。

●けん流計の使い方

- けん流計は、かん電池、モーター、スイッチを１つの(⑨　　　)になるようにつなぐ。
- 最初に、切りかえスイッチを(⑩　5A（電磁石）・0.5A（光電池・豆球）)の方にする。
- はりのふれが小さいときは、切りかえスイッチを(⑪　5A（電磁石）・0.5A（光電池・豆球）)の方に切りかえる。
- けん流計に(⑫　モーター　・　かん電池)だけをつなぐと、けん流計がこわれる。
- はりのふれる向きが(⑬　　　)の向きになる。

モーター　けん流計
スイッチ
かん電池

①かん電池の向きを変えると、回路を流れる電流の向きが変わるので、モーターの回る向きが変わる。

モーターは、電気のはたらきで回る力を生み出します。電車や電気自動車のような乗り物のほかにも、せんたく機やせん風機、ドライヤーなど家の中にあるものにも使われています。

4. 電気のはたらき

①モーターの回る向きと電気の流れ

教科書 38〜43ページ　答え 10ページ

1 モーターとかん電池とスイッチをつないで、モーターを回します。

(1) 電気の流れを、何というでしょうか。

(　　　　)

(2) 1つの輪のようになった電気の通り道を何というでしょうか。

(　　　　)

(3) 右の図で、スイッチを入れたとき、電気の流れる向きは、㋐、㋑のどちらでしょうか。

(　　　)

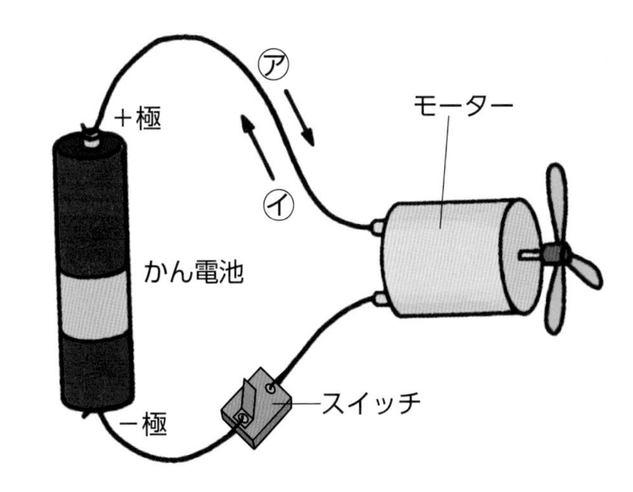

(4) 右の図で、かん電池の＋極と－極を入れかえたとき、電気の流れる向きはどうなりますか。

(　　　　　　　　　　)

(5) かん電池の＋極と－極を入れかえたとき、モーターの回る向きはどうなりますか。

(　　　　　　　　　　)

2 けん流計を回路につないで、回路を流れる電流の向きと大きさを調べます。

(1) けん流計は回路にどのようにつなぎますか。右の図に線で結びましょう。

モーター　けん流計　スイッチ　かん電池

(2) けん流計を回路につなぐと、けん流計のはりが右側にふれました。かん電池の＋極と－極を入れかえると、はりのふれ方はどうなりますか。**ア**～**ウ**のうち正しいものの(　)に○をつけましょう。

ア(　　)左側にふれる。
イ(　　)どちらにもふれなくなる。
ウ(　　)右側にふれる。

(3) けん流計のはりのふれる向きは何の向きによって変わりますか。

(　　　　　　　　)の向き

ヒント ② (1)けん流計とモーター、スイッチ、かん電池が1つの輪になるように、線で結びます。

学習日　　月　　日

4. 電気のはたらき

②モーターを速く回す方法

めあて
直列つなぎ、へい列つなぎと流れる電流の大きさの関係をかくにんしよう。

教科書 44～53ページ　答え 11ページ

下の(　　)にあてはまる言葉を書こう。

1 モーターを速く回すには、かん電池をどのようにつなぐか。

教科書 44～46ページ

▶下の図のㇵのようなかん電池のつなぎ方を、かん電池の(①　　　　　　)といい、モーターの回り方はかん電池１このときとくらべて(②　　　　)。

▶下の図の㋑のようなかん電池のつなぎ方を、かん電池の(③　　　　　　)といい、モーターの回る速さは、かん電池１このときとほとんど(④　　　　)である。

▶下の図の㋒のようにかん電池をつなぐと、モーターは(⑤　　　　　　)。

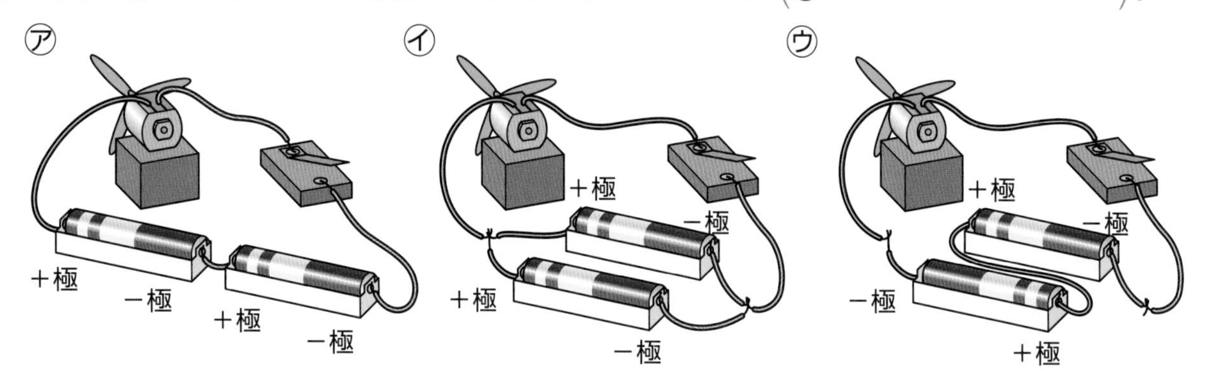

2 直列(ちょくれつ)つなぎとへい列(れつ)つなぎで、モーターの回る速さがちがうのはなぜか。

教科書 47～49ページ

▶下の図でスイッチを入れて、けん流計(りゅうけい)で回路(かいろ)に流れる電流(でんりゅう)の大きさを調べると、㋐の方が、㋑よりも流れる電流の大きさが(①　　　　　　)ことがわかる。

▶かん電池２この(②　　　　　　)つなぎでは、かん電池１このときよりも、回路に流れる電流の大きさが大きい。

▶かん電池２この(③　　　　　　)つなぎでは、かん電池１このときと、ほぼ同じ大きさの電流が流れる。

▶電流の大きさが(④　　　　　)なると、モーターの回り方は速くなる。

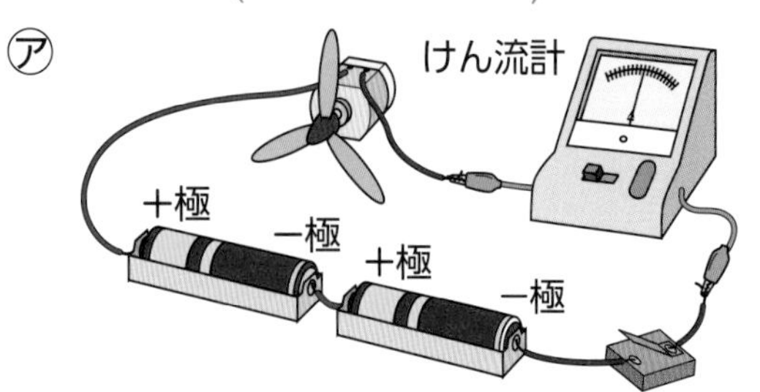

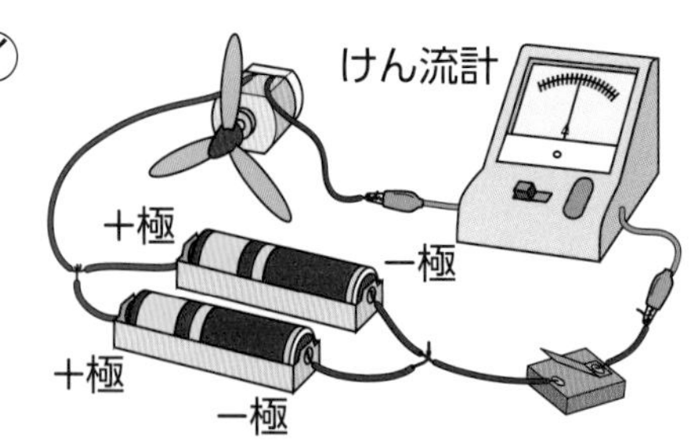

ここが、だいじ！
①２このかん電池を直列につなぐと、電流の大きさは１このときよりも大きくなる。
②２このかん電池をへい列につなぐと、電流の大きさは１このときと変(か)わらない。

直列つなぎでは、かん電池を１こはずすと回路は切れてしまいますが、へい列つなぎだと、かん電池を１こはずしても回路はつながっています。

4. 電気のはたらき

②モーターを速く回す方法

教科書 44〜53ページ　答え 11ページ

1 かん電池2ことモーター1ことスイッチ1こを使って、下の図のようにつなぎます。

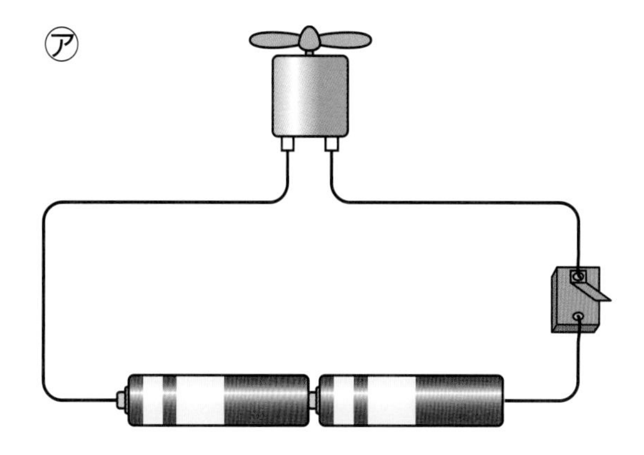

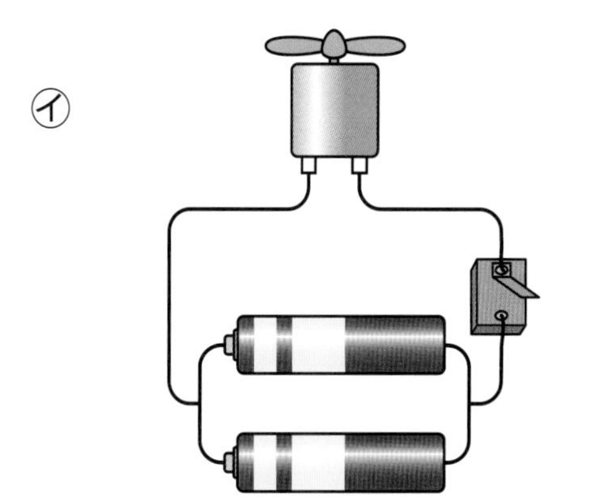

(1) ㋐のつなぎ方を、かん電池の何つなぎというでしょうか。
( )

(2) ㋑のつなぎ方を、かん電池の何つなぎというでしょうか。
( )

(3) スイッチを入れたときに、かん電池1このときよりも、モーターが速く回るのは、㋐、㋑のどちらのつなぎ方でしょうか。 ( )

(4) スイッチを入れたときに、かん電池1このときとほぼ同じ速さでモーターが回るのは、㋐、㋑のどちらのつなぎ方でしょうか。 ( )

2 下の図のようにかん電池をつなぎ、それぞれの回路(かいろ)の電流(でんりゅう)の大きさを調べます。

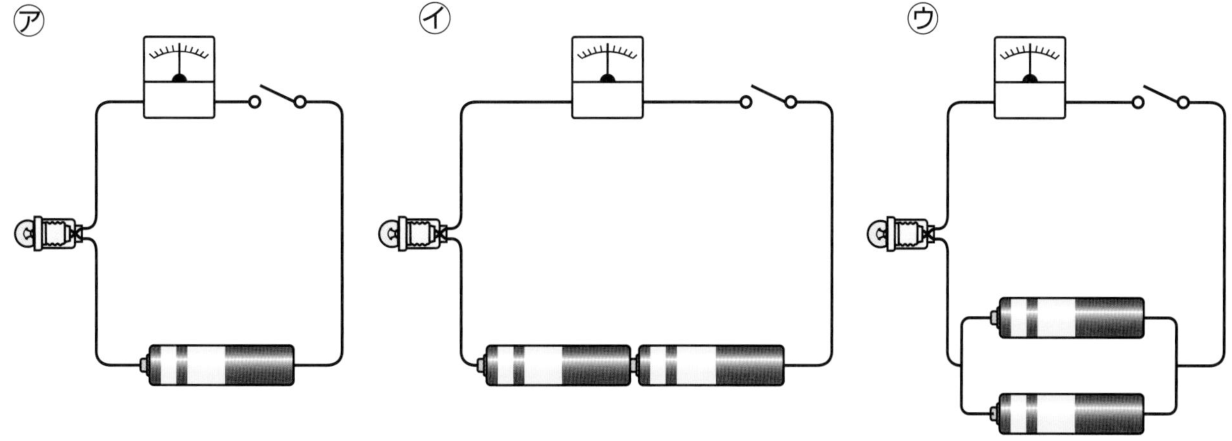

(1) ㋐〜㋒のうちで、回路を流れる電流の大きさが一番大きいのは、どれでしょうか。
( )

(2) ㋐〜㋒のうちで、回路を流れる電流の大きさがほぼ同じなのは、どれとどれでしょうか。
(と)

4. 電気のはたらき

教科書 38〜53ページ　答え 12ページ

よく出る

1 かん電池にモーターをつないで、モーターを回します。このとき、回路(かいろ)に流れる電流(でんりゅう)の大きさも調べます。

1つ5点(40点)

㋐

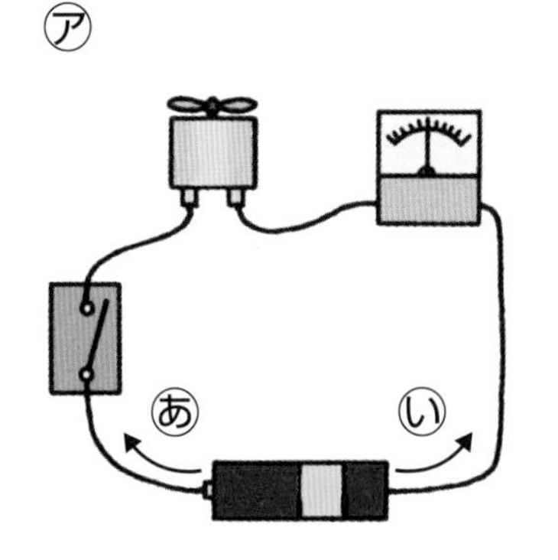

㋑

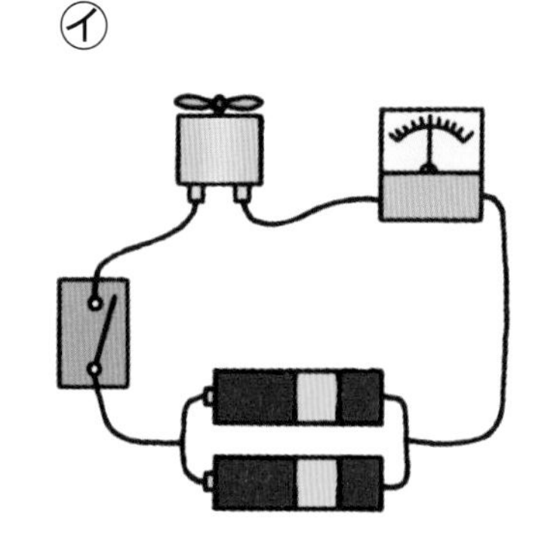

㋒

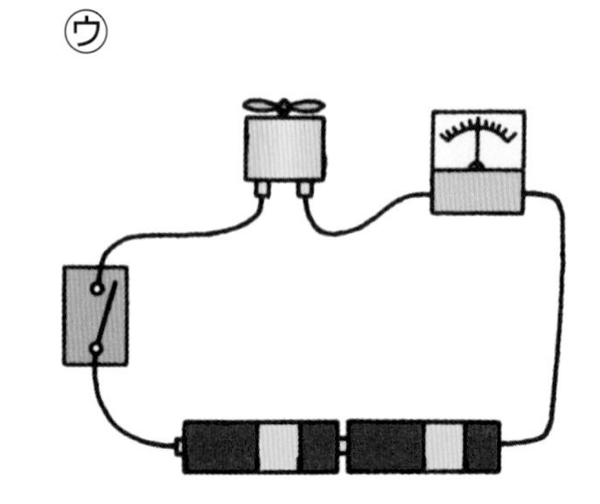

(1) スイッチを入れると、電流は㋐のあ、いのどちらの向きに流れますか。（　　）

(2) スイッチを入れると、モーターが一番速く回るのは、㋐〜㋒のどれでしょうか。（　　）

(3) (2)で選(えら)んだものの、かん電池のつなぎ方を、何というでしょうか。（　　）

(4) スイッチを入れると、㋐のけん流計(りゅうけい)のはりは、右の図のようにふれました。スイッチを入れると、㋑と㋒のけん流計のはりは、それぞれどうなりますか。次の㋓〜㋕のうちから選びましょう。

㋑（　　）
㋒（　　）

㋓

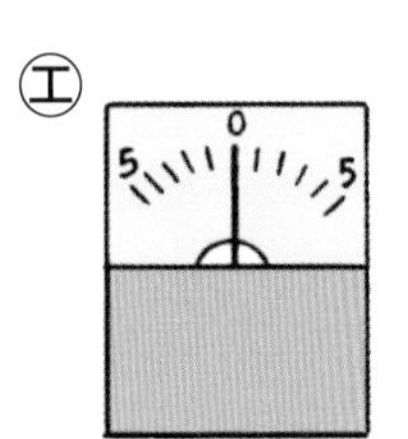

㋔

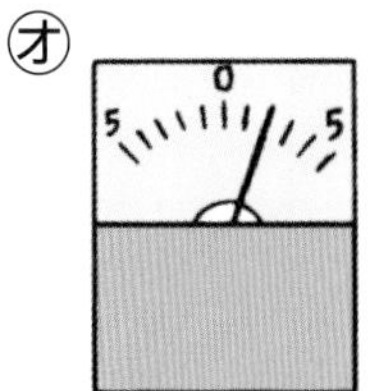

㋕

思考・表現

(5) ㋐のかん電池の向きを変(か)えてつなぐとどうなりますか。次の{　}の中の**ア**、**イ**のうち正しいものの（　）に○をつけましょう。

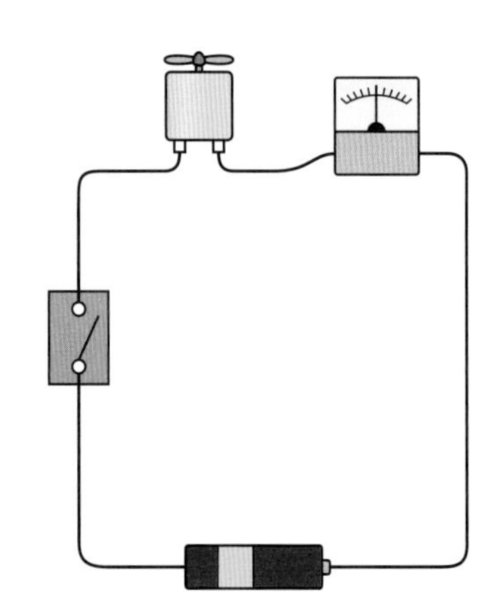

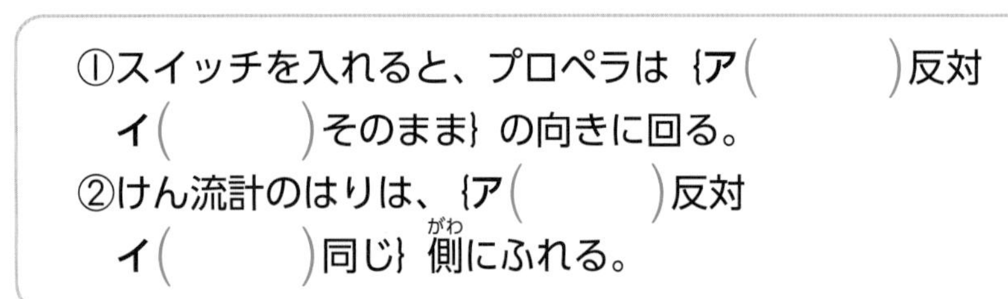

①スイッチを入れると、プロペラは {**ア**（　　）反対　**イ**（　　）そのまま} の向きに回る。
②けん流計のはりは、{**ア**（　　）反対　**イ**（　　）同じ} 側(がわ)にふれる。

(6) (5)のとき、けん流計のはりのふれの大きさは変わりますか。（　　）

2 かん電池１こ、けん流計、モーターをつないで、回路をつくります。

1つ6点(30点)

(1) けん流計は何を調べる器具ですか。２つ答えましょう。

(　　　　　　　　)(　　　　　　　　)

(2) 下の図のうち、けん流計の正しいつなぎ方はどれですか。正しいものの(　)に○をつけましょう。 技能

ア(　　)　イ(　　)　ウ(　　)

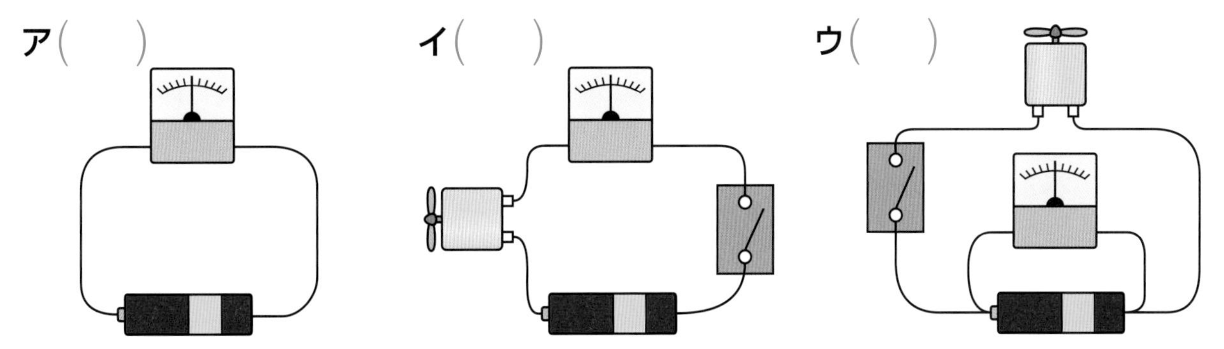

(3) モーターの回転の向きを変えるには、かん電池をどのようにすればよいですか。ア～ウのうち正しいものの(　)に○をつけましょう。

ア(　　)かん電池の数をふやす。

イ(　　)かん電池の＋極と－極を入れかえる。

ウ(　　)かん電池をはずす。

(4) かん電池を２こにふやして、モーターを速く回転させます。かん電池はどのようにつなげばよいですか。「２このかん電池を」に続けて書きましょう。

２このかん電池を(　　　　　　　　　　　　　　　　)。

できたらスゴイ！

3 下の図のように、豆電球、かん電池、けん流計、スイッチをつなぎます。

思考・表現　1つ10点(30点)

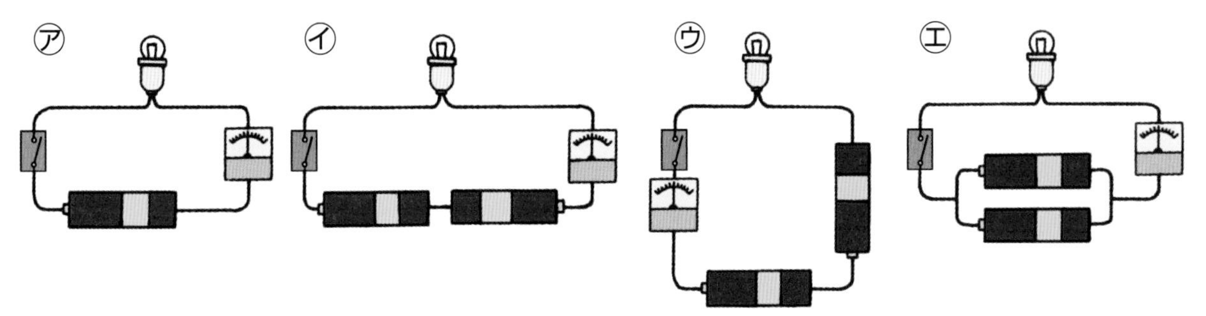

(1) スイッチを入れたときに、豆電球が一番明るくなるのは、㋐～㋓のどれでしょうか。

(　　)

(2) ㋐とほぼ同じ明るさになるのは、㋑～㋓のどれでしょうか。 (　　)

(3) ２このかん電池をつないだ㋑～㋓には、豆電球がつかないものがあります。それはどれでしょうか。 (　　)

ふりかえり
❶がわからないときは、20ページの❷にもどってかくにんしましょう。
❸がわからないときは、20ページの❶にもどってかくにんしましょう。

5. 雨水の流れ

①雨水の流れ
②土のつぶと水のしみこみ方

学習日 月 日

めあて
水の流れと、水のしみこみ方と土のつぶの大きさについてかくにんしよう。

教科書 54～65ページ　答え 13ページ

下の(　)にあてはまる言葉を書くか、あてはまるものを○でかこもう。

1 水は、高いところから低いところに流れるのだろうか。

教科書 56～58ページ

- 雨がふると、雨水は流れて、集まったところに水たまりをつくる。
- 地面の高さを、かたむきチェッカーなどで調べると、水たまりができていたところは、周りより高さが(①　　　)ことがわかる。
- 水は(②　　　)ところから(③　　　)ところに流れる。

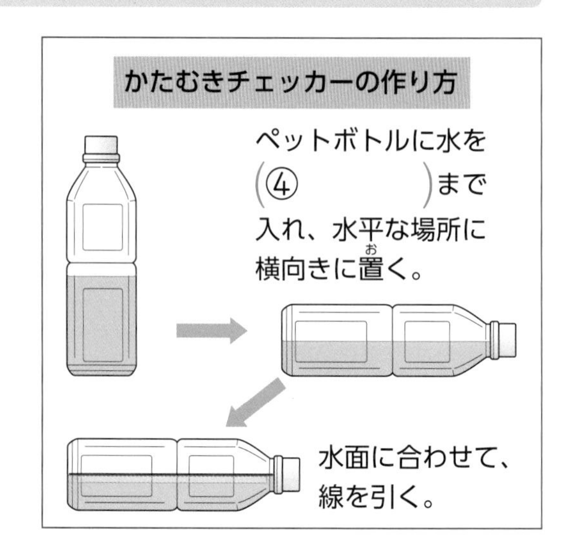

かたむきチェッカーの作り方
ペットボトルに水を(④　　　)まで入れ、水平な場所に横向きに置く。
水面に合わせて、線を引く。

2 水のしみこみ方は、土のつぶの大きさで変わるのだろうか。

教科書 59～62ページ

- 同じ量のつぶの大きさがちがう土に、同じ量の水を流しこみ、水のしみこみ方を調べる。

	つぶの大きさ	水のしみこみ方	土の上に残った水
すな場のすな	(① 大きい・小さい)	(③ 速い・おそい)	ほとんどない。
花だんの土	(② 大きい・小さい)	(④ 速い・おそい)	残っている。

- 水のたまりやすいところは、土のつぶの大きさが(⑤　　　)。
- 水のしみこみ方は、つぶの(⑥　　　)によってちがう。

①水は、高いところから低いところへ向かって流れる。
②水のしみこみ方は、土のつぶが大きい方が速くなる。

校庭にしみこまず、はい水口に流れこんだ雨水は、地下のパイプを通り、水路や川などに流れこみます。

学習日　月　日

5. 雨水の流れ

①雨水の流れ
②土のつぶと水のしみこみ方

1 水たまりができた場所の地面の高さを調べます。

(1) 水の流れの横にかたむきチェッカーを置くと、右の図のようになりました。水面のようすから地面が高いのは㋐、㋑のどちらでしょうか。

(　　　)

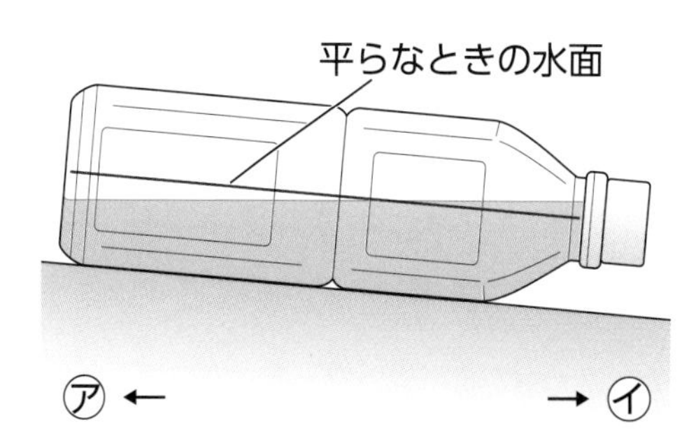

(2) このことから、水の流れの向きはどうなりますか。ア、イのうち正しいものの(　)に○をつけましょう。

ア(　　)㋐の方から㋑の方へ流れる。
イ(　　)㋑の方から㋐の方へ流れる。

(3) 次の文の(　)に「高い」「低い」のどちらかを書きましょう。

水は(①　　　　)ところから(②　　　　)ところに流れるので、水たまりは周りよりも地面の高さが(③　　　　)ところにできる。

2 すな場のすなと花だんの土を使って、水のしみこみ方を調べます。

(1) 実験に使う土の量について、ア～ウのうち正しいものの(　)に○をつけましょう。

ア(　　)どちらも同じ量にする。
イ(　　)すな場のすなを多くする。
ウ(　　)花だんの土を多くする。

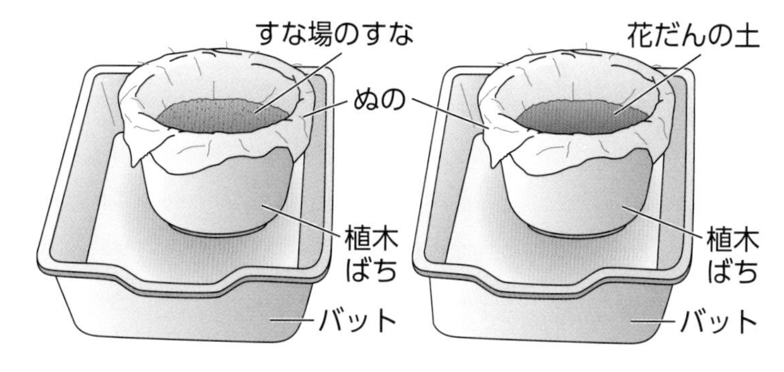

(2) それぞれに水を流しこみます。このとき、水の量について注意することは何ですか。

(　　　　　　　　　　　　　)

(3) すな場のすなは、花だんの土とくらべて、つぶの大きさは大きいですか、小さいですか、同じですか。

(　　　　　)

(4) 水を流しこんだとき、すぐにバットに水がたまるのは、すな場のすなと花だんの土のどちらでしょうか。

(　　　　　)

(5) 水のしみこみやすさは、土の何によってちがっていますか。

(　　　　　)

ヒント 2 (2)くらべること以外は同じにして実験します。この実験では、何をくらべようとしているかを考えてみましょう。

5. 雨水の流れ

教科書 54～65ページ　答え 14ページ

1 雨がふったあと、水がたまったところの地面のようすを調べます。

1つ8点(24点)

水の流れ　㋐　㋑　水たまり

(1) 図の㋐と㋑では、地面はどちらが高いといえるでしょうか。　(　　)

(2) 水たまりがあるところの土は、ほかのところとくらべて、土のつぶが大きいですか、小さいですか。　(　　　)

(3) 水たまりができる場所について、**ア**、**イ**のうち正しいものの(　)に○をつけましょう。

ア(　　)水たまりができる場所はいつもちがっている。

イ(　　)水たまりができる場所はいつも同じである。

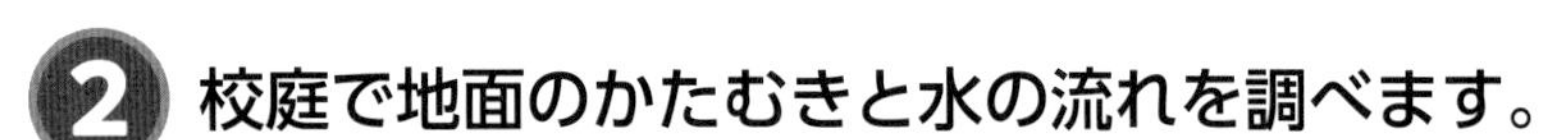

2 校庭で地面のかたむきと水の流れを調べます。

1つ5点(20点)

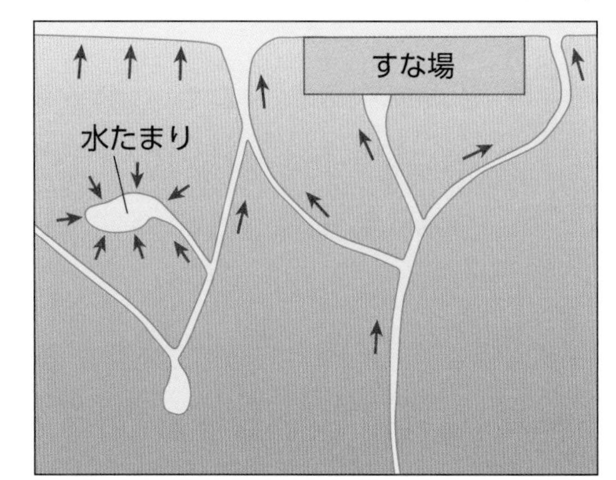

(1) 地面のかたむきをはかるために、ペットボトルを使ったかたむきチェッカーをつくります。ペットボトルの中に入れる水の量(りょう)はどのくらいにしますか。**ア**～**ウ**のうち正しいものの(　)に○をつけましょう。

ア(　　)いっぱいに入れる。

イ(　　)半分まで入れる。

ウ(　　)半分よりずっと少なく入れる。

(2) 地面のかたむきを矢印(やじるし)で記録(きろく)しました。矢印の先は、地面が高い方、低(ひく)い方のどちらをさしていますか。　(　　　　)

(3) 水が集まっているところは、周(まわ)りより地面が高いところですか、低いところですか。　(　　　　)

(4) 記述 水は、どのように流れるといえますか。「高いところ」「低いところ」という言葉を使って書きましょう。　思考・表現

(　　　　　　　　　　　　　　　　　　)

よく出る

3 いろいろな場所の土を使って、水のしみこみ方を調べました。

1つ8点(32点)

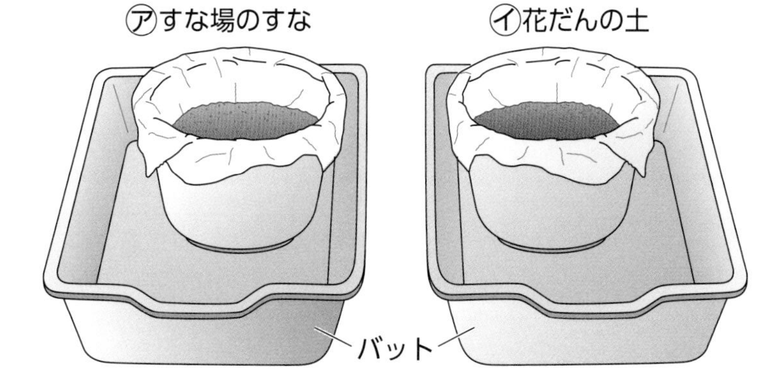

(1) 右のようなそう置を使って、同じ量の水を流しこみ、水のしみこみ方を調べます。㋑の結果はア、イのどちらでしょうか。

ア(　　)すぐにしみこんだ。

イ(　　)上の方に水がたまって少しずつしみこんだ。

(2) 同じ時間では、バットにたまった水の量が多いのは、㋐、㋑のどちらでしょうか。

(　　)

(3) 水のしみこみ方が速いのは、土のつぶが大きい方、小さい方のどちらですか。

(　　)

(4) 実験をするとき、すな場のすなと花だんの土の量はどのようにしますか。

(　　)

できたらスゴイ!

4 水の流れと水のしみこみ方について、正しいものの(　　)には○を、まちがっているものの(　　)には×をつけましょう。

思考・表現　1つ6点(24点)

水道の流しは、はい水口に向かって高くした方が、水が流れやすいね。

①(　　)

線路の下を通る道路(アンダーパス)は雨がふると水がたまりやすいんだよ。

②(　　)

土のつぶが小さいほど、水とまざりやすくて、速く水がしみこむね。

③(　　)

野球場は水はけがよくなるように、つぶの大きさがちがう土をまぜているよ。

④(　　)

ふりかえり
2がわからないときは、24ページの1にもどってかくにんしましょう。
3がわからないときは、24ページの2にもどってかくにんしましょう。

ぴったり1 じゅんび

3分でまとめ

1-2. 暑い季節(きせつ)

学習日　月　日

めあて
夏になると、植物や動物のようすはどのようになるかをかくにんしよう。

教科書 66～73ページ　答え 15ページ

下の(　)にあてはまる言葉を書こう。

1 ヘチマはどのくらい育っているだろうか。　教科書 68～69ページ

▶夏になると、春のころとくらべて、気温が(①　　)くなっている。

▶ヘチマは、春のころとくらべて、(②　　)がぐんぐんとのびて、(③　　)の数もふえている。

▶ヘチマは、くきの長さが長くなり、ささえのぼうには(④　　)がたくさんまきついている。

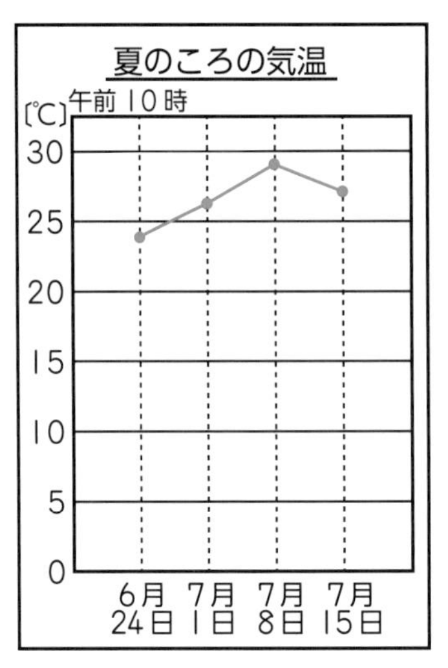

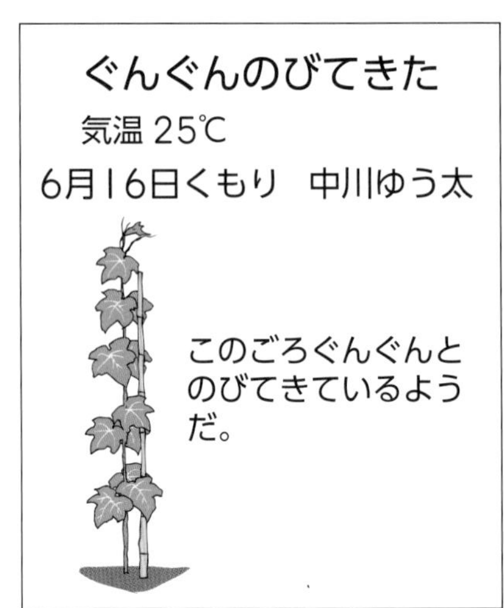

ぐんぐんのびてきた
気温 25℃
6月16日くもり　中川ゆう太
このごろぐんぐんとのびてきているようだ。

2 動物の活動のようすはどのように変(か)わってきただろうか。　教科書 70～73ページ

▶ツバメは、たまごから(①　　)がうまれて、親が①に食べ物(虫)をあたえている。

▶おたまじゃくしは、(②　　)がはえて、陸(りく)に上がっている。

夏になると、カエルもたくさん見かけられるようになるね。

(③　　)の成虫(せいちゅう)

(④　　)のよう虫(ちゅう)

③、④にあてはまるこん虫の名前を書こう。

▶春から夏にかけて、気温が(⑤　　)くなると、こん虫や鳥などの動物は活発に(⑥　　)するようになる。

ここがだいじ!
①夏になると、春のころより気温が高くなる。
②夏には、動物の活動が活発になり、植物もよく成長する。

ぴたトリビア　オオカマキリのよう虫は、成虫とよくにたすがたをしていますが、はねがないか、あっても小さいです。何度か皮をぬいで大きくなり、やがて成虫になります。

1-2. 暑い季節

教科書 66～73ページ　答え 15ページ

1 5月7日、5月17日、6月27日にヘチマの育ち方のようすを記録しました。

㋐

ヘチマの芽が出た!!
○月○日
天気 晴れ
気温
名前 中川たけし
小さな
芽がある。
●ヘチマの芽が出ました。
すべすべのふた葉です。
♥これからどのように育っていくか、
楽しみです。

㋑

ぐんぐんのびてきた
○月○日
天気 くもり
気温
名前 中川ゆう太
●くきがのびて葉もふえた。
♥このごろぐんぐんとのびてきて
いるようだ。

㋒

ヘチマの植えかえ
○月○日
天気 くもり
気温
名前 中里まり
●ヘチマを植えかえました。
♥これから気温が上がっていくと
どんどんのびていくと思います。

(1) ㋐、㋑を記録したときの午前10時ごろの気温を、それぞれ〔　〕から選びましょう。

㋐(　　　　　)　㋑(　　　　　)

〔5℃　18℃　25℃　45℃〕

(2) 6月27日に記録したカードは㋐～㋒のどれでしょうか。

(　　)

2 春と夏の晴れの日の午前10時の気温を1週間ごとにはかり、グラフにしました。

(1) 夏の日の気温を表しているのは、㋐、㋑のどちらでしょうか。

(　　)

㋐
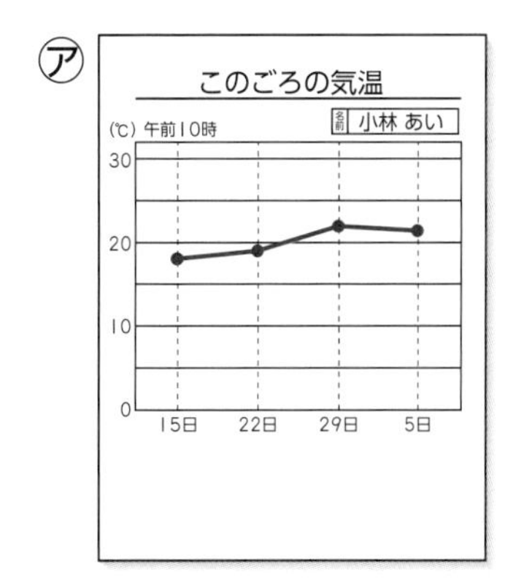

㋑
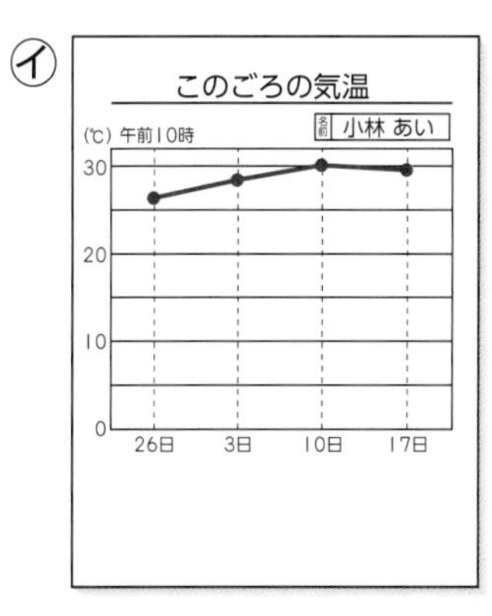

(2) 春から夏にかけて、動物のようすはどのように変わってきましたか。**ア**～**ウ**のうち正しいものの(　)に○をつけましょう。

ア(　　)動物の活動が活発になり、見られる数が多くなる。

イ(　　)動物の活動がにぶくなり、見られる数がへってくる。

ウ(　　)動物のようすは春のころとほとんど変わらない。

1-2. 暑い季節

教科書 66〜73ページ　答え 16ページ

1 4月から、毎月20日の午前10時に気温をはかりました。

1つ10点(20点)

はかった日	4月20日	5月20日	6月20日	7月20日
気温	18℃	22℃	26℃	28℃

(1) 作図 気温をはかった結果を表にまとめました。これを折れ線グラフに表しましょう。

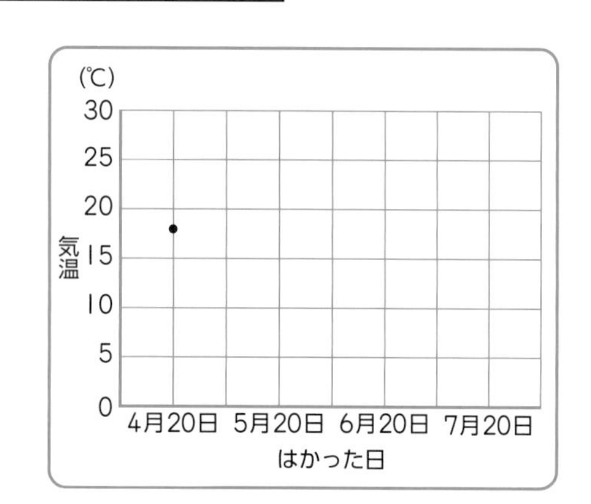

(2) 気温について、表からわかることで、ア〜ウのうち正しいものの(　)に○をつけましょう。

ア(　　)夏は春より気温が高い。

イ(　　)春は夏より気温が高い。

ウ(　　)春も夏も気温は同じくらいである。

2 ヘチマの育ち方を調べます。

1つ10点(30点)

(1) ヘチマの育ち方を記録するには、何を調べればよいですか。ア〜エのうち正しいものの(　)に○をつけましょう。　技能

ア(　　)子葉のまい数を調べる。

イ(　　)水やりの回数と雨のふった日の日数を調べる。

ウ(　　)くきや葉についている、こん虫の種類と数を調べる。

エ(　　)くきの長さを調べる。

(2) 右の図は、4月にたねをまいたヘチマの育つようすを絵に表したものです。6月の終わりごろのヘチマのようすは㋐〜㋒のどれでしょうか。

(　　　)

㋐　㋑　㋒

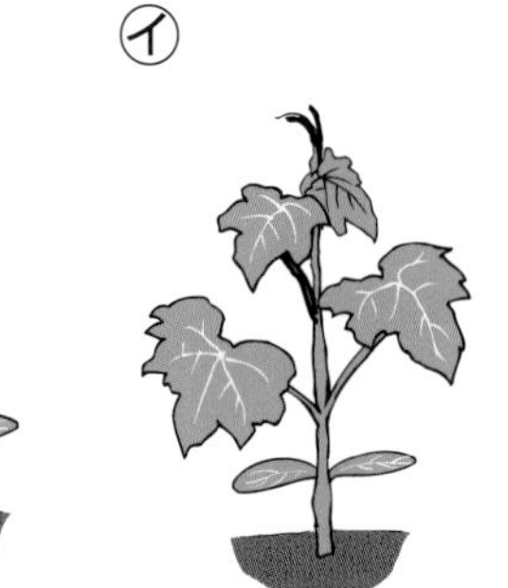

(3) 記述 気温が高くなると、ヘチマのくきの長さや葉の数はどのようになりますか。　思考・表現

(　　　　　　　　　　　　　　　　　　　　)

3 花にこん虫がいました。

1つ10点(30点)

(1) 右の写真のこん虫の名前を書きましょう。

(　　　　　)

(2) 右の写真のこん虫は、春から夏にかけて見られます。このほかに、夏のころには生き物のどんなようすが見られますか。**ア**～**エ**のうち正しいものの(　)に○をつけましょう。

ア(　　)たくさんのオオカマキリが、たまごからかえるようすが見られる。

イ(　　)あしがはえ、陸に上がったカエルが多く見られる。

ウ(　　)巣をつくっているツバメが多く見られる。

エ(　　)水の中には、たまごからかえったばかりのおたまじゃくしが見られる。

(3) 夏のころのようすについて、**ア**～**エ**のうち正しいものの(　)に○をつけましょう。

ア(　　)春にくらべて夏は、こん虫の活動が活発になる。

イ(　　)春にくらべて夏は、こん虫の活動がにぶくなる。

ウ(　　)春も夏も、こん虫の活動は同じくらい活発になる。

エ(　　)夏は、こん虫のほとんどが土の中や葉の下などでじっとしている。

できたらスゴイ!

4 4月と6月の10日、12日、14日、16日の気温を調べて、結果をまとめました。

1つ10点(20点)

(1) 6月の結果を表しているのは、㋐、㋑のどちらでしょうか。

(　　)

㋐

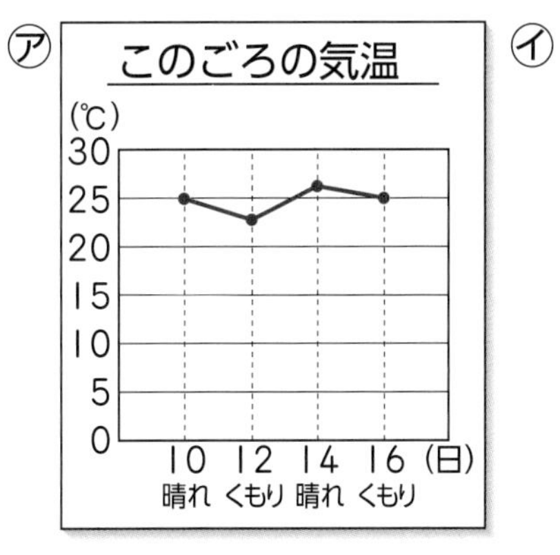

㋑ このごろの気温

(℃) 30 25 20 15 10 5 0

10 12 14 16 (日)

晴れ くもり 晴れ くもり

(2) 6月の気温と生き物のようすについて、**ア**～**ウ**のうち正しいものの(　)に○をつけましょう。　思考・表現

春から気温が変わらないから、生き物のようすも変わらないね。

ア(　　)

春より気温が高くなって、生き物の活動が活発になったね。

イ(　　)

春より気温が低くなって、生き物の活動がにぶくなったね。

ウ(　　)

ふりかえり

❷がわからないときは、28ページの❶にもどってかくにんしましょう。
❹がわからないときは、28ページの❷にもどってかくにんしましょう。

3分でまとめ

★ 夏の星

学習日　　月　　日

めあて
星の色や明るさについて知り、星ざ早見の使い方をかくにんしよう。

教科書 74〜85ページ　答え 17ページ

下の(　)にあてはまる言葉を書くか、あてはまるものを○でかこもう。

1 星には、色や明るさなどのちがいがあるだろうか。

教科書 76〜84ページ

▶星と星を結んで、いくつかのまとまりに分けたものを(①　　　　)という。

▶夏の夜、デネブ、アルタイル、ベガの3つの明るい星を結んでできる大きな三角形を(②　　　　)という。

▶図のアは、(③　　　　)ざである。

右の④〜⑥に星の名前を書こう。

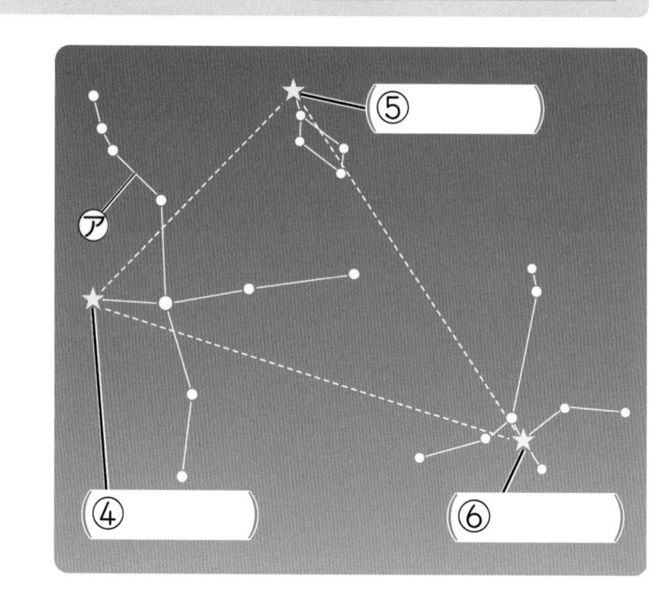

▶星の明るさは、(⑦ 星によってちがう ・ どの星も同じ)。また、星の色は、(⑧ 星によってちがう ・ どの星も同じ)。

●星ざ早見の使い方

▶星ざ早見で調べる前に、見たい空の方位を(⑨　　　　)で調べておく。

▶星ざ早見で、調べたい月、日、時こくの目もりを合わせ、調べたい空の方位を(⑩　　)にして持ち、頭の上にかざす。

▶右の図あでは、7月(⑪　　　)日午後8時の空の星を調べようとしている。

▶右の図いでは、(⑫　　　)を下にして星ざ早見を持っているので、(⑬　　　)の空の星を調べようとしている。

あ

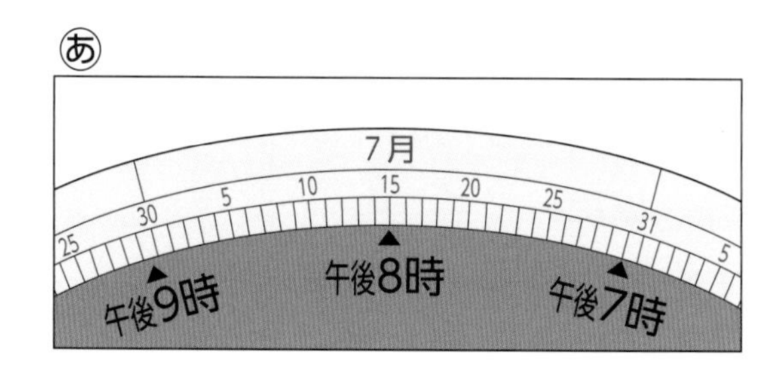

い

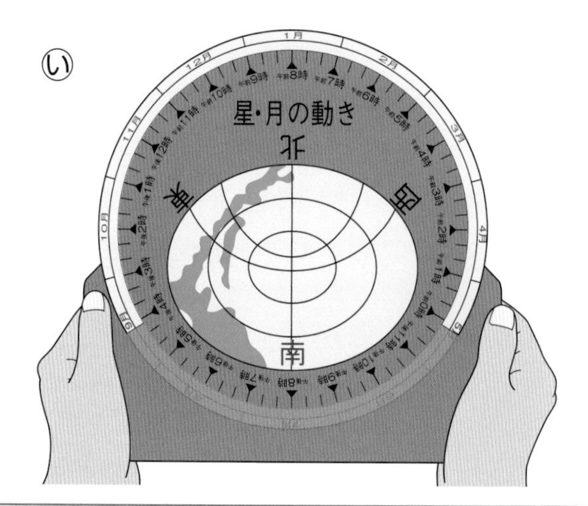

ここがだいじ!
①夏の大三角は、デネブ、アルタイル、ベガの3つの星からできている。
②星の色や明るさは、星によってさまざまである。

ぴたトリビア
「デネブ」はアラビア語で「(めんどりの)尾」という意味で、はくちょうざのちょうど尾の位置にあります。

★ 夏の星

学習日　　月　　日

教科書 74～85ページ　答え 17ページ

1 夏に見える星のまとまりを調べます。

(1) 図のように、星と星を結んで、いくつかのまとまりに分けたものを、何というでしょうか。

(　　　)

(2) 右の星のまとまりを何というでしょうか。

(　　　)

(3) ㋐の星の名前は何というでしょうか。

(　　　)

(4) ㋐の星、アルタイル、ベガの3つの星を結んでできる三角形を、何というでしょうか。

(　　　)

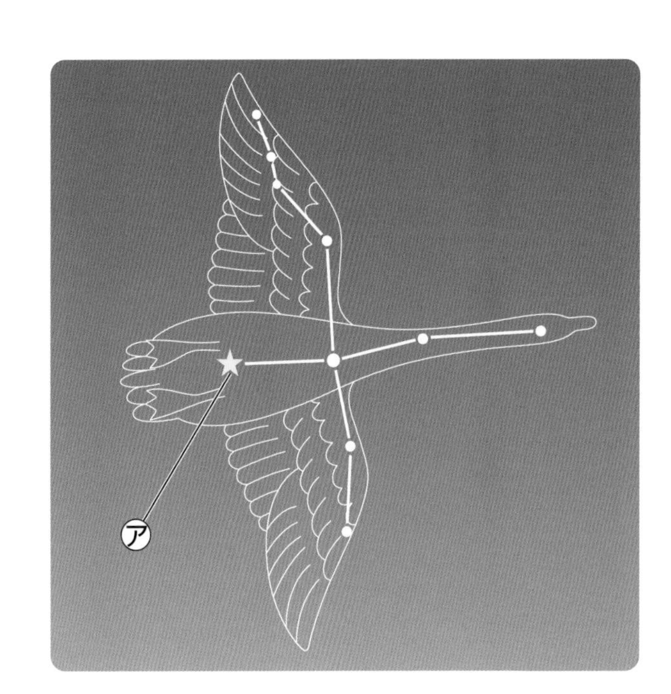

2 図のような道具を使って、午後8時の夜空の星を観察します。

(1) 右の図のような道具を何というでしょうか。

(　　　)

(2) 右の図のような向きにして、頭の上にかざしたとき、どの方位の空を観察しているでしょうか。

(　　　)

(3) 右下の図のように目もりを合わせます。この日の月日を書きましょう。

(　　　)

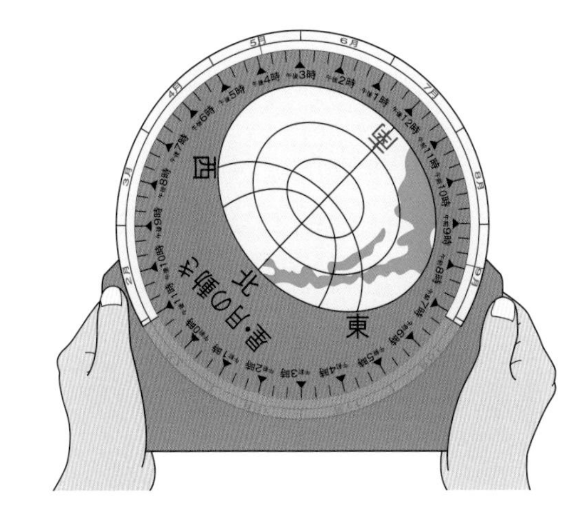

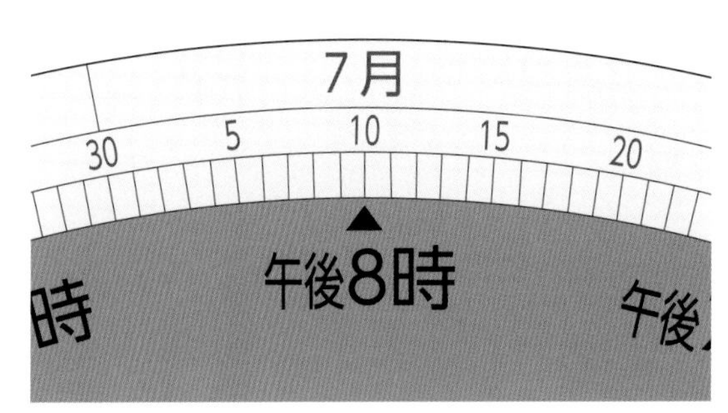

ヒント 2 (2)観察する方位を下にしてかざします。
(3)目もりは、外側から、月、日、時こくとなります。

★ 夏の星

教科書 74～85ページ　答え 18ページ

よく出る

1 夏の日の夜、星を観察しました。

1つ5点(30点)

(1) はくちょうざ、ことざなど星をいくつかのまとまりに分けたものを、何というでしょうか。
（　　　　）

(2) 次の①～③の説明にあてはまる星は、右の図の㋐～㋒のどれでしょうか。

①はくちょうざをつくる1つの星である。（　　　　）

②おりひめに見たてられている星で、ベガとよばれている。
（　　　　）

③けん牛に見たてられている星で、アルタイルとよばれている。（　　　　）

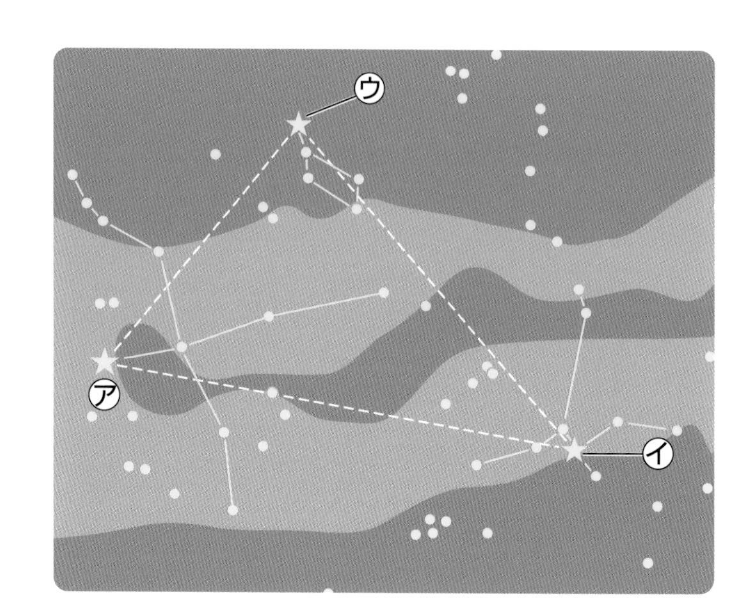

(3) ㋐～㋒の星を結んだものを何というでしょうか。
（　　　　）

(4) 夜空の星について、ア～ウのうち正しいものの(　)に○をつけましょう。

ア(　　)星の明るさは星によってちがうが、色はどの星も同じである。

イ(　　)星の明るさはどの星も同じだが、色はそれぞれちがっている。

ウ(　　)星の明るさや色は星によってさまざまである。

2 星を観察するために、観察したい方位を調べます。

技能　1つ5点(10点)

(1) 方位を調べる右のあの道具の名前を書きましょう。
（　　　　）

(2) あの道具のはりがいの図のように止まりました。北の方位は、㋐～㋕のどれでしょうか。（　　　　）

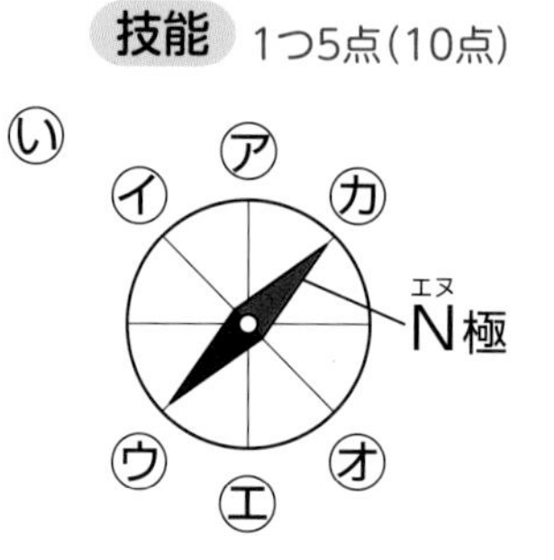

3 夜空の星の名前や位置を調べます。

技能 1つ10点(30点)

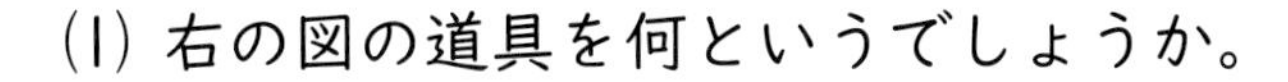

(1) 右の図の道具を何というでしょうか。

(　　　　　　　　　　　　)

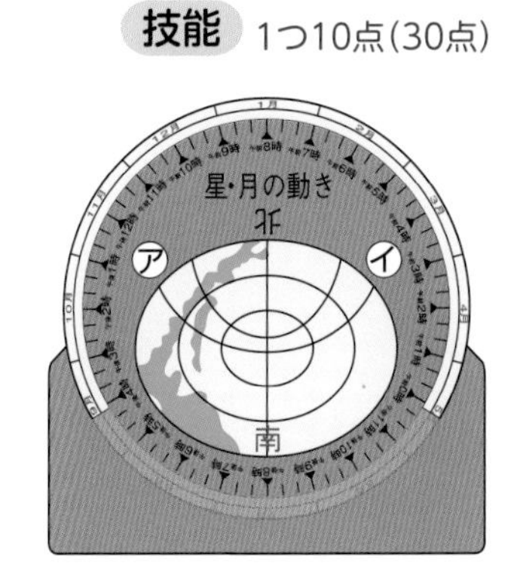

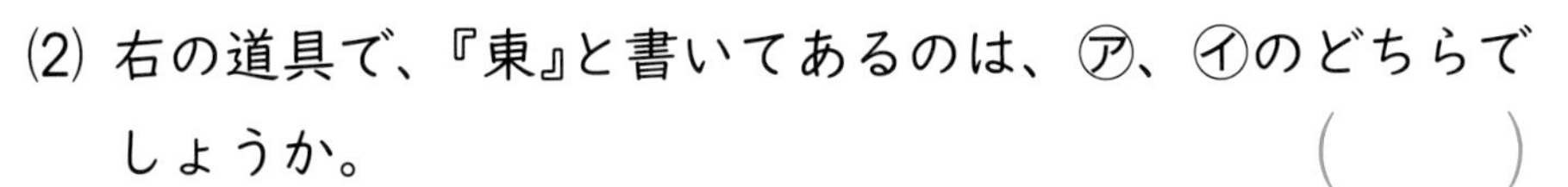

(2) 右の道具で、『東』と書いてあるのは、㋐、㋑のどちらでしょうか。　(　　　)

(3) 下の図のように、月日と時こくの目もりを合わせて、右下の図のように持ちました。何月何日何時のどの方位の空を観察していますか。**ア～エ**のうち正しいものの(　)に○をつけましょう。

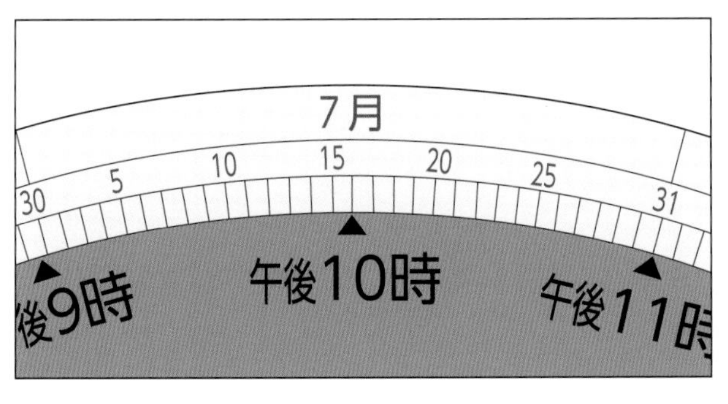

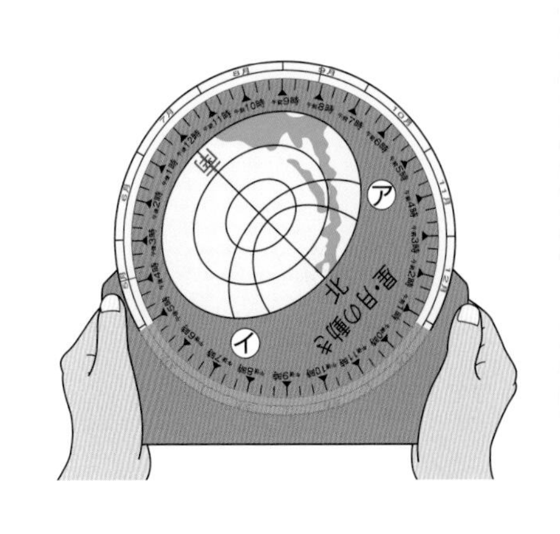

ア(　　)7月18日午後10時の東の空
イ(　　)7月18日午後10時の西の空
ウ(　　)7月16日午後10時の東の空
エ(　　)7月16日午後10時の西の空

できたらスゴイ！

4 北の空を観察して、スケッチをしました。

思考・表現 1つ10点(30点)

(1) 星㋐を何というでしょうか。

(　　　　　　　　　　　　)

(2) 星のまとまり㋑はおおぐまざにある7つの星です。これを何というでしょうか。　(　　　　　　　　　　　　)

(3) 星㋐は方位を知る手がかりとされてきました。その理由で**ア～ウ**のうち正しいものの(　)に○をつけましょう。

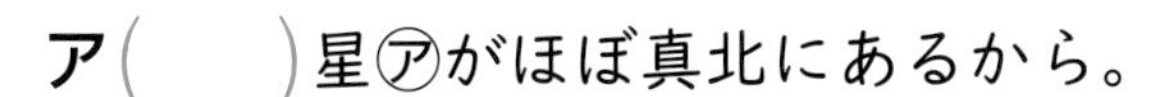

ア(　　)星㋐がほぼ真北にあるから。
イ(　　)星㋐が夜空でいちばん明るいから。
ウ(　　)星㋐が夜空の中で色がきれいで、目立つ星だから。

❶がわからないときは、32ページの❶にもどってかくにんしましょう。
❸がわからないときは、32ページの❶にもどってかくにんしましょう。

この本の終わりにある「夏のチャレンジテスト」をやってみよう！

6. 月や星の動き

①朝の月の動き
②星の動き

学習日　　月　　日

めあて
月や星は時間とともに、見える位置が変わることをかくにんしよう。

教科書　88～94ページ　答え　19ページ

下の(　　)にあてはまる言葉を書くか、あてはまるものを○でかこもう。

1 朝の月は、時間がたつと、位置が変わるだろうか。

教科書　88～91ページ

- 太陽は、(①　　　　)からのぼって(②　　　　)の高い空を通り、(③　　　　)の方へとしずんでいく。
- 朝見えた月は、時間がたつとともに、(④　　　　)の方へとしずんでいく。
- 月のしずんでいくようすは、太陽がしずんでいくようすと、にて(⑤　いる　・　いない　)。

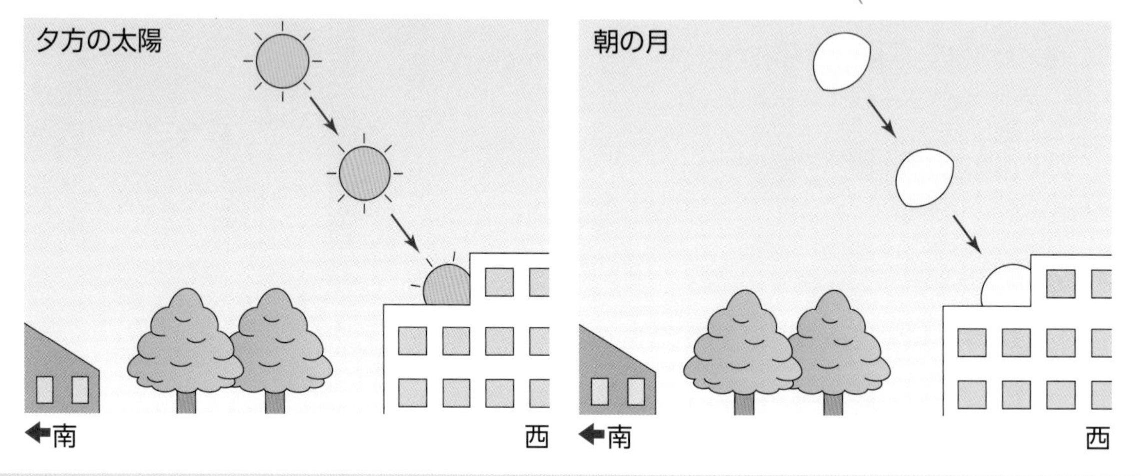

2 時間がたつと、星の位置は変わるだろうか。

教科書　92～94ページ

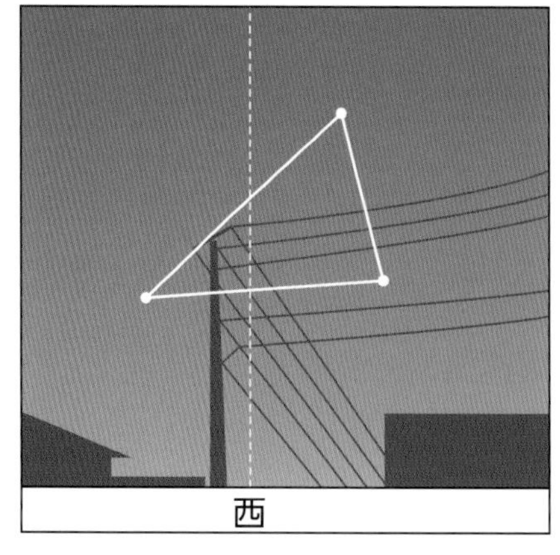

星も、太陽や月と同じで、時間がたつと動くんだね。

- 立つ位置に印（しるし）をつけて、観察（かんさつ）する場所を(①　変える　・　変えない　)ようにする。
- 星は、時間がたつと、見える位置が(②　　　　　　)。
- 星は、動いていても、星どうしのならび方は(③　　　　　　)。

ここがだいじ！
①朝見える月は、時間がたつとともに西へ位置を変え、しずんでいく。
②星は、時間がたつと位置が変わるが、星どうしのならび方は変わらない。

月の光っている部分は、太陽の光が当たっている部分です。

6. 月や星の動き

①朝の月の動き
②星の動き

教科書 88～94ページ　答え 19ページ

1 太陽の１日の動きと朝見える月の動きを、図に表しました。

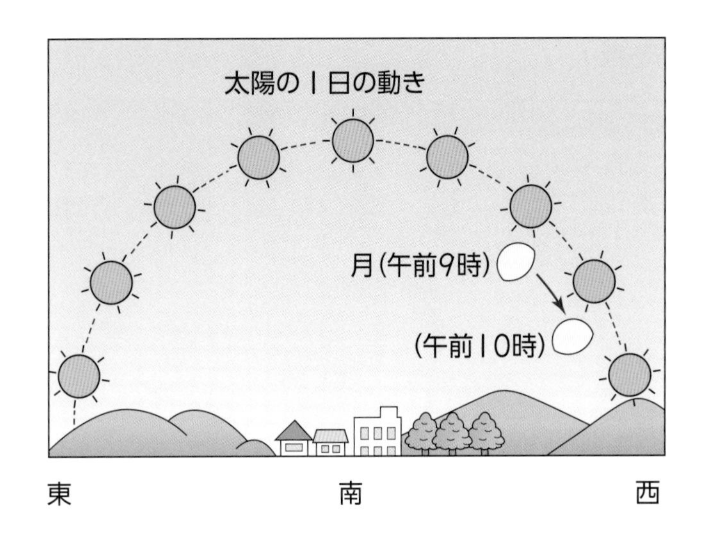

(1) 太陽はどのように動きますか。①、②の(　)にあてはまる方位を書きましょう。

(①　　　)から南の高い空を通って、(②　　　)にしずんでいく。

(2) 朝、西の空に見える月がしずむのは、いつごろですか。ア～エのうち正しいものの(　)に〇をつけましょう。

ア(　　)明け方
イ(　　)午前中
ウ(　　)夕方
エ(　　)真夜中

(3) 月のしずみ方は、太陽の動きとにているといえるでしょうか。

(　　　　　　)

2 夏(なつ)の大三角(だいさんかく)を９月１８日の午後８時と午後９時に観察(かんさつ)しました。

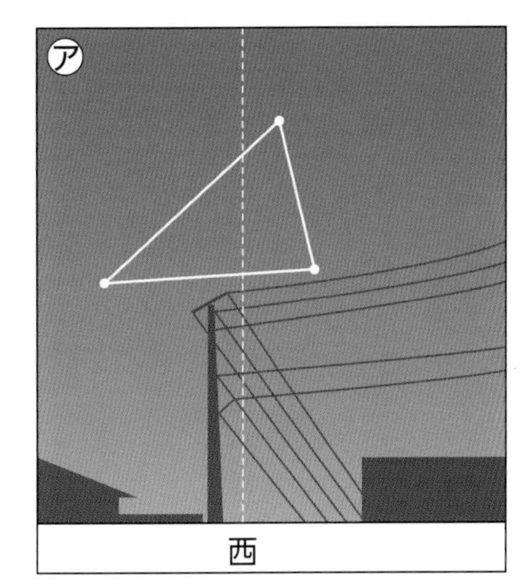

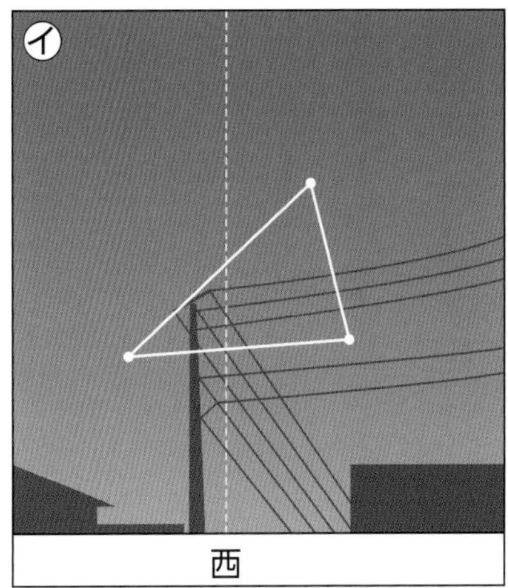

(1) 午後９時に観察したときのスケッチは、㋐、㋑のどちらでしょうか。

(　　　)

(2) ２回の観察で、星のならび方はどうなりましたか。ア～ウのうち正しいものの(　)に〇をつけましょう。

ア(　　)星と星の間のきょりが変(か)わり、午後９時の方が三角形が大きくなった。
イ(　　)星どうしのならび方が変わり、三角形の形が変わった。
ウ(　　)星どうしのならび方は変わらず、三角形の形は同じだった。

ヒント
❶ (1)月の動く向きから考えてみましょう。
❷ (1)西の空にある星は西の方へしずんでいきます。

6. 月や星の動き

③午後の月の動き

学習日　　月　　日

めあて
月の動き方や、月が日によって形が変わって見えることをかくにんしよう。

教科書 95〜99ページ　答え 20ページ

 下の(　　)にあてはまる言葉を書くか、あてはまるものを○でかこもう。

1 午後、東の空の半月(はんげつ)はどのように動くだろうか。

教科書 95〜99ページ

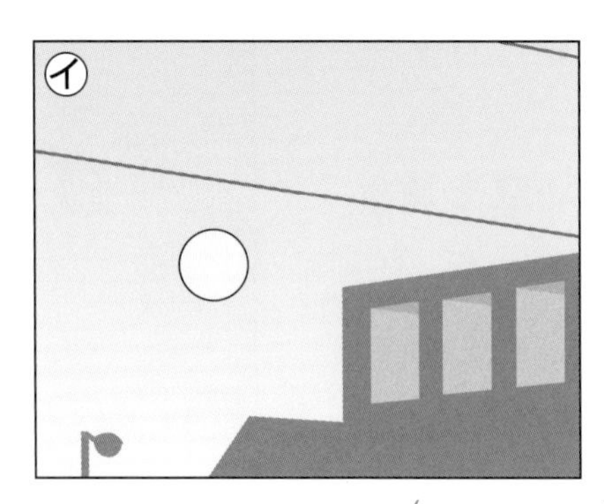

①には、㋐、㋑のどちらかを書こう。

▶午後2時すぎに東の空に見える月は、上の図の(①　　　)の方で、月の形から(②　　　　)とよばれている。

▶午後2時すぎに東の空に見えた月は、夕方にかけて(③　　　)の空へとのぼっていく。

●午後の月の動き方

▶午後、(④　　　)の空に見えた半月は、時間とともに、南の空へのぼっていく。

▶午後6時ごろ南の空に見られた半月は、時間とともに、(⑤　　　)の空へとしずんでいく。

▶半月の1日の動き方をまとめると、太陽と(⑥ 同じような ・ ちがう)動き方をしていることがわかる。

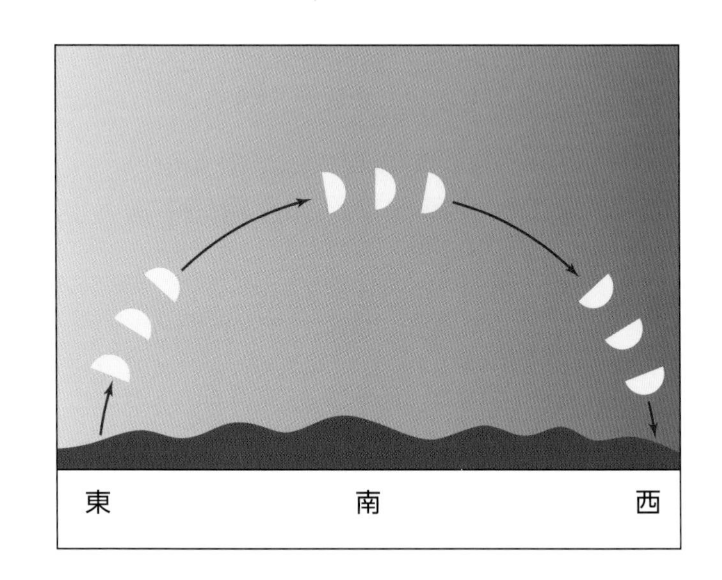

▶月は、日によって、形が(⑦　　　　　　　)見える。

▶月の形には、欠(か)けているところがない(⑧　　　　　)や、半分欠けている(⑨　　　　)や、三日月(みかづき)などがある。

月にはいろいろな形があるんだね。

ここが だいじ!
①午後、東の空に見えた月は、南の空へのぼっていく。
②月は、太陽とにた動き方をし、また、日によって形が変(か)わって見える。

ぴたトリビア　月の形は毎日少しずつ変わり、およそ1か月でもとの形にもどります。

1 東の空に見える半月を観察し、スケッチにまとめました。

(1) 月を観察するとき、いつも同じ場所で観察しますか、ちがう場所で観察しますか。（　　　）

(2) 図の半月が見えたのは、いつごろですか。ア〜エのうち正しいものの（　）に○をつけましょう。

ア（　）午前6時ごろ
イ（　）午前9時ごろ
ウ（　）正午ごろ
エ（　）午後3時ごろ

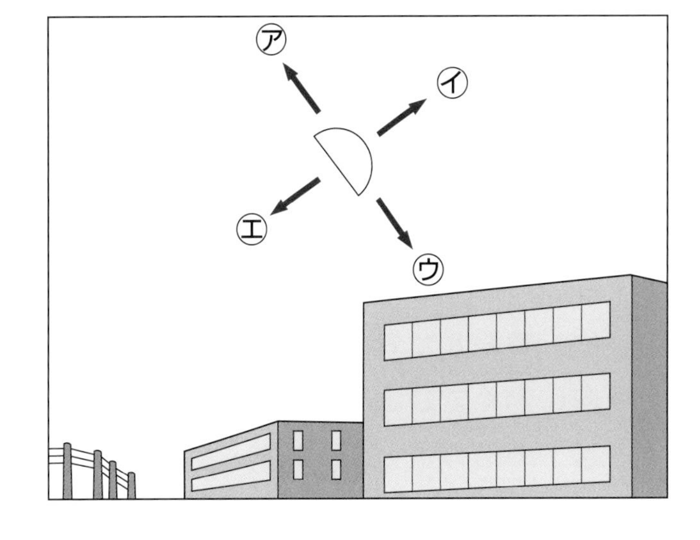

(3) このあと、半月は、時間とともに、㋐〜㋓のどの方向に動くでしょうか。（　　）

2 半月の１日の動きを表しました。

(1) 図の半月は、図の㋐、㋑のどちらの方向に動くでしょうか。（　　）

(2) 図の半月がしずむのは、いつごろですか。ア〜エのうち正しいものの（　）に○をつけましょう。

ア（　）朝
イ（　）昼間
ウ（　）夕方
エ（　）深夜

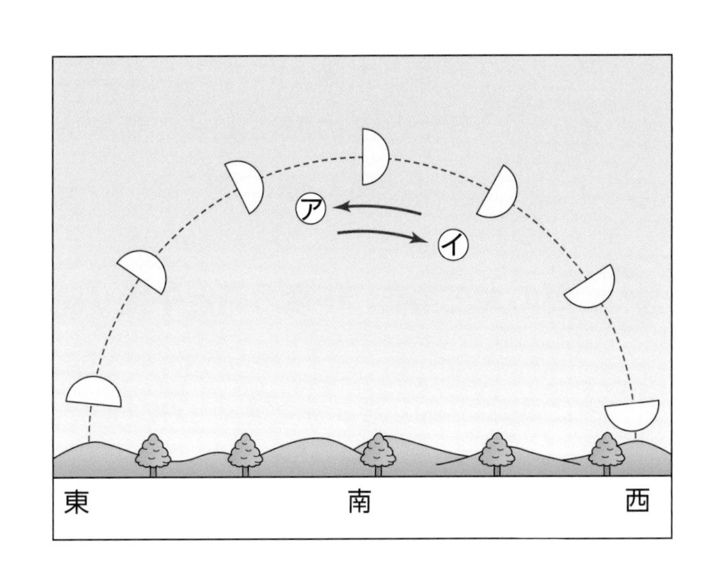

(3) 月の動き方は、太陽の動き方とにているといえるでしょうか。（　　　）

(4) 月の動き方をまとめます。①〜④の（　）にあてはまる言葉を書きましょう。

月は、（①　　　）の動き方と同じように、（②　　　）からのぼり、（③　　　）の高い空を通り、（④　　　）にしずむ。

6. 月や星の動き

教科書 88～99ページ　答え 21ページ

よく出る

1 午後に見える月と、午前中に見える月をそれぞれ観察し、記録しました。

1つ5点(20点)

(1) 右上の図のような月は、何とよばれるでしょうか。

(　　　　　)

(2) 右上の図で、午後３時に見えた月は、時間とともに㋐～㋓のどの方向に動くでしょうか。(　　　)

(3) 右下の図のように、午前９時に見えた月は、時間とともに㋕～㋗のどの方向に動くでしょうか。

(　　　)

午後3時　㋐　㋑　㋓　㋒
東　南東　南

午前9時　㋕　㋖　㋗
西

(4) 月の動き方について、**ア**～**ウ**のうち正しいものの(　)に○をつけましょう。

ア(　　)月は、太陽とにたような動き方をする。

イ(　　)月は、その形によって動き方がちがっている。

ウ(　　)月は、同じ時こくにはいつも同じ場所に見える。

2 夏の大三角を、午後８時と午後９時に観察します。

技能　1つ10点(30点)

(1) 夜に観察するとき、子どもだけで行ってもよいでしょうか。(　　　　　)

(2) 星の位置を記録するとき、目印にするとよいのは、電柱、さくのどちらでしょうか。

(　　　　　)

(3) 記述 午後８時と午後９時で、観察する場所はどのようにするでしょうか。

(　　　　　　　　　　　　　　　)

3 9月20日の午後8時と午後9時に南から西の空を観察しました。

1つ5点(20点)

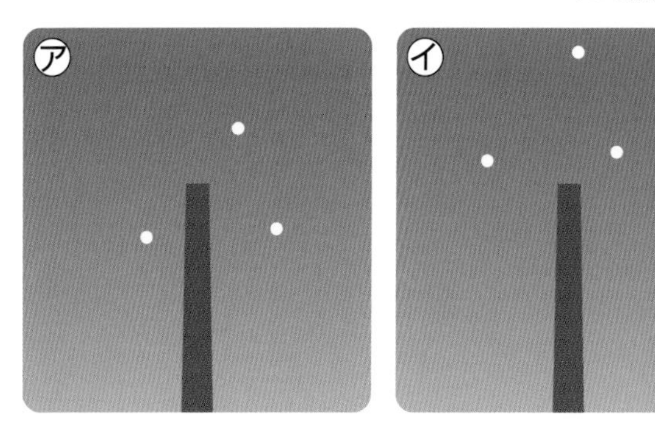

(1) 右の図の3つの星は、夏の大三角です。デネブ、ベガと、もう1つの星は何というでしょうか。

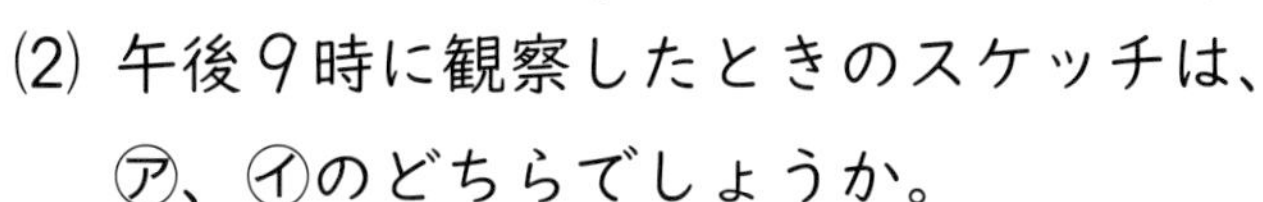

(　　　　　　　　)

(2) 午後9時に観察したときのスケッチは、㋐、㋑のどちらでしょうか。

(　　　)

(3) 夏の大三角の位置(いち)について、**ア**、**イ**のうち正しいものの(　)に○をつけましょう。

ア(　　)時こくとともに変(か)わる。

イ(　　)時こくとともに変わらない。

(4) 夏の大三角の形について、**ア**、**イ**のうち正しいものの(　)に○をつけましょう。

ア(　　)時こくとともに変わる。

イ(　　)時こくとともに変わらない。

できたらスゴイ!

4 右の図はいろいろな月の形を表しています。

1つ10点、(1)は両方できて10点(30点)

(1) ㋐の月と㋕の月は、それぞれ何とよばれているでしょうか。

㋐の月(　　　　　　　　)

㋕の月(　　　　　　　　)

(2) 月の形を観察すると、㋐の形からしだいに形が変わって、ふたたび㋐の形になるまでどのように変わっていきますか。㋑～㋕を順番(じゅんばん)にならべましょう。

思考・表現 (㋐→　　→　　→　　→　　→　　→㋐)

(3) 月の形が㋐から変わって元の㋐にもどるまでどのくらいの時間がかかりますか。**ア**～**ウ**のうち正しいものの(　)に○をつけましょう。

ア(　　)約2週間

イ(　　)約1か月

ウ(　　)約2か月

ふりかえり
3がわからないときは、36ページの2にもどってかくにんしましょう。
4がわからないときは、38ページの1にもどってかくにんしましょう。

1-3. すずしくなると

3分でまとめ

学習日　　月　　日

めあて
すずしくなると、動物や植物のようすはどうなるかをかくにんしよう。

教科書 100〜107ページ　答え 22ページ

下の(　)にあてはまる言葉を書こう。

1 すずしくなると、動物の活動のようすはどのように変わっただろうか。 教科書 101〜106ページ

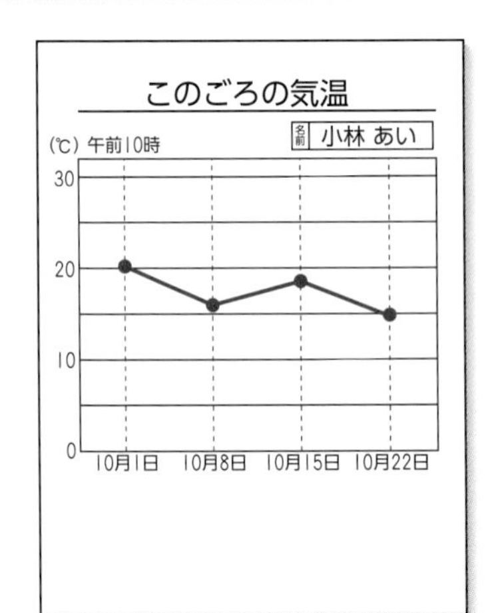

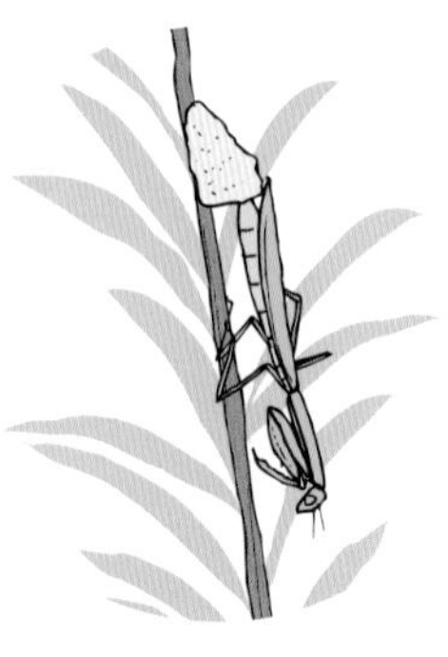

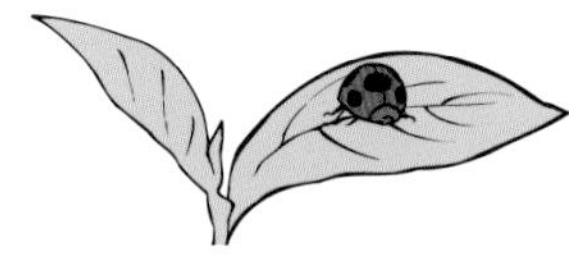

- 秋になると、夏のころとくらべて、気温が(①　　　　)なる。
- オオカマキリは、(②　　　　)を産んでいた。
- ナナホシテントウやアマガエルなどは、夏にくらべて活動が(③　　　　)なってくる。
- 動物の活動のようすを夏と秋でくらべると、(④　　　　)の方が活発だった。
- 秋になると、気温が(⑤　　　　)なるので、動物の活動がにぶくなり、見られる動物の数が(⑥　　　　)。

2 ヘチマはどのくらい育っているだろうか。 教科書 104〜106ページ

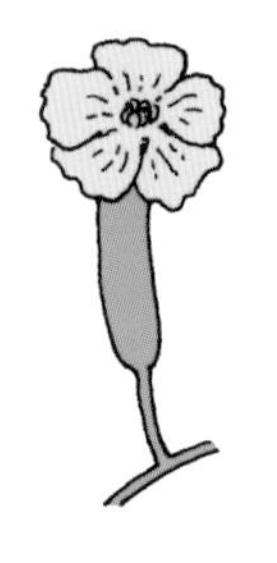
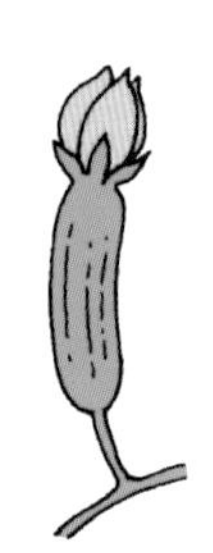
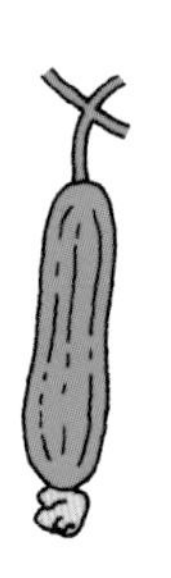
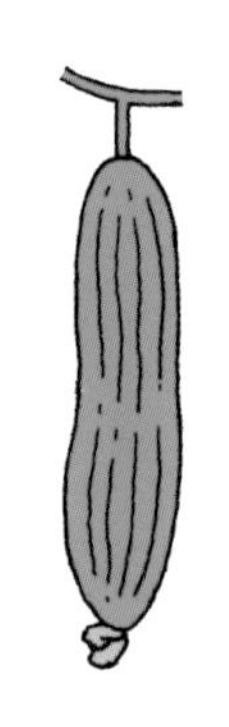

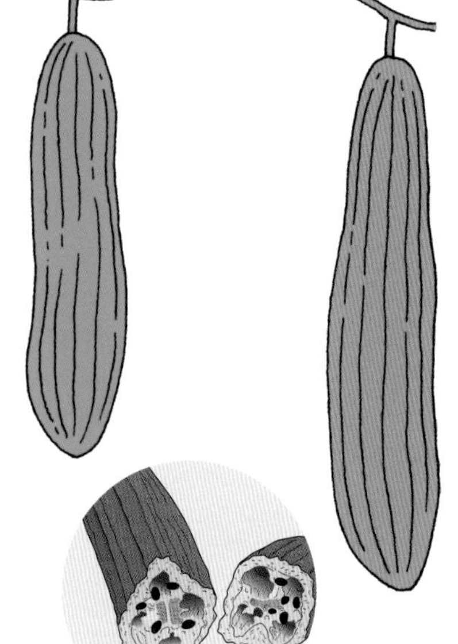

- 花がさいた後、花のもとの部分が大きくなり、(①　　　　)になる。
- 実の色は、緑色から(②　　　　)色になり、実の中には、黒い(③　　　　)ができる。
- 下の方の緑色だった葉やくきは(④　　　　)色っぽくなりかれていった。

ここが、だいじ！
①秋になると、動物の活動はにぶくなり、見られる数も少なくなる。
②植物は秋になると成長が止まり、実をつけるものもある。

ぴたトリビア
アゲハのさなぎは、緑色だったり茶色だったりします。これは、さなぎになるときの場所の表面のようす(ざらざらかつるつるか)や、明るさなどによって変わると考えられています。

1-3. すずしくなると

教科書 100～107ページ　答え 22ページ

1 秋のころのこん虫のようすを調べます。

(1) 秋になると、夏とくらべて気温はどうなりますか。（　　　　　）

(2) 写真のあは何というこん虫でしょうか。（　　　　　）

(3) あのこん虫は、何をしているのでしょうか。（　　　　　　　　　）

(4) あのこん虫は、(3)のあと、どうなりますか。**ア**～**ウ**のうち正しいものの（　）に○をつけましょう。

ア（　　）さかんに活動する。
イ（　　）さなぎになる。
ウ（　　）やがて死んでしまう。

2 秋のころのヘチマのようすを観察（かんさつ）しました。

このごろのヘチマ
10月22日　くもり　中川ゆう太
気温15℃（午前10時）

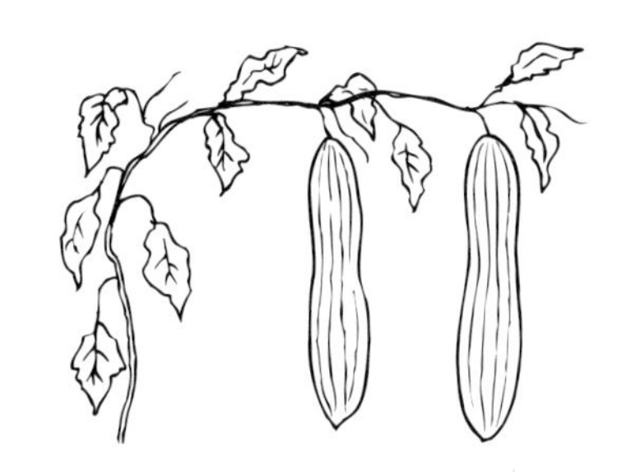

・くきはあまりのびていない。
・実がなっているのが見られる。
・このままかれるのかな？

(1) 夏のころとくらべて葉のようすはどうなっていますか。**ア**、**イ**のうち正しいものの（　）に○をつけましょう。

ア（　　）緑色の葉がふえている。
イ（　　）下の方の葉がかれている。

(2) 実がじゅくすとどうなりますか。**ア**～**ウ**のうち正しいものの（　）に○をつけましょう。

ア（　　）小さく緑色になる。
イ（　　）大きく育ち、緑色になる。
ウ（　　）茶色になる。

(3) ヘチマの実の中には、何が入っていますか。（　　　　　）

(4) 秋になると、ヘチマの成長（せいちょう）はどうなりますか。（　　　　　　　　）

ヒント 1 (4)冬には、このこん虫の成虫（せいちゅう）は見られないことから考えましょう。

1-3. すずしくなると

教科書 100〜107ページ　答え 23ページ

1 夏と秋の晴れの日の午前10時の気温を1週間ごとにはかり、グラフにしました。

1つ10点(20点)

(1) 右のグラフは、夏と秋の気温を表しています。秋の気温はㇰア、ㇰイのどちらでしょうか。

(　　　)

㋐
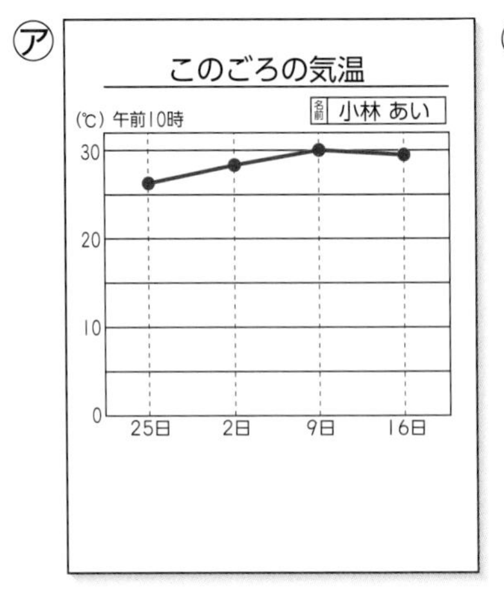

㋑
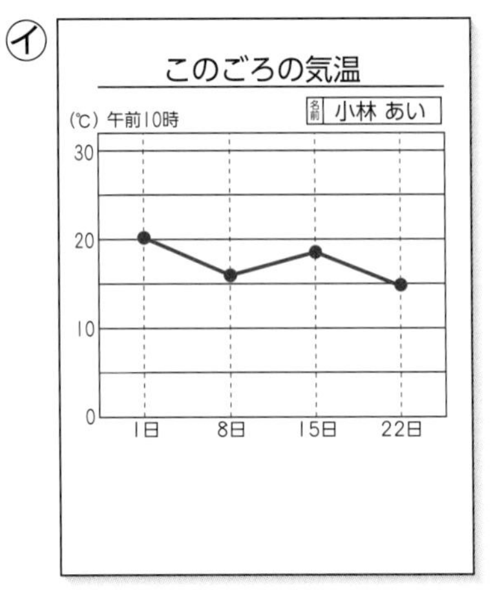

(2) 秋は、夏のころとくらべて、植物の成長のようすはどのように変化しますか。次の**ア**〜**ウ**のうち正しいものの(　)に○をつけましょう。

ア(　　)夏のころよりよく成長する。
イ(　　)夏のころとちがって成長が止まる。
ウ(　　)夏のころと同じように成長する。

よく出る

2 秋のころの生き物のようすを調べました。

1つ5点(20点)

(1) 次の**ア**〜**オ**のうち秋のようすを2つ選んで、(　)に○をつけましょう。

ア(　　)オオカマキリのよう虫がたくさん見られる。
イ(　　)オオカマキリが、あわでつつまれたたまごを産んでいる。
ウ(　　)ツバメが、巣をつくって、ひなを育てている。
エ(　　)池や田では、カエルがさかんに鳴いている。
オ(　　)ナナホシテントウが葉にいたが、活動がにぶかった。

(2) 次の**ア**〜**オ**のうち正しいものを2つ選んで、(　)に○をつけましょう。

ア(　　)夏にくらべて、秋は気温がより高い日が多い。
イ(　　)夏にくらべて、秋は気温がより低い日が多い。
ウ(　　)夏にくらべて、秋はこん虫の活動がさかんである。
エ(　　)夏にくらべて、秋はこん虫の活動がにぶくなってきている。
オ(　　)秋は、こん虫のほとんどが土の中や葉の下にいてじっとしている。

3 ヘチマを観察し、記録しました。

1つ10点(40点)

かれたヘチマ
10月22日　くもり　中川ゆう太
気温15℃（午前10時）

ヘチマはすっかりかれてきました。実は（　　）になっています。葉をにぎるとパリパリくだけてしまいます。

(1) 記録したころは、夏にくらべて気温はどうなったでしょうか。（　　　　　　）

(2) 右の記録用紙の絵には、まだ色をぬっていません。記録用紙に書かれた文の（　）にあてはまる色は何色ですか。**ア**～**エ**のうち正しいものの（　）に○をつけましょう。

ア（　　）緑色　　**イ**（　　）赤色
ウ（　　）茶色　　**エ**（　　）青色

(3) よくじゅくした実を2つに切って中を観察したときの図は、㋐～㋒のどれでしょうか。（　　）

(4) 実の中には、何が入っているでしょうか。（　　　　）

㋐
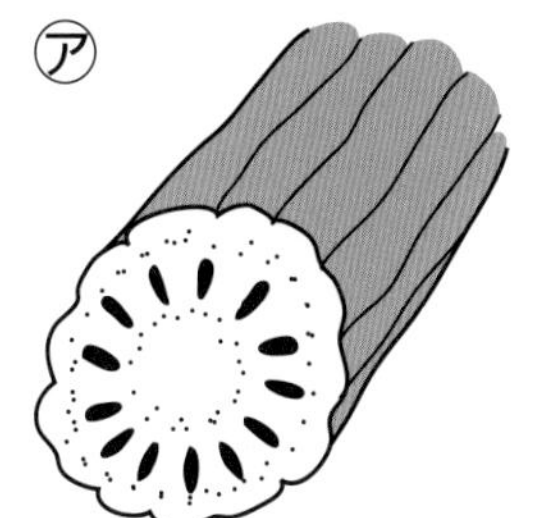
㋑
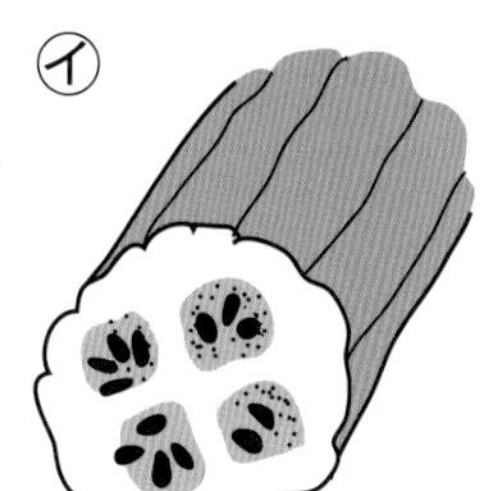
㋒
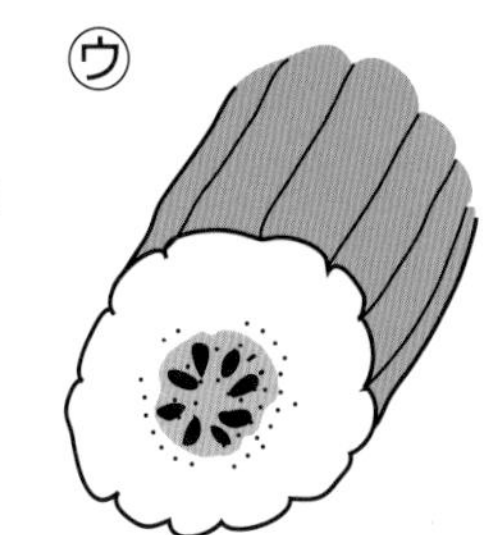

できたらスゴイ!

4 秋のサクラのようすを調べます。

1つ10点(20点)

(1) 秋のころのサクラのようすについて、**ア**～**ウ**のうち正しいものの（　）に○をつけましょう。

サクラの葉は、色が変わって、落ちるものも出てきたね。

ア（　　）

すっかり葉が落ちて、ヘチマのように木がかれているよ。

イ（　　）

緑色の葉がたくさんついているね。

ウ（　　）

(2) 記述 サクラが(1)のようになるのは、何の変化と関係がありますか。何がどう変わったからか、書きましょう。　思考・表現

（　　　　　　　　　　　　　　　　　　　　）

ふりかえり
②がわからないときは、42ページの1にもどってかくにんしましょう。
③がわからないときは、42ページの2にもどってかくにんしましょう。

7. 自然の中の水

①水のゆくえ
②空気中の水じょう気

学習日　　月　　日

めあて
水は水面などからじょう発し、空気中には水じょう気があることをかくにんしよう。

教科書 108〜117ページ　答え 24ページ

下の(　　)にあてはまる言葉を書こう。

1 水はどこへいったのだろうか。

教科書 110〜113ページ

▶よう器に同じ量の水を入れて日なたと日かげに2日間置くと下の写真のようになった。

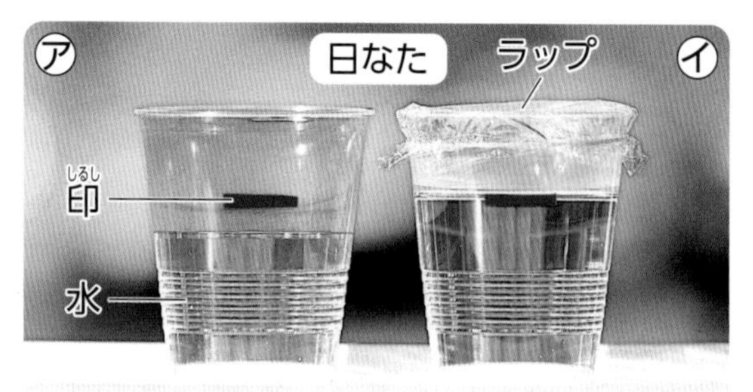

日なたと日かげでは水のへり方はちがうかな。

▶2日後、最も水の量がへっているのは、(①　　　　)のよう器である。
▶イのラップの内側に(②　　　　)がついている。
▶水は、空気中に(③　　　　)となって出ていく。このことを、水の(④　　　　)という。

2 空気中には水じょう気があるのだろうか。

教科書 114〜116ページ

▶図のように、ふたのついたよう器に氷と水を入れて、いろいろな場所に持っていくと、よう器の表面に水てきがつく。この水てきは空気中の、(①　　　　)が冷たいよう器の表面にふれて冷やされ、水てきとなってついたものである。
▶空気中なら、どこでも水じょう気が(②　　　　)といえる。
▶空気中の水じょう気は、氷水などで冷やすとふたたび(③　　　　)にすがたを変える。

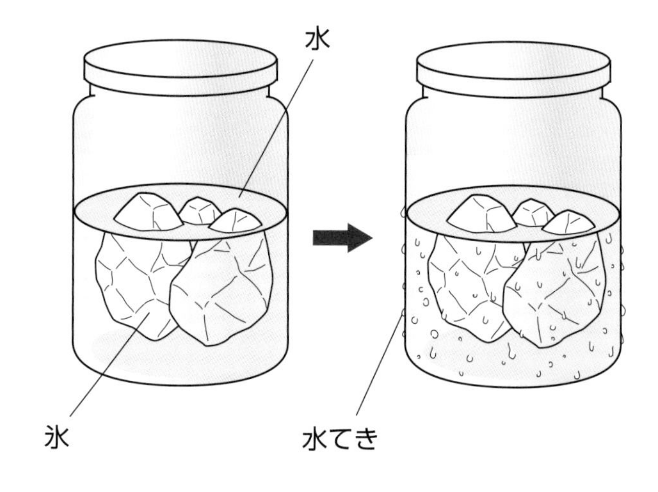

水てきはよう器の表面の冷えたところだけについているね。

ここがだいじ！
①水が水じょう気となって空気中に出ていくことを、水のじょう発という。
②空気中には水じょう気があり、冷やすとふたたび水になる。

自然の中では、水はたえずじょう発しています。水じょう気は、空の高いところで冷えて、小さな水や氷のつぶになります。これが雲の正体です。

学習日　月　日

7. 自然の中の水

①水のゆくえ
②空気中の水じょう気

教科書 108～117ページ　答え 24ページ

1 下の図のようにビーカーに水を入れ、同じ場所に2日間置きました。

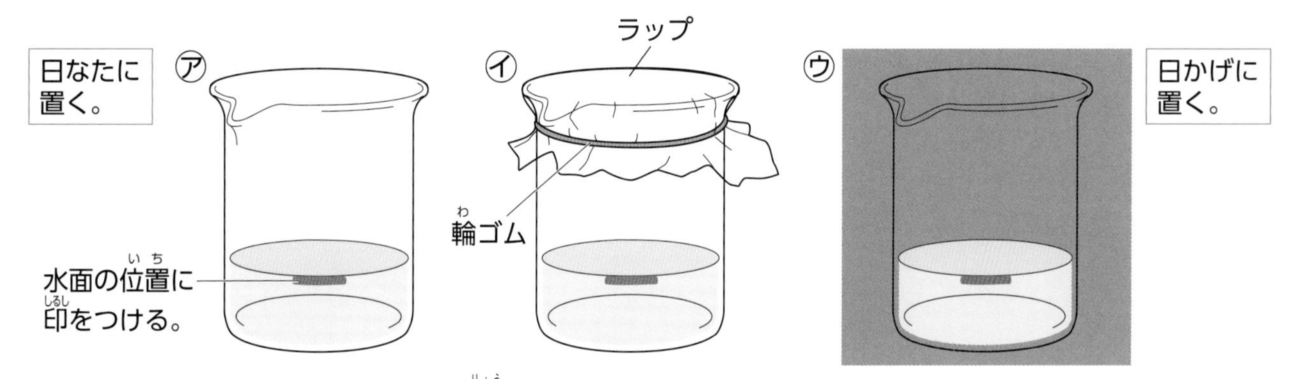

日なたに置く。
ア
ラップ
イ
ウ
日かげに置く。
輪ゴム
水面の位置に印をつける。

(1) ㋐と㋑をくらべると、水の量が多くへっているのはどちらでしょうか。（　　）

(2) ㋐と㋒をくらべると、水の量が多くへっているのはどちらでしょうか。（　　）

(3) ビーカーの水がへるのはなぜですか。（　）にあてはまる言葉を書きましょう。

水がへるのは、水が（①　　　　）になって、水面から空気中に出ていくためである。①は（②　　　　）がすがたを変えたものである。

(4) ㋑の変化について、ア～ウのうち正しいものの（　）に○をつけましょう。

ア（　　）ラップの内側に水てきがついていた。
イ（　　）ビーカーの外側に水てきがついていた。
ウ（　　）ラップやビーカーに何も変化が起こらなかった。

2 よう器に氷と水を半分くらい入れました。

(1) よう器に水てきがつきました。どこについたか、ア～ウのうち正しいものの（　）に○をつけましょう。

ア（　　）よう器の外側全体
イ（　　）よう器のふたの内側
ウ（　　）よう器の氷水が入った部分の外側

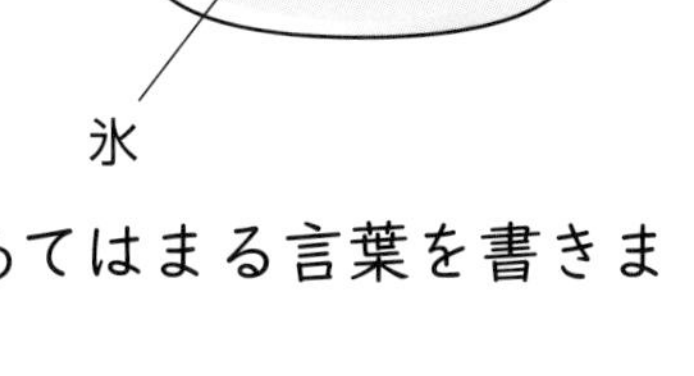

(2) よう器のまわりをよくふき、ほかの場所に持っていくと、水てきはどこでもつきますか、つきませんか。

（　　　　　　）

(3) よう器についた水てきはどこからきたものですか。（　）にあてはまる言葉を書きましょう。

空気中の（①　　　　）が氷水に冷やされて（②　　　　）になった。

7. 自然の中の水

教科書 108〜117ページ　答え 25ページ

よく出る

1 2つのコップに同じ量の水を入れ、一方にはラップでふたをしました。これらの2つのコップを日なたに2日間置いておきます。　1つ5点(35点)

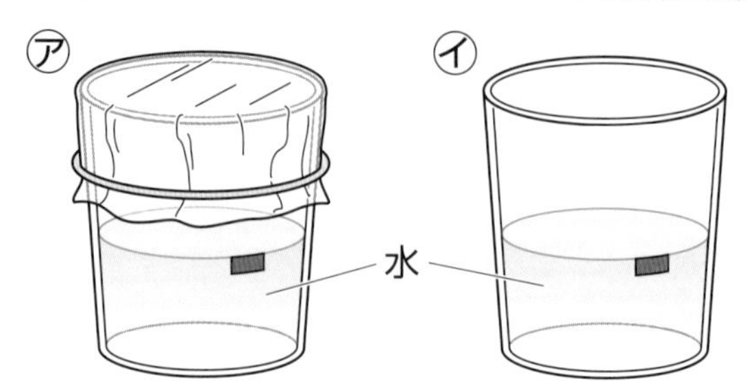

(1) 水のへる量が多いのは、㋐、㋑のどちらでしょうか。（　　）

(2) 水のへる量が多いコップの水は、何になって、どこへいくのでしょうか。

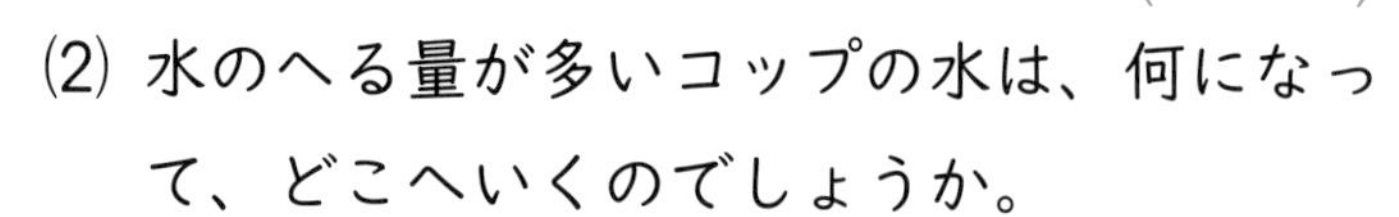

何（　　　　　　）
どこ（　　　　　　）

(3) 水が、(2)のようになることを、水の何というでしょうか。（　　　　）

(4) ㋐のラップのふたの内側には、何がつくでしょうか。（　　　　）

(5) ㋐のコップの中の水の変化のようすをまとめます。次の文の（　）にあてはまる言葉を書きましょう。

　㋐のコップの中の水も（　　　　　　）になっているが、ラップでふたをしてあるので、㋑のコップと同じような水の量の変化はない。

(6) ㋑のコップを日かげに置いたとき、水がへる量は日なたに置いたときとくらべてどうなりますか。（　　　　）

2 晴れた日に、とう明なよう器を地面にふせて置きました。　1つ5点(15点)

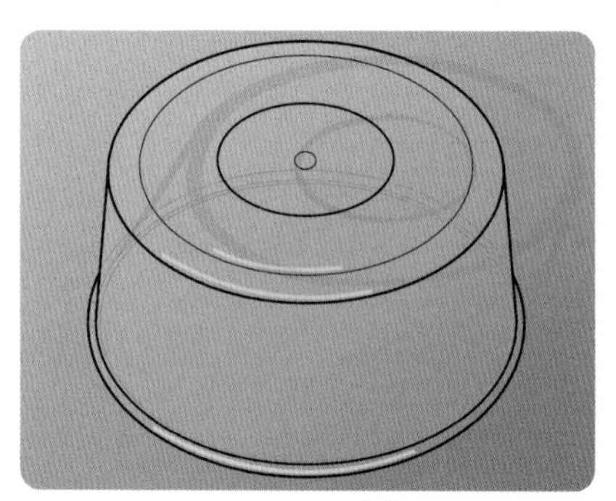

(1) 1時間後によう器を見ると、どのように変化していますか。ア〜ウのうち正しいものの（　）に○をつけましょう。

ア（　）内側に水てきがついている。
イ（　）外側に水てきがついている。
ウ（　）何も変化は起こらなかった。

(2) (1)のようになったのはなぜですか。（　）にあてはまる言葉を□から選んで書きましょう。

　土の中の水が（①　　　　）してできた（②　　　　）がふたたび水になってよう器についたから。

ふっとう　　じょう発　　氷　　水　　水じょう気

3 ふたのついたよう器に氷水を入れ、校内のいろいろな場所に持っていきます。

1つ5点(20点)

(1) 右の図のように、よう器の外側に水てきがつきました。この水てきはどこからきたものですか。**ア**～**ウ**のうち正しいものの(　)に○をつけましょう。

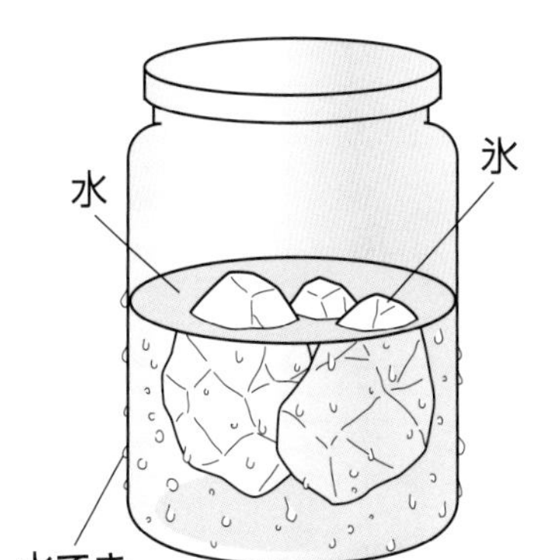

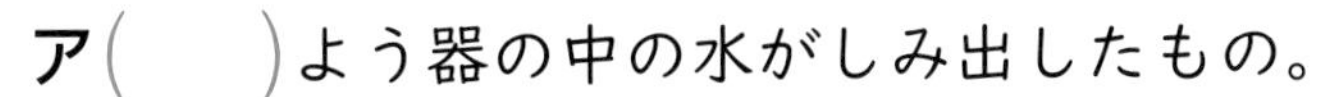

ア(　　)よう器の中の水がしみ出したもの。

イ(　　)よう器のまわりの空気中の水じょう気が冷やされて、水てきになったもの。

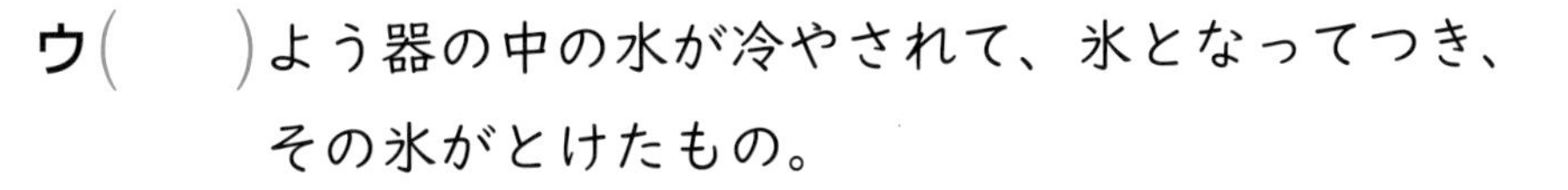

ウ(　　)よう器の中の水が冷やされて、氷となってつき、その氷がとけたもの。

(2) 次の①、②の{　}の中の**ア**、**イ**のうち正しいものの(　)に○をつけましょう。

　氷水を入れたふたのついたよう器を校内のいろいろな場所に持っていくと、どの場所でもよう器の外側に水てきが①{**ア**(　　)つく　**イ**(　　)つかない}。このことから、空気中ならばどこでも水じょう気が②{**ア**(　　)ある　**イ**(　　)ない}といえる。

(3) 自然の中には、空気中の水じょう気が水にすがたを変えることで起こるものがあります。**ア**～**ウ**のうち正しいものの(　)に○をつけましょう。

ア(　　)水たまりの水がなくなる。

イ(　　)きりが出る。

ウ(　　)水そうの水がへっていた。

できたらスゴイ!

4 自然の中の水についてまとめます。

1つ10点、(3)は両方できて10点(30点)

(1) 外が寒いとき、部屋のまどガラスがぬれていました。ぬれているのは、まどガラスの内側ですか、外側ですか。(　　　　)

(2) 記述 まどガラスがぬれているのは、なぜですか。「水じょう気」という言葉を使って説明しましょう。 思考・表現

(　　　　　　　　　　　　　　　　)

(3) せんたく物をほすと、ほす前よりも軽くなりました。このことについて、(　)にあてはまる言葉を書きましょう。 思考・表現

　せんたく物にふくまれていた(①　　　　)が(②　　　　)になって空気中に出たから。

ふりかえり
1がわからないときは、46ページの1にもどってかくにんしましょう。
4がわからないときは、46ページの2にもどってかくにんしましょう。

ぴったり1 じゅんび

3分でまとめ

8. 水の3つのすがた

①水を熱したときのようす

学習日　月　日

めあて
水を熱するとふっとうし、出てくるあわは水じょう気であることをかくにんしよう。

教科書 118～124ページ　答え 26ページ

下の(　)にあてはまる言葉を書くか、あてはまるものを○でかこもう。

1 水を熱すると、温度はどのように変化するだろうか。

教科書 120～122ページ

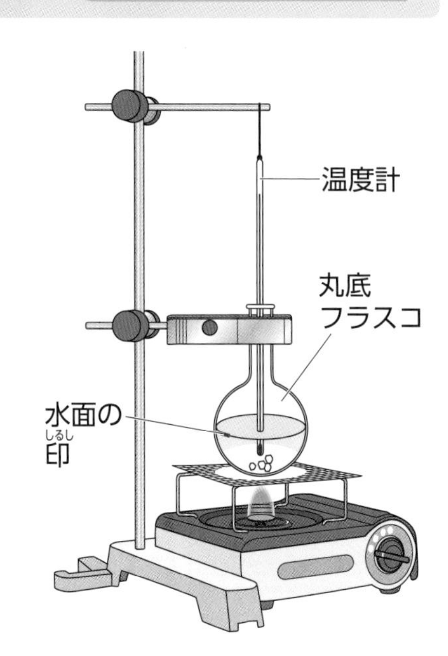

- 水を熱するときは、水が急にわき立たないように、丸底フラスコに(①　　　)を入れる。
- 水を熱すると、水の中から小さな(②　　　)が出るようになる。
- 水の温度が(③　　　)℃に近づくと、水の中からさかんに大きなあわが出てわき立つようになる。このことを水の(④　　　)という。
- 水の中から出てくるあわは(⑤　　　)である。
- 水の温度は100℃に近づくと、熱し続けても温度が(⑥ さらに高くなる ・ 上がらない)。
- 水がふっとうした後、水の体積は(⑦ ふえる ・ へる ・ 変わらない)。

2 ふっとうした水から出てくるあわは何だろうか。

教科書 123～124ページ

- 水を熱して、空気をぬいたふくろにあわを集めると、ふくろは(①　　　)。
- 火を消すと、ふくろは(②　　　)。ふくろの内側には(③　　　)がついている。
- 水の中から出てくるあわは(④　　　)で、冷えると(⑤　　　)にもどることがわかる。

水じょう気は見えないけれど、水にもどると見えるね。

ここがだいじ!
①水は100℃に近づくと、ふっとうして、水じょう気に変わり、目に見えない。
②ふっとうした水の中から出てくるあわは水じょう気で、冷えると水になる。

ぴたトリビア　水は約100℃まで温めると水じょう気になりますが、このとき、体積は約1700倍になります。

1 水を熱して、温度の変化(へんか)をグラフにまとめました。

(1) 熱するとき、急にわき立つのをふせぐために、水の中に入れる石のようなものを何というでしょうか。
( )

(2) 水がわき立ってはげしくあわが出ることを、水の何というでしょうか。
( )

(3) はげしくあわとゆげが出始めるのは、グラフの㋐～㋒のどのときでしょうか。
( )

水を熱したときの温度の変化

(4) さらに熱し続(つづ)けると、温度はどうなりますか。ア、イのうち正しいものの( )に○をつけましょう。
ア( )そのまま変(か)わらない。 **イ**( )だんだん上がっていく。

(5) 熱し続けると、水の量(りょう)はどうなりますか。ア～ウのうち正しいものの( )に○をつけましょう。
ア( )ふえる。 **イ**( )へる。 **ウ**( )変わらない。

2 右の図のように、ふっとうした水から出るあわを、ふくろに集めました。

(1) 熱し続けると、ふくろはどうなるでしょうか。**ア**～**ウ**のうち正しいものの( )に○をつけましょう。
ア( )ふくらむ。 **イ**( )しぼむ。
ウ( )変わらない。

(2) 火を消すと、(1)とくらべて、ふくろはどうなるでしょうか。
( )

(3) 水を熱したときに出てくるあわは、水が目に見えないすがたになったものです。これを何というでしょうか。
( )

ヒント 2 (3)水の中から出てくるあわは、水がすがたを変えたものであることから考えましょう。

8. 水の3つのすがた

②水がこおるときのようす

学習日　月　日

めあて
水を冷やし続けたときの変化や、水の3つのすがたをかくにんしよう。

教科書 125~131ページ　答え 27ページ

下の（　）にあてはまる言葉を書こう。

1 水がこおるとき、温度や水のようすはどのように変わるだろうか。

教科書 125~129ページ

- 水は冷やすとかたい（①　　）になる。
- ビーカーの中の細かくくだいた氷に、水と（②　　）を加えて、水を入れた試験管を冷やすと、（③　　）℃で水はこおり始め、すべて氷になるまで温度は（④　　）。
- 右下の図のように、水は氷になると、体積が（⑤　　）。
- 水は、温度が変わると、**水**のように形を自由に変えられるすがたの（⑥　　）、**氷**のように形のはっきりしたすがたの（⑦　　）、**水じょう気**のように目に見えないすがたの（⑧　　）に変化する。

食塩を加えると氷だけのときよりも、さらに冷やすことができるよ。

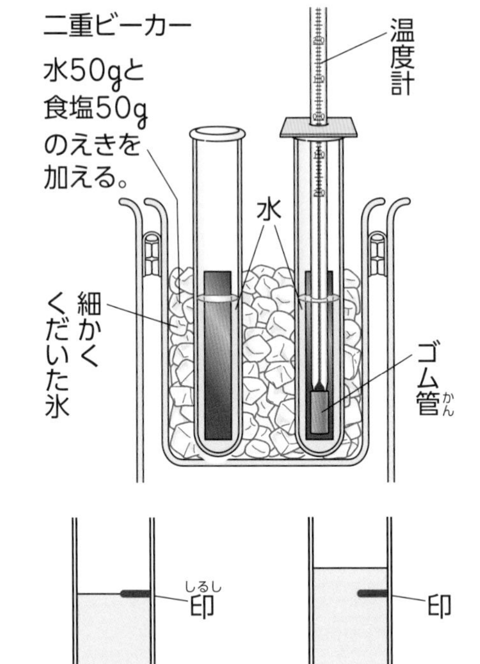

⑥~⑧は、固体、えき体、気体のどれかを書こう。

● 0℃より低い温度の表し方

- 0℃より低い温度は、温度計の0から下へ目もりを数え、「れい下何℃」、または、「（⑨　　）何℃」という。
- 右の図のようなときは、0から下へ目もりを数え、「れい下（⑩　　）℃」、または、「マイナス（⑪　　）℃」と読む。書くときは、『－』を使う。

⑫には、温度計が何℃になっているかを、書こう。

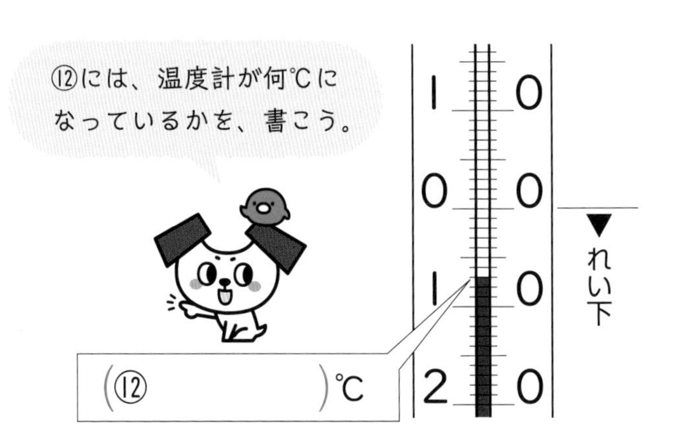

ここが、だいじ！
①水は0℃でこおり始める。水が全部氷になるまで、その温度は変わらない。
②温度が変化すると、水は、えき体から、気体、固体にすがたを変える。

ぴたトリビア　水は温度が4℃のとき、いちばん体積が小さくなります。

1 次の㋐の図のような実験そう置で、試験管の水を冷やし、水が氷になるときの温度を調べ、㋑の図のようなグラフに表しました。

(1) より温度を下げるために、ビーカーの氷と水に加えるものは、何でしょうか。

(　　　　)

(2) 温度計にゴム管をつけるのはなぜでしょうか。

(　　　　)

(3) 試験管の水がこおり始めるのは、何℃でしょうか。

(　　　　)

㋐

温度計

ゴム管

㋑

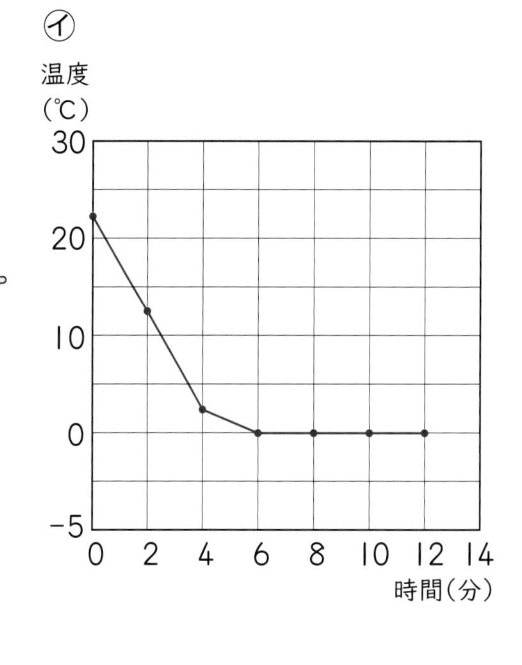

(4) 試験管の水がこおり始めたのは、実験を始めてから何分後でしょうか。

(　　　　)

(5) 水がこおり始めてからすべて氷になるまでに、試験管の中の水の温度は、変わるでしょうか、変わらないでしょうか。

(　　　　)

(6) 水が氷になると、その体積はどうなるでしょうか。

(　　　　)

2 温度計のしめしている温度を読みます。

(1) この温度計のえきの先は、0℃より何目もり下になっているでしょうか。

(　　　　目もり)

(2) この温度計は、何度を表していますか。0℃より低い温度の書き方にしたがって書きましょう。

(　　　　)

0　0

-1　0

-2　0

8. 水の3つのすがた

教科書 118～131ページ　答え 28ページ

よく出る

1 図のようなそう置で、水をふっとうさせました。

1つ6点(30点)

(1) 水をふっとうさせるときに、急にわき立つことをふせぐために、丸底フラスコに入れる㋐は何でしょうか。

(　　　　　　　　)

(2) 図の㋑と㋒の場所で、それぞれ冷たい水を入れた試験管に、ガラス管から出てきたものを当てました。試験管の外側には、それぞれ何がつくでしょうか。

㋑(　　　　　　　)　㋒(　　　　　　　)

(3) 図の㋑の何も見えないところには、ガラス管から出た、何があるでしょうか。

(　　　　　　　　)

(4) ㋑は、水のすがたのうち、固体、えき体、気体のどれでしょうか。(　　　　　)

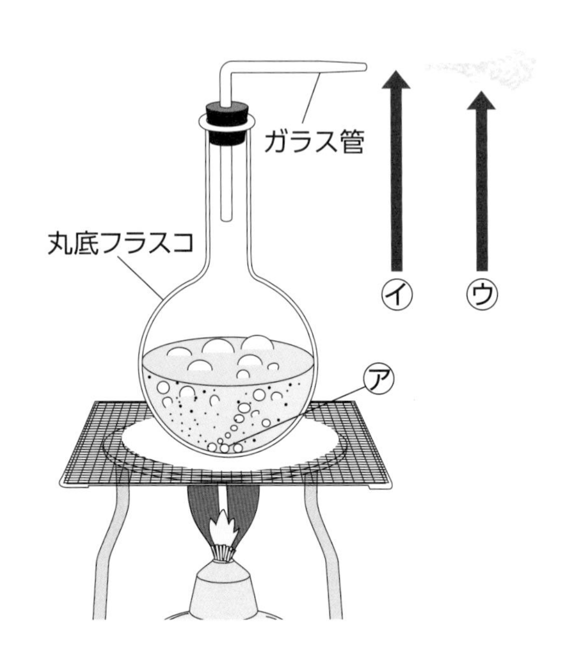

2 図のように、水と氷を入れたビーカーに、水を入れた試験管を入れます。

1つ6点(30点)

(1) 気温 20 ℃の部屋に置いておくと、ビーカーの中の氷はどうなっていくでしょうか。

(　　　　　　　　)

(2) 試験管の中の水をこおらせるためには、どうすればよいですか。**ア**～**ウ**のうち正しいものの(　)に○をつけましょう。 **技能**

ア(　　)ビーカーの氷に水をさらに加える。
イ(　　)ビーカーの氷と水に食塩をまぜる。
ウ(　　)試験管の中の水に食塩をとかす。

(3) 試験管の中の水がこおり始めるのは何℃でしょうか。(　　　　　)

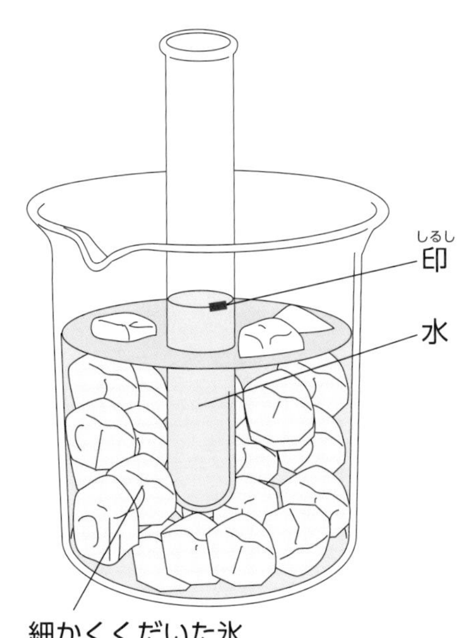

(4) 試験管の中の水がすべて氷になったとき、温度は何℃になっているでしょうか。
( )

(5) 水がすべてこおったとき、水のときとくらべて、体積(たいせき)はどうなっているでしょうか。
( )

3 水の3つのすがたについて考えます。
1つ5点(30点)

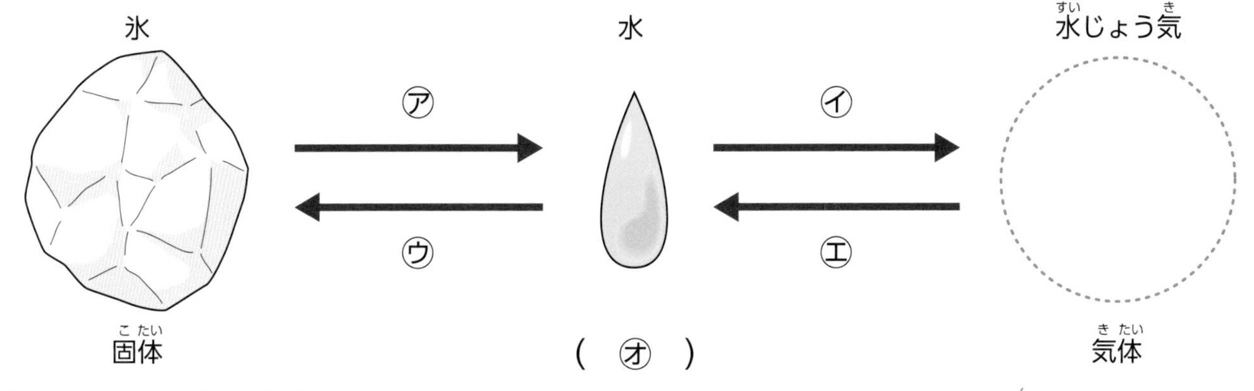

(1) 上の図の㋔の( )にあう言葉を書きましょう。 ( )
(2) 冷(ひ)やしたときの変化(へんか)を表している矢印(やじるし)は、㋐～㋓のどれとどれでしょうか。
( )( )

(3) 次の①～③の変化は、それぞれ上の図の㋐～㋓のどの変化でしょうか。 思考・表現
①水たまりの水がしばらくするとなくなっていた。 ( )
②寒い日、家のまどの内側(うちがわ)に水てきがついていた。 ( )
③寒い朝、池に氷がはっていた。 ( )

できたらスゴイ!

4 水を熱(ねっ)したときの温度の変化(へんか)を調べ、グラフに表しました。
思考・表現 1つ5点(10点)

(1) グラフの㋐のとき、水のようすはどうなっていますか。**ア**～**ウ**のうち正しいものの( )に○をつけましょう。
ア( )細かいあわが出始める。
イ( )はげしくあわとゆげが出る。
ウ( )水のようすに変化はない。

(2) 記述 ㋐のときからさらに熱し続(つづ)けると、水の温度はどうなるでしょうか。
( )

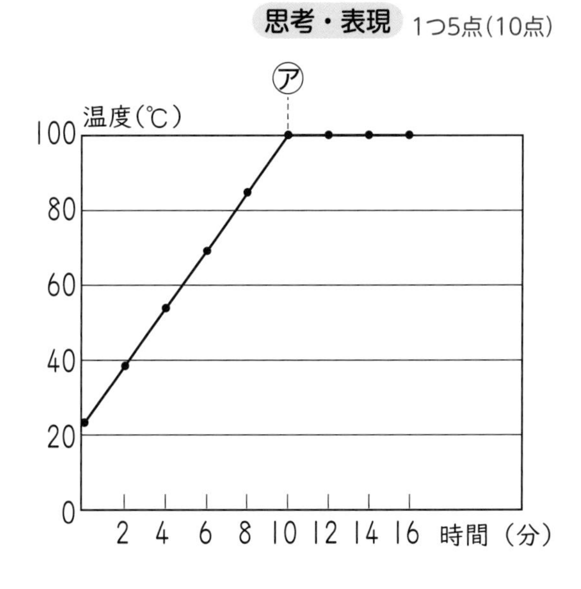

ふりかえり
2がわからないときは、52ページの1にもどってかくにんしましょう。
4がわからないときは、50ページの1にもどってかくにんしましょう。

9. ものの体積(たいせき)と温度

①空気の体積と温度
②水の体積と温度

学習日　　月　　日

めあて
空気や水は温めたり冷やしたりすると、体積が変化するかをかくにんしよう。

教科書 132～140ページ　答え 29ページ

下の(　　)にあてはまる言葉を書こう。

1 空気の体積は温度によって変化(へんか)するだろうか。

教科書 134～136ページ

▶口に石けん水でまくを作った試験管(しけんかん)を湯に入れて温めると、まくは(①　　　　　　)。

▶氷水に入れて冷(ひ)やしてみると、まくは(②　　　　　　)。

▶これは、空気の体積が、温度が高くなると(③　　　　　)、低(ひく)くなると(④　　　　　)からである。

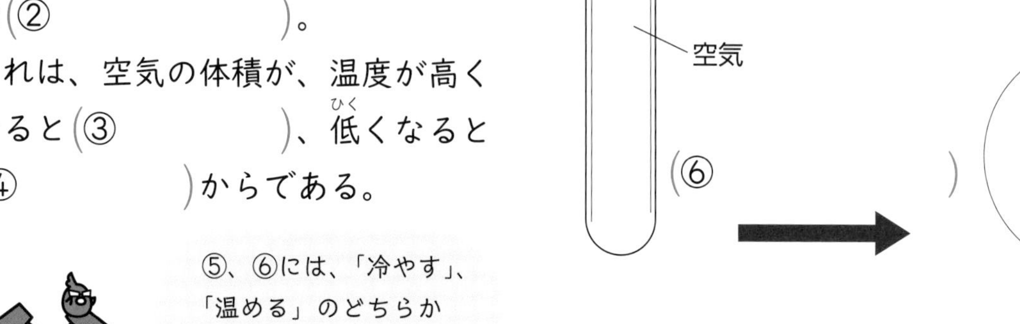

2 水の体積は温度によって変化するだろうか。

教科書 137～140ページ

▶口いっぱいまで水を入れた試験管を湯に入れて温めると、水の体積は、(①　　　　　　)。

▶氷水に入れて冷やしてみると、水の体積は、(②　　　　　)。

▶温度が変化したとき、水の体積の変化は、空気にくらべると、(③　　　　　　)。

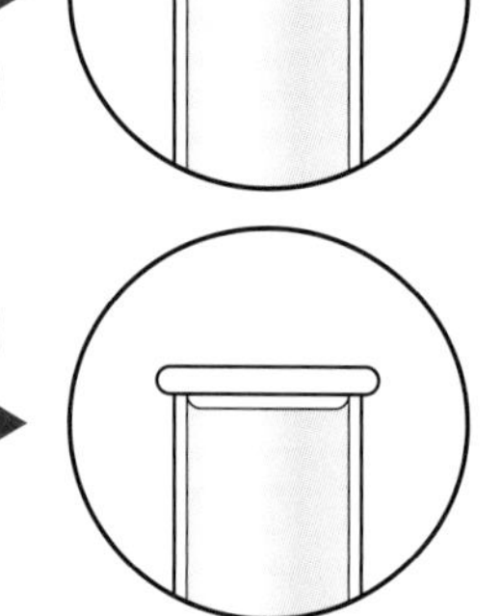

空気にくらべると、ふくらみ方や、へこみ方が小さいね。

④、⑤には、「冷やす」、「温める」のどちらかを書こう。

ここが、だいじ！
①水も空気も、温められると体積がふえ、冷やすと体積がへる。
②温度による水の体積の変化は、空気とくらべると小さい。

空気がぬけてへこんだピンポン玉を湯につけるとへこみが直るのは、玉の中の空気の体積が大きくなるためです。

9. ものの体積と温度

①空気の体積と温度

②水の体積と温度

学習日　　月　　日

教科書 132〜140ページ　答え 29ページ

1 試験管にせっけん水のまくを作って、氷水と湯に入れます。

ビーカー
せっけん水のまく
空気
氷水または湯

(1) 試験管を湯に入れると、せっけん水のまくはどうなりますか。次のア〜ウのうち正しいものの(　)に○をつけましょう。

ア(　　)ふくらむ。

イ(　　)へこむ。

ウ(　　)変化しない。

(2) 氷水につけたとき、試験管の中の空気の体積はどうなりますか。(　　　　　　　)

(3) この実験からどんなことがわかりますか。ア〜エのうち正しいものの(　)に○をつけましょう。

ア(　　)空気を温めると体積がふえ、冷やすと体積がへる。

イ(　　)空気を温めると体積がへり、冷やすと体積がふえる。

ウ(　　)空気を温めたり、冷やしたりすると、体積がふえる。

エ(　　)空気を温めたり、冷やしたりすると、体積がへる。

2 右の図のように試験管に水を入れ、温めたり、冷やしたりします。

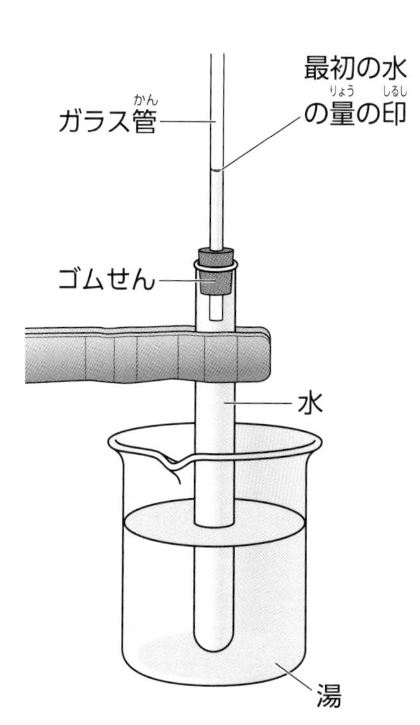

(1) 試験管を湯に入れると、水の高さはどうなりますか。次のア〜ウのうち正しいものを選びましょう。(　　　)

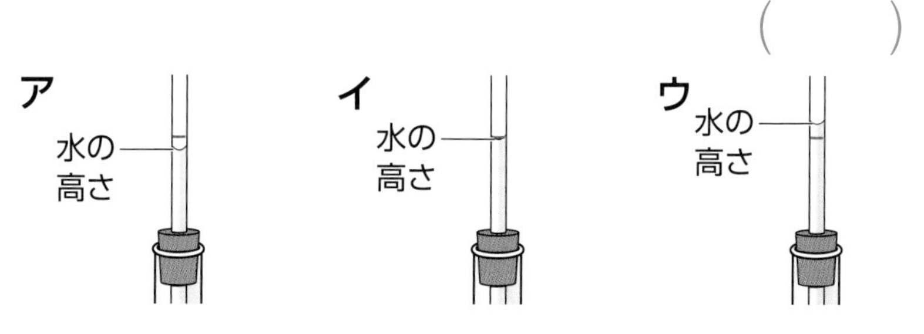

(2) 試験管を氷水に入れると、水の高さはどうなりますか。(1)のア〜ウのうち正しいものを選びましょう。(　　　)

(3) 温度による体積の変化が大きいのは、水と空気のどちらでしょうか。(　　　　　)

ヒント 2 (1)、(2)体積がふえると、最初の水の量の印よりも水の高さが高くなり、体積がへると、水の高さが低くなります。

9. ものの体積と温度

③金ぞくの体積と温度

学習日　月　日

めあて
金ぞくを温めたり冷やしたりすると体積が変化するかをかくにんしよう。

教科書 141～145ページ　答え 30ページ

下の(　)にあてはまる言葉を書こう。

1 金ぞくの体積は温度によって変化するだろうか。

教科書 141～143ページ

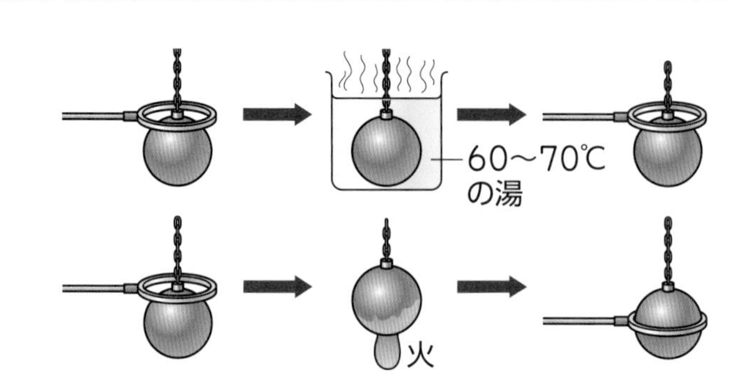

▶輪をぎりぎりで通りぬけることができる金ぞく球を、湯で温めると、球は輪を通り(①　　　)。
▶同じ金ぞく球を、実験用ガスコンロでじゅうぶんに熱すると、球は輪を通り(②　　　)なる。
▶金ぞく球がじゅうぶんに冷えるのを待ち、もう一度輪を通りぬけるか調べると、球は輪を通り(③　　　)ようになった。

実験用ガスコンロで熱すると、球の体積はどうなるのかな。

▶金ぞくも、空気や水と同じように、温めると体積が(④　　　)、冷やされると体積が(⑤　　　)。
▶温度の変化による金ぞくの体積の変わり方は、空気や水にくらべると、とても(⑥　　　)。

●ものの体積と温度の関係

▶空気や水、金ぞくは、どれも温度を高くすると体積が(⑦　　　)。
▶空気や水、金ぞくは、どれも温度を低くすると体積が(⑧　　　)。
▶空気や水、金ぞくの温度による体積の変わり方は、大きい順に(⑨　　　)→(⑩　　　)→(⑪　　　)となる。

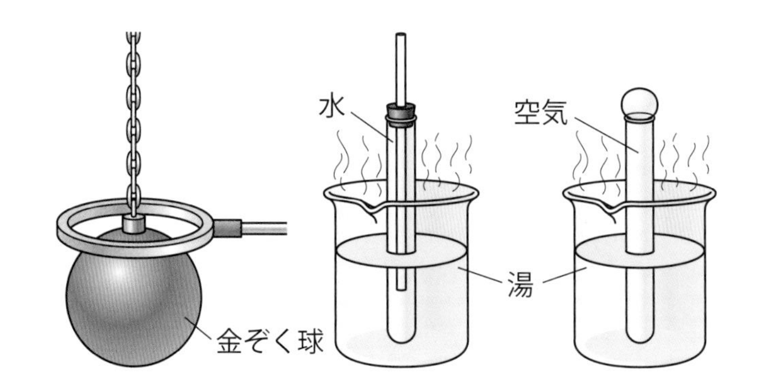

ここが だいじ!
①金ぞくも、温度が高くなると体積がふえ、低くなると体積がへる。
②金ぞくの体積の変わり方は、空気や水よりも、とても小さい。

寒い冬より暑い夏の方が電線の体積が大きいため、夏の方が電線がたるんでいます。

学習日　　月　　日

9. ものの体積と温度

③金ぞくの体積と温度

教科書 141～145ページ　答え 30ページ

1 輪をぎりぎりで通りぬけることができる金ぞく球を、じゅうぶんに熱しました。

(1) 金ぞく球を熱するのに、写真の加熱器具を使いました。名前を書きましょう。

（　　　　　　）

(2) 熱した金ぞく球は、輪を通りぬけることができるでしょうか。（　　　　）

(3) (2)のようになるのはどうしてでしょうか。

（　　　　　　　　　　　　）

(4) 金ぞく球がふたたび輪を通りぬけるようにするためには、どのようなことをすればよいですか。**ア**～**ウ**のうち正しいものの（　）に○をつけましょう。

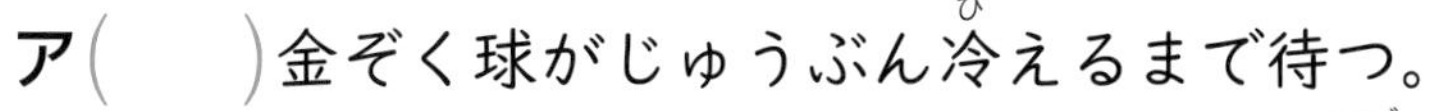

ア（　　）金ぞく球がじゅうぶん冷えるまで待つ。

イ（　　）金ぞく球をさらにじゅうぶんに熱し続ける。

ウ（　　）一度輪を通りぬけることができなくなってしまった金ぞく球は、元にもどらないので、輪の方を冷やす。

(5) 温度による金ぞくの体積の変化として、**ア**～**エ**のうち正しいものの（　）に○をつけましょう。

ア（　　）金ぞくを温めると体積がふえ、冷やすと体積がへる。

イ（　　）金ぞくを温めると体積がへり、冷やすと体積がふえる。

ウ（　　）金ぞくを温めたり冷やしたりすると、体積がふえる。

エ（　　）金ぞくを温めたり冷やしたりすると、体積がへる。

2 空気、水、金ぞくを温めたときの体積の変化について、まとめました。

(1) 温めると体積が大きくなるものすべての（　）に○をつけましょう。

①（　　）空気　②（　　）水　③（　　）金ぞく

(2) 同じように温めたとき、体積の変化が大きい方から順に、（　）に1、2、3を書きましょう。

①（　　）空気　②（　　）水　③（　　）金ぞく

ヒント **1** (4)金ぞくも水や空気のように温度によって体積が変わります。体積が小さくなるときはどのようなときか、考えてみましょう。

9. ものの体積と温度

教科書 132〜145ページ　答え 31ページ

よく出る

1 試験管に空気を入れ、口に石けん水のまくを作ったものを２本と、水を口いっぱいまで入れたものを２本用意して、温めたり冷やしたりしました。　1つ5点(20点)

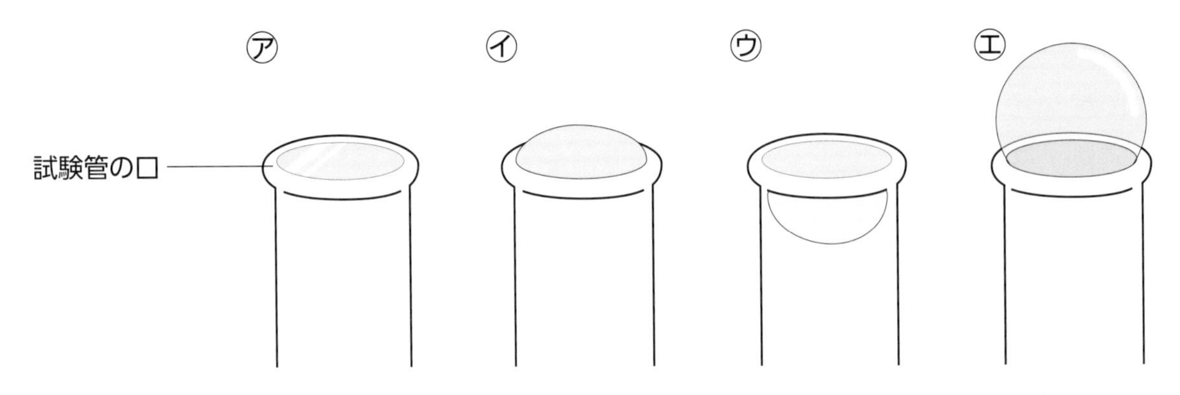

(1) 空気を入れた試験管を温めたときの、石けん水のまくのようすは、㋐〜㋓のどれでしょうか。　(　　)

(2) 水を入れた試験管を温めたときの、水面のようすは、㋐〜㋓のどれでしょうか。　(　　)

(3) 空気を入れた試験管を冷やしたときの、石けん水のまくのようすは、㋐〜㋓のどれでしょうか。　(　　)

(4) 温度と空気や水の体積で、**ア**〜**ウ**のうち正しいものの(　)に○をつけましょう。

ア(　　)温度によって、空気も水も体積が変化し、その変わり方は空気の方が大きい。

イ(　　)温度によって、空気も水も体積が変化し、その変わり方は水の方が大きい。

ウ(　　)温度によって、空気も水も体積は変化しない。

2 鉄でできた電車のレールのつなぎ目の夏と冬のようすを調べます。

1つ10点、(1)は両方できて10点(20点)

(1) 右の図の㋐と㋑は、どちらが夏で、どちらが冬のようすでしょうか。　夏(　　)　冬(　　)

(2) レールのつなぎ目に、すき間をあけてあるのはどうしてですか。**ア**〜**ウ**のうち正しいものの(　)に○をつけましょう。

ア(　　)暑いときは、レールがのびるから。

イ(　　)暑いときは、レールがちぢむから。

ウ(　　)材料の鉄を節約するため。

㋐
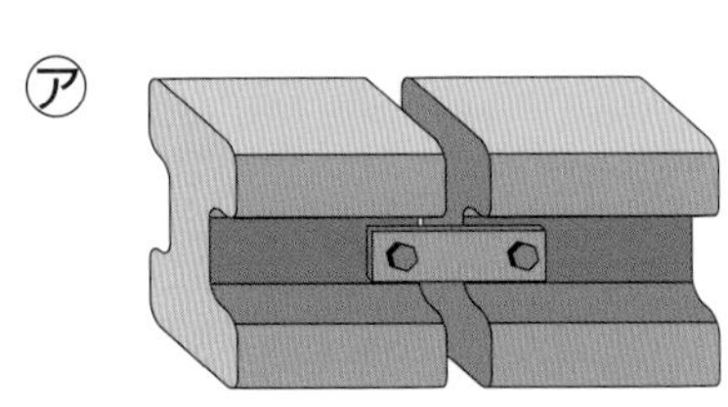

㋑
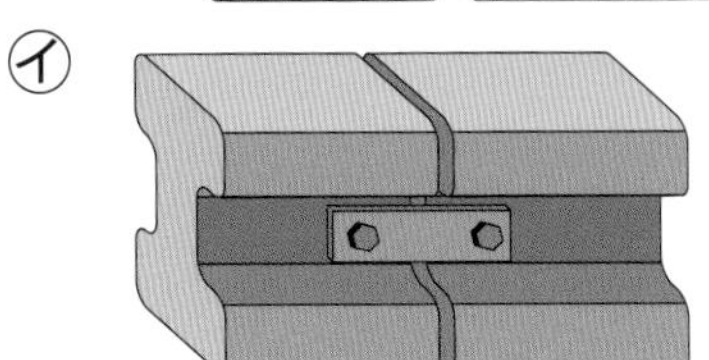

3 右の写真の金ぞく球実験器で、金ぞく球が輪を通りぬけることをたしかめました。これを使って、金ぞく球の体積の変化を調べます。

1つ5点(20点)

(1) 次のとき、球は輪を通りぬけるでしょうか。

①球を実験用ガスコンロでじゅうぶんに熱したとき　(　　　　　　　　)

②球を氷水につけて冷やしたとき

(　　　　　　　　)

(2) (1)のことから、金ぞくはどんなときに体積がふえるといえるでしょうか。

(　　　　　　　　　　)

(3) いったんふえた金ぞくの体積を元にもどすには、どうすればよいでしょうか。

(　　　　　　　　)

4 空気を温めたり冷やしたりする実験をします。

1つ10点(20点)

(1) よう器の口にせんをして、右のような実験をします。㋐、㋑のうちせんが飛ぶものの(　)に○をつけましょう。

㋐(　　)　㋑(　　)

空気
湯
氷水

(2) この実験で、せんが飛んだ理由として、ア～ウのうち正しいものの(　)に○をつけましょう。 思考・表現

ア(　　)よう器の中の空気が上に動いて、せんをおしたから。

イ(　　)よう器の中の空気の体積がふえて、せんをおしたから。

ウ(　　)よう器がちぢんで、せんをおしたから。

できたらスゴイ!

5 記述 下の写真の温度計には、赤く色をつけた灯油というえき体が入っています。この温度計は、温度をはかるために、灯油というえき体のどのようなせいしつを利用しているでしょうか。

思考・表現 (20点)

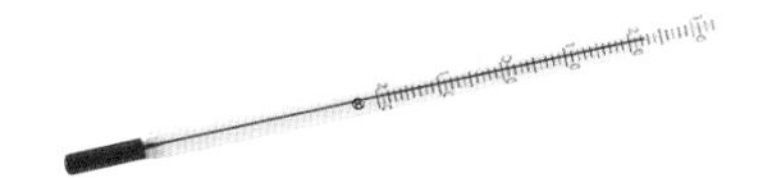

(　　　　　　　　　　　　　　　　)

この本の終わりにある「冬のチャレンジテスト」をやってみよう!

ふりかえり
3がわからないときは、58ページの1にもどってかくにんしましょう。
5がわからないときは、56ページの2にもどってかくにんしましょう。

★ 冬の星

学習日　　月　　日

めあて
冬の星も時間とともに見える位置が変わることをかくにんしよう。

教科書 146〜151ページ　答え 32ページ

下の（　）にあてはまる言葉を書こう。

1 冬の星も時間とともに、見える位置が変わるだろうか。

教科書 146〜151ページ

- 冬の夜空にも、夏の夜空と同じように、いろいろな（①　　　　）や明るさの星がある。
- 冬の南の空に見える右の図の星ざ㋐を（②　　　　）という。
- 右の図のように、冬の南の空に見える3つの明るい星を結んだ三角形を（③　　　　）という。
- 南の空に見える星ざは、冬と夏とでは、（④　　　　）。

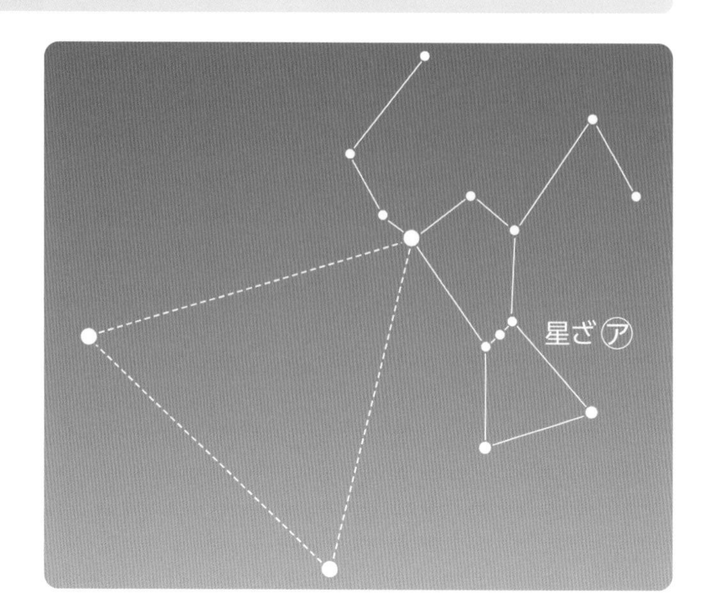

- 時間による星の動きを調べるときは、観察する（⑤　　　　）が変わらないように、立つ位置に（⑥　　）をつけておく。
- 星は動いているため、時間がたつと、見える位置が（⑦　　　　）。
- 星は動いても、星どうしのならび方は（⑧　　　　）。
- 東から南の空に見えるオリオンざは、その後、（⑨　　）の方向に動いていく。

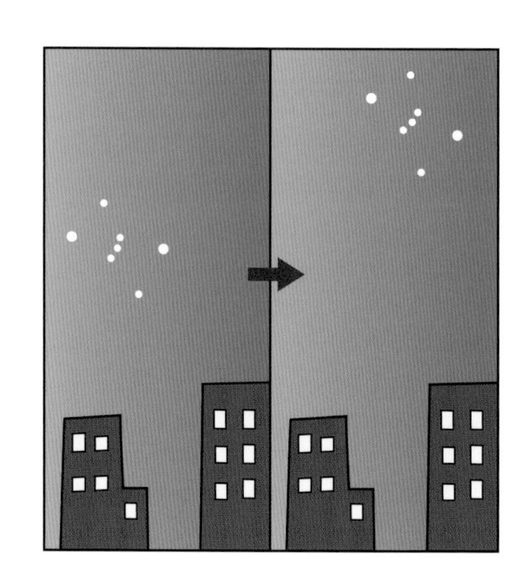

冬の星も、夏の星と同じような動き方をするんだよ。

ここが だいじ！
①冬の夜空にも、いろいろな色や明るさの星が見られる。
②星は動いていて、時間がたつと見える位置が変わるが、ならび方は変わらない。

ぴたトリビア　ギリシャ神話で、オリオンはさそりにさされて死んだので、さそりをおそれ、オリオンざはさそりざと同時に空にのぼらないといわれています。

★ 冬の星

学習日　　月　　日

教科書 146～151ページ　答え 32ページ

1 夜空の星について調べます。

(1) 右の図のように、冬の南の空に見える明るい3つの星を結んだ三角形を何といいますか。

(　　　　　　　　)

(2) 冬の夜空の星について、①～④の(　)に、正しいものには○を、まちがっているものには×をつけましょう。

①(　　)星は時間がたっても、いつも同じ場所に見えて動かない。

②(　　)星は時間がたつと、見える位置が変わる。

③(　　)冬の夜空に見える星の明るさはいろいろあるが、色はどれも同じである。

④(　　)冬の夜空に見える星と夏の夜空に見える星とはちがう。

2 冬の夜空の星ざを観察し、スケッチしました。

(1) 右の図の星ざの名前を書きましょう。

(　　　　　　　　)

(2) 右の図の星ざの星の色はどの星も同じでしょうか。ちがうでしょうか。

(　　　　　　　　)

(3) 時間がたつと、右の図の星ざは、㋐、㋑のどちらの向きに動いていくでしょうか。

(　　　)

(4) 動いていく星ざについて、**ア**～**ウ**のうち正しいものの(　)に○をつけましょう。

ア(　　)星どうしのならび方は変わらないが、星の色は変わる。

イ(　　)星どうしのならび方は変わらず、星の色も変わらない。

ウ(　　)星どうしのならび方は変わるが、星の色は変わらない。

ぴったり3

たしかめのテスト

★ 冬の星

時間 30 分

／100

合格 70 点

教科書 146～151ページ　答え 33ページ

よく出る

1 図は、ある日の午後7時ごろに見られた星ざです。

1つ10点(40点)

(1) 右の図の星ざの名前を書きましょう。

(　　　　　　　　　　)

(2) この星ざが南の夜空に見られる季節は、春・夏・秋・冬のいつでしょうか。

(　　　)

(3) この星ざは、時間がたつと、㋐～㋓のどの方向に動くでしょうか。

(　　　)

(4) この星ざについて、**ア～ウ**のうち正しいものの(　)に○をつけましょう。

ア(　　)星の明るさや色は、どれも同じである。

イ(　　)時間がたつと、星ざの形も変化する。

ウ(　　)時間がたっても、星のならび方は変わらない。

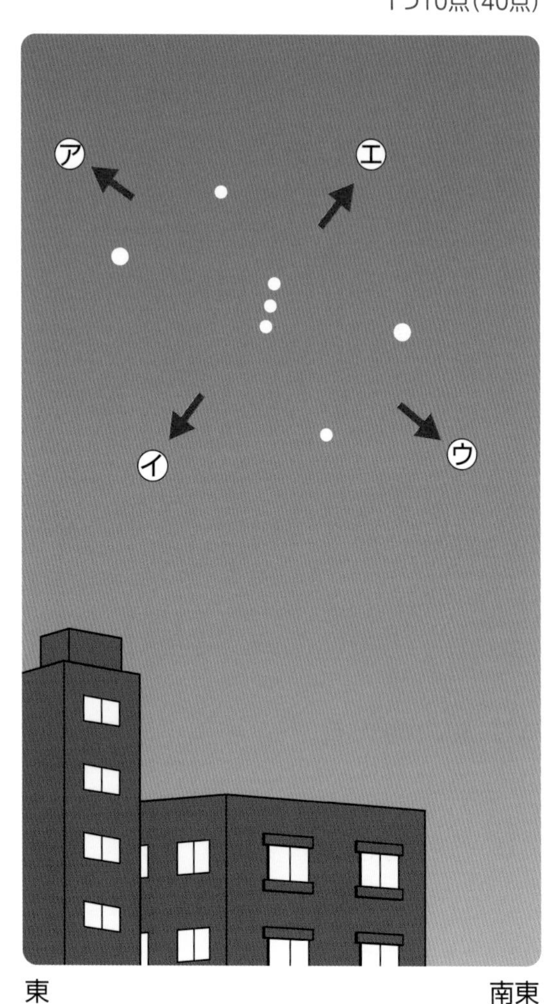

2 星ざについて、ア～エのうち正しいものを2つ選んで、(　)に○をつけましょう。

1つ5点(10点)

ア(　　)はくちょうざは、夏の午後8時に見ることができるが、冬の午後8時には見ることができない。

イ(　　)さそりざは、冬の午後8時に南の空に見える。

ウ(　　)星ざをつくっている星どうしのならび方は、時間がたっても同じである。

エ(　　)星ざの中には、時間がたっても見える位置がまったく変わらないものがある。

3 冬の星の動くようすを観察(かんさつ)します。

1つ6点(30点)

(1) 星ざの動くようすを観察するときのしかたについて、ア～エの(　)に、正しいものには○を、まちがっているものには×をつけましょう。　技能

ア(　　)星ざの見える位置を調べるときには、星ざ早見(はやみ)を使う。

イ(　　)1回目と2回目では、観察する場所は同じにする。

ウ(　　)1回目を午後7時に観察したら、2回目は1か月後の午後8時に観察する。

エ(　　)観察記録(きろく)には、星ざの位置だけを記録し、まわりの木や建物(たてもの)などはかかないようにする。

(2) 作図 右の図は、午後7時のある星ざの位置をスケッチしたものです。1時間後の午後8時のこの星ざの位置を、右の図にかき入れましょう。

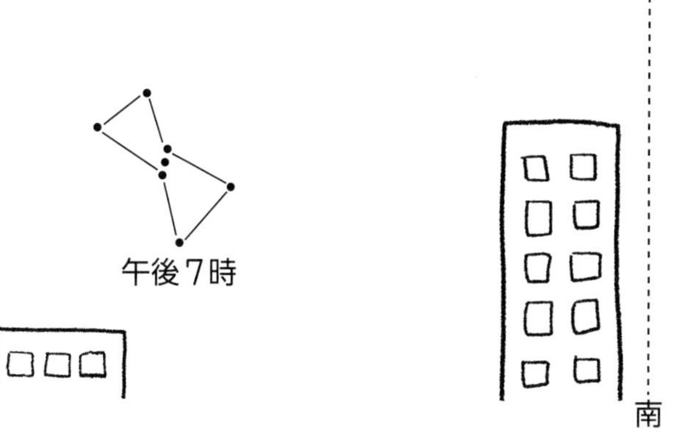

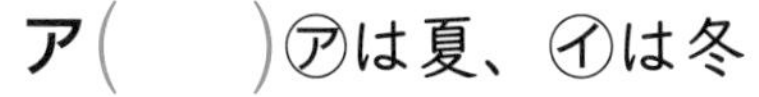

できたらスゴイ!

4 右の図のア、イの星ざについて考えます。

1つ5点(20点)

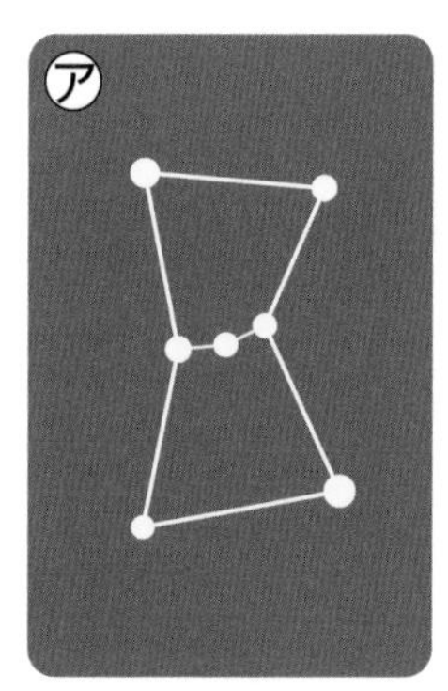

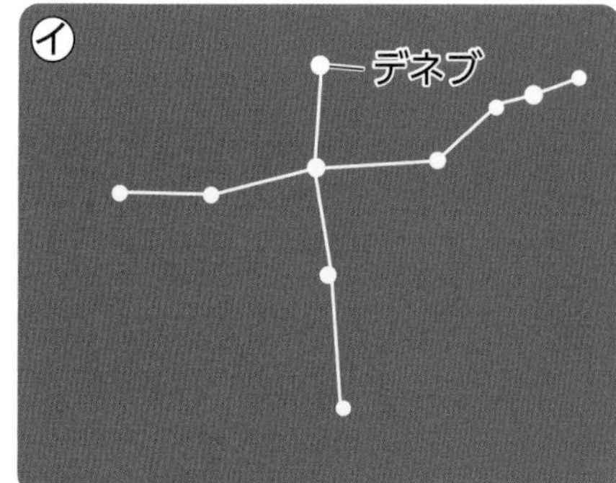

(1) イの星ざの名前を書きましょう。

(　　　　　　　　)

(2) ア、イの星ざは、おもに夏と冬のいつ見られますか。ア～エのうち正しいものの(　)に○をつけましょう。

ア(　　)アは夏、イは冬

イ(　　)アは冬、イは夏

ウ(　　)アもイも夏

エ(　　)アもイも冬

(3) 夏と冬に見られる星ざは、時間がたつとともにそれぞれの星のならび方は変化するでしょうか。(　　　　　　)

(4) 記述 夏と冬の夜空の星の色や明るさは、どうなっているでしょうか。　思考・表現

(　　　　　　　　　　　　　　　　)

ふりかえり
3がわからないときは、62ページの1にもどってかくにんしましょう。
4がわからないときは、62ページの1にもどってかくにんしましょう。

学習日　月　日

1-4. 寒さの中でも

寒さの中でも①

めあて
寒くなると、動物の活動のようすはどのようになるかをかくにんしよう。

教科書 152〜155ページ　答え 34ページ

下の(　)にあてはまる言葉を書くか、あてはまるものを○でかこもう。

1 動物の活動のようすはどのように変わってきただろうか。

教科書 153〜155ページ

▶冬は、秋にくらべて、気温は(①　　　)なっている。

▶気温が(②　　　)なる冬では、動物の活動は(③　　　)なる。

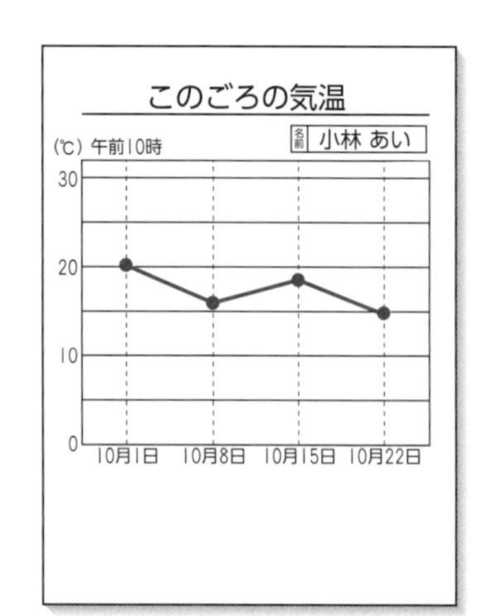

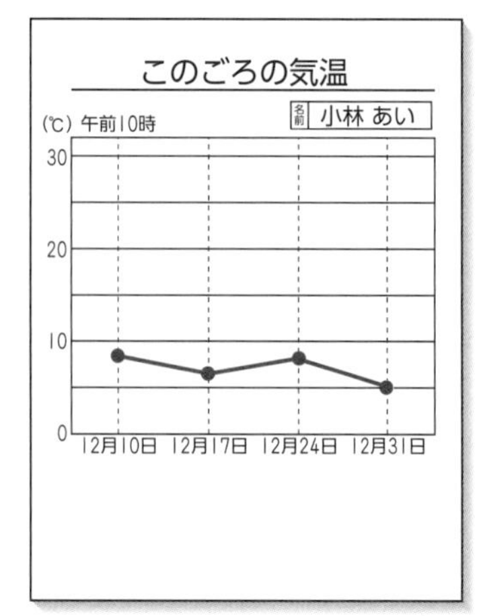

秋のころとは、気温がかなりちがうね。

▶冬になると、動物のすがたは(④　多く見られる　・　あまり見られない　)ようになる。

●冬の動物のようす

見えない場所で冬をこす動物が多いんだね。

▶カエルや、カブトムシのよう虫は、(⑤　　　)の中で冬をこす。

▶ナナホシテントウの成虫(せいちゅう)は、(⑥　　　)の下などで冬をこす。

▶アゲハは(⑦　　　)のすがたで冬をこす。

▶オオカマキリはらんのうの中で(⑧　　　)のすがたで冬をこす。

▶ツバメの巣(す)にはツバメはいなくなった。ツバメは(⑨　　　)の方へわたっていった。

▲土の中のカエル

▲かれ葉の下のナナホシテントウ

▲オオカマキリのらんのう

ここがだいじ!
①冬になると、気温が下がり、こん虫はさなぎやたまごなどいろいろなすがたで冬をこし、カエルなどは土の中で冬をこす。

動物が長い間じっとして冬ごしをする理由は、冬はじゅうぶんな食べ物がないことや、動物によっては体温が下がって活動しにくくなることが考えられます。

1-4. 寒さの中でも

寒さの中でも①

教科書 152〜155ページ 答え 34ページ

1 秋と冬の晴れの日の午前 10 時の気温を 1 週間ごとにはかり、グラフにしました。

(1) 冬の日の気温を表しているのは、㋐、㋑のどちらでしょうか。

(　　)

㋐
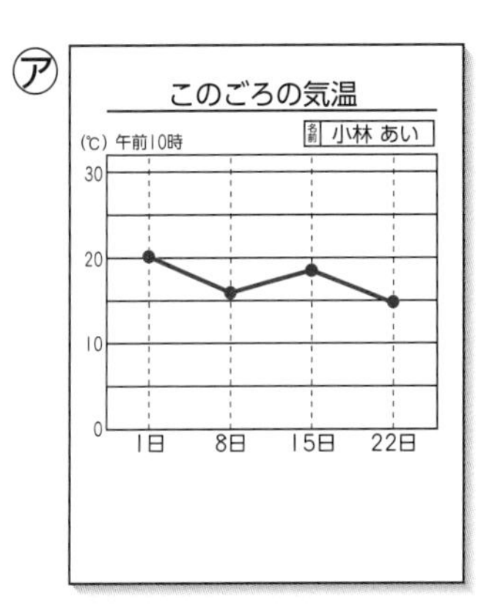

㋑
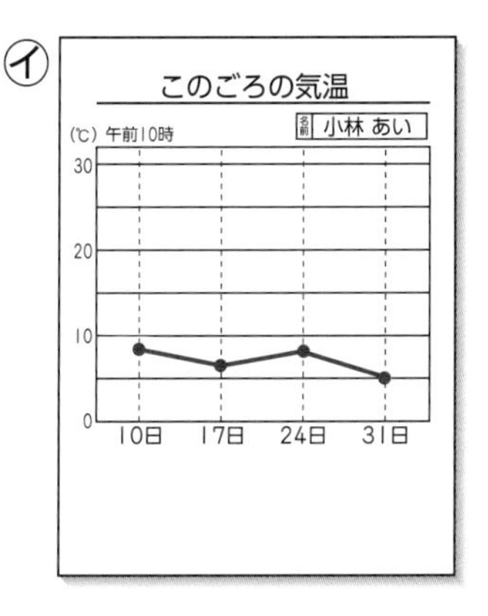

(2) 秋から冬にかけて、生き物のようすはどのように変(か)わってきましたか。**ア**〜**ウ**のうち正しいものの(　)に○をつけましょう。

ア(　　)活発に活動し、見られる数も多くなる。
イ(　　)秋のころと同じように活動する。
ウ(　　)あまり活動せず、すがたも見られなくなる。

2 冬の動物のようすをまとめます。

(1) 右の図は、ナナホシテントウです。ナナホシテントウは、冬をどのようにこすでしょうか。

(　　　　　　　　)

(2) アゲハはどのようなすがたで冬をこしますか。**ア**〜**エ**のうち正しいものの(　)に○をつけましょう。

ア(　　)成虫(せいちゅう)　　**イ**(　　)よう虫
ウ(　　)さなぎ　　**エ**(　　)たまご

(3) オオカマキリは、右の図のようなものの中で、冬をこします。どのようなすがたでいるでしょうか。

(　　　　　　　　)

(4) 冬にカエルを見かけません。カエルはどこで冬をこすのでしょうか。

(　　　　　　　　)

(5) 冬にはツバメの巣(す)はからになっていました。ツバメはどうしたのでしょうか。

(　　　　　　　　)

1-4. 寒さの中でも

寒さの中でも②

学習日　　月　　日

めあて
寒くなると、植物の成長のようすはどのようになるかをかくにんしよう。

教科書 156～159ページ　答え 35ページ

 下の(　)にあてはまる言葉を書こう。

1 冬には、植物はどうなっているだろうか。

教科書 156～157ページ

▶冬になると、サクラの葉はすっかり(①　　　　)てしまった。

▶木のえだの先には(②　　　)があり、かたいうろこのようなものでおおわれていた。これを、冬芽(ふゆめ)といい、このすがたで、冬をこす。

●1年間の気温の変化(へんか)

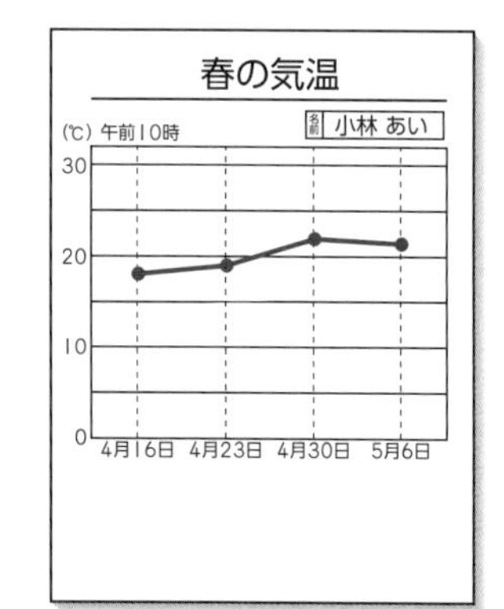

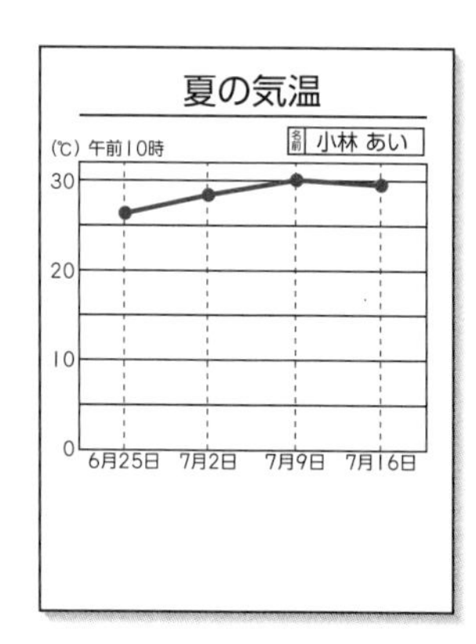

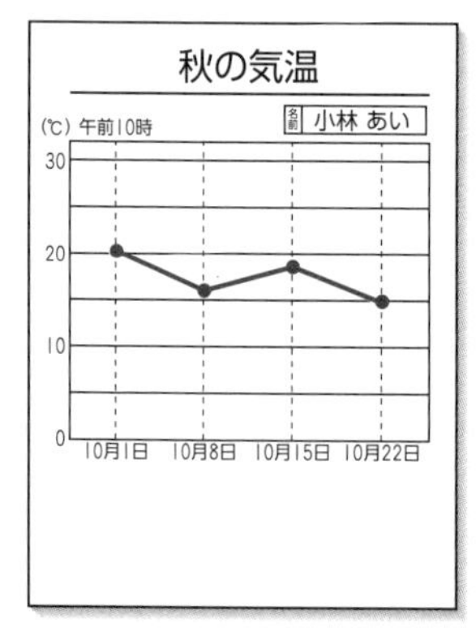

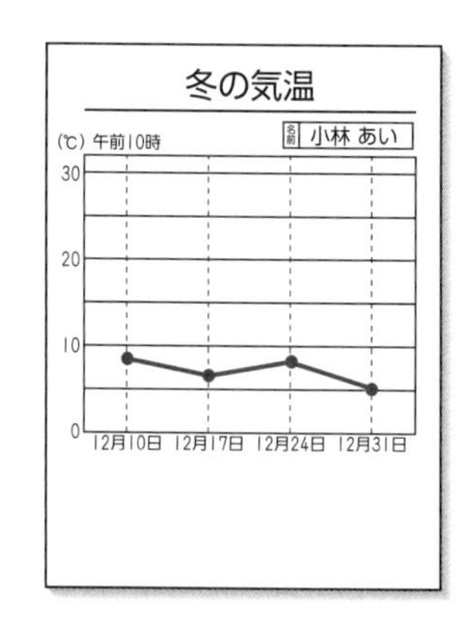

▶気温は、(③　　　)に高くなり、(④　　　)に低(ひく)くなる。

●サクラの1年間のようす

(⑤　　　)　(⑥　　　)　(⑦　　　)　(⑧　　　)

上の図は、サクラの春・夏・秋・冬のいつのようすかな。

▶サクラは、春には(⑨　　　)がさき、夏には(⑩　　　)がしげり、秋には(⑪　　　)の色が変化(へんか)し、冬には(⑫　　　)が落ちてしまうがえだにはかたい(⑬　　　)をつけている。

ここがだいじ!
① 1年間の気温の変化によって、植物の成長(せいちょう)のようすや動物の活動のようすはちがっている。

ぴたトリビア　タンポポは、地面にはりつくようにして、冬をこします。長いもので10年以上生き続(つづ)けることができます。

学習日　月　日

1-4. 寒さの中でも

寒さの中でも②

教科書 156～159ページ　答え 35ページ

1 右のグラフは、１年間の気温の変化を表しています。

(1) 気温の一番高い季節はいつですか。春・夏・秋・冬で答えましょう。

（　　）

(2) 気温の一番低い季節はいつですか。春・夏・秋・冬で答えましょう。

（　　）

(3) (1)と(2)について、右のグラフから、この２つの季節の気温は、およそ何℃ちがうでしょうか。

（　　）℃

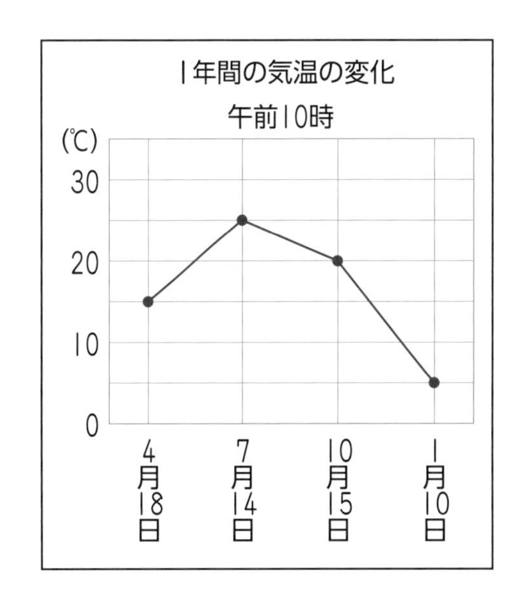

(4) １年間の木や草花の成長のようすは、何と関係があるでしょうか。

（　　）

2 １年間にわたって調べてきた植物のようすをまとめます。

(1) ヘチマのようすが右の写真のようなときの季節はいつですか。春・夏・秋・冬で答えましょう。

（　　）

(2) 右の写真の実の中には何があるでしょうか。

（　　）

(3) １年を通してヘチマの成長のようすが変わるのは、何が大きく関係していますか。**ア**～**エ**のうち正しいものの（　）に○をつけましょう。

ア（　）雨のふった日にち
イ（　）雨の強さ
ウ（　）風の強さ
エ（　）気温

(4) 冬になると、サクラは葉が落ちてしまいました。サクラはヘチマと同じようにかれていますか、かれていませんか。（　　）

1-4. 寒さの中でも

教科書 152～159ページ　答え 36ページ

よく出る

1 生き物の冬のすごし方について考えます。

1つ6点(30点)

(1) 右の図について答えましょう。

①右の図のようなすがたを何というでしょうか。
（　　　　　）

②右の図は、カマキリとアゲハのどちらのこん虫が冬をこすすがたでしょうか。（　　　　　）

③このすがたになる前のすがたは、よう虫、成虫（せいちゅう）のどちらでしょうか。（　　　　　）

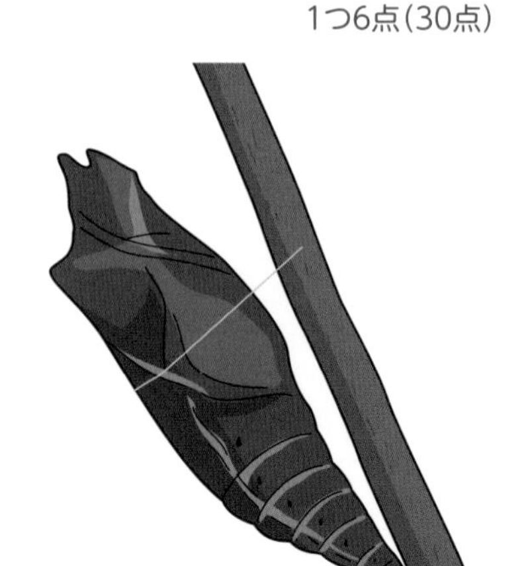

(2) 次の文は、カエルが冬をこすときのようすをまとめたものです。（　）にあてはまる言葉を書きましょう。

カエルは、（　　　）の中で冬をこす。

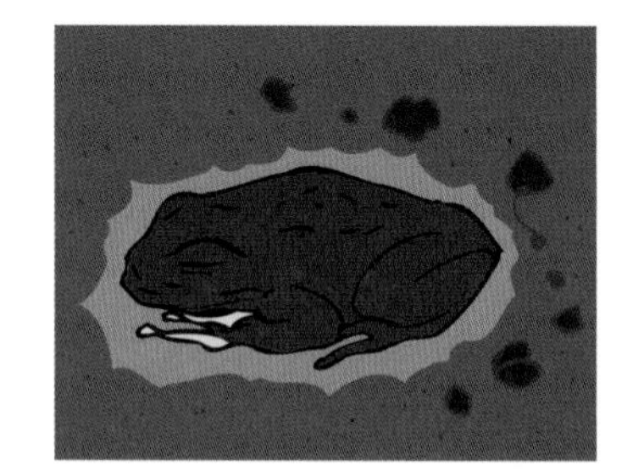

(3) サクラの冬のようすとして、**ア**～**ウ**のうち正しいものの（　）に○をつけましょう。

ア（　）葉が、黄色や赤色になっている。

イ（　）かれて死んでしまっている。

ウ（　）すっかり葉が落ち、えだには新しい芽（め）ができている。

2 次の表に、春・夏・秋・冬の気温と、ヘチマとオオカマキリのようすをまとめます。

1つ4点(40点)

(1) 作図 夏・秋・冬の気温は、下の〔　〕の中のどれでしたか。右の表の①～③の温度計を黒くぬって答えましょう。技能
〔6℃　18℃　26℃〕

	春	夏	秋	冬
気温	(温度計 0・10・20・30)	①(温度計 0・10・20・30)	②(温度計 0・10・20・30)	③(温度計 0・10・20・30)
ヘチマ	④（　　）	⑤（　　）	⑥（　　）	㋐
オオカマキリ	⑦（　　）	⑧（　　）	⑨（　　）	ア

(2) 左のページの表のヘチマのようすでは、冬のところには下の図の㋐が入ります。表の④～⑥にあてはまるヘチマのようすを、㋑～㋓のうちから選び、表に書き入れましょう。

㋐ 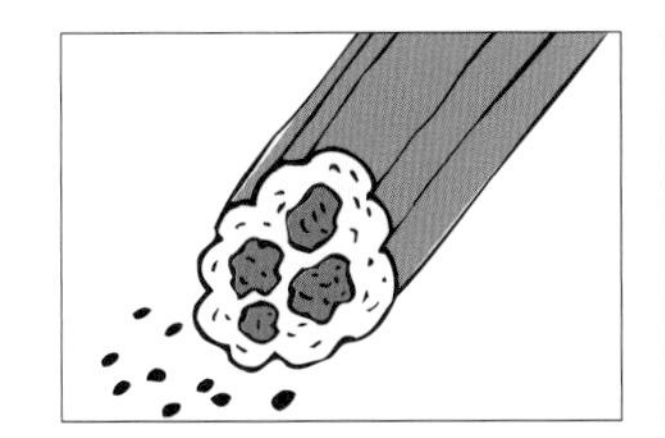

㋑ 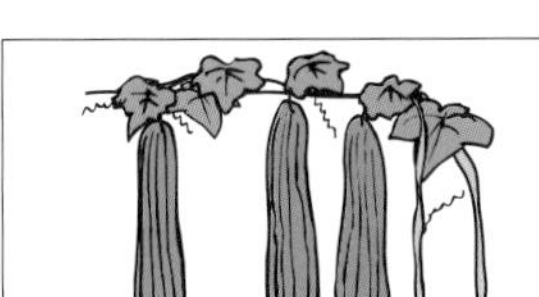

㋒ 

㋓ 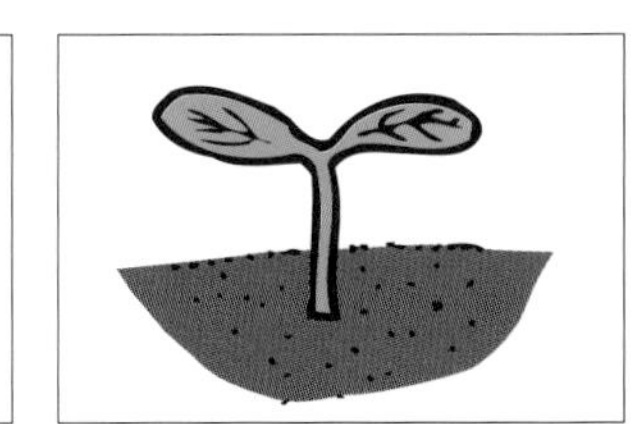

(3) 記述 春にたねをまいて芽が出たヘチマは、冬はどうなっているでしょうか。

(　　　　　　　　　　)

(4) 左のページの表のオオカマキリのようすとして、冬のところには**ア**が入ります。表の⑦～⑨にあてはまるものを、**イ**～**エ**のうちから選び、表に書き入れましょう。

ア　木のえだに産みつけられたたまごのまま、すごす。

イ　よう虫が育って大きくなり、やがて成虫になる。

ウ　成虫がたまごを産む。

エ　たまごから、よう虫がかえる。

できたらスゴイ！

3　1年間の生き物のようすをまとめます。

思考・表現　1つ10点(30点)

(1) 記述 春・夏・秋・冬を通して、季節によって、生き物の種類はどのように変化していきましたか。「生き物の種類は、春から夏にかけては～、秋から冬にかけては～」というように、説明しましょう。

(　　　　　　　　　　)

(2) 記述 カブトムシのすがたは、冬には見かけることがありません。カブトムシは、どのようなすがたで、どのような場所で冬をこすのでしょうか。

(　　　　　　　　　　)

(3) 記述 オオカマキリは、気温の高い春から夏によう虫が成長し、成虫になります。しかし、気温の低い冬には死んでしまっていて、すがたを見ることができません。成虫の親のオオカマキリがいないのに、どうして次の年もオオカマキリは活動できるのでしょうか。

(　　　　　　　　　　)

ふりかえり
2がわからないときは、68ページの1にもどってかくにんしましょう。
3がわからないときは、66ページの1にもどってかくにんしましょう。

3分でまとめ

10. ものの温まり方

①金ぞくの温まり方
②水の温まり方　③空気の温まり方

学習日　月　日

めあて
金ぞく、水、空気を温めたときの熱の伝わり方(温まり方)をかくにんしよう。

教科書 160～175ページ　答え 37ページ

下の(　)にあてはまる言葉を書こう。

1 金ぞくはどのように温まるだろうか。

教科書 162～164ページ

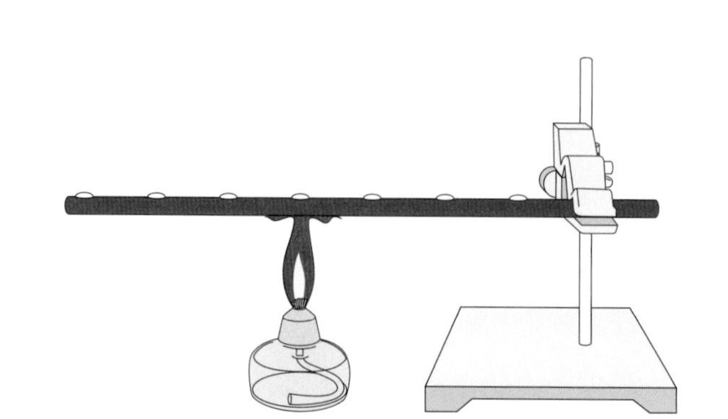

- ろうをぬった金ぞくのぼうの中央を熱(ねっ)すると、ろうは(①　　　)のところから順(じゅん)にとけていく。これは、ぼうをななめにしても(②　　　)である。
- このことから、金ぞくは熱したところから(③　　　)が伝(つた)わり、温まることがわかる。

2 水はどのように温まるだろうか。

教科書 164～168ページ

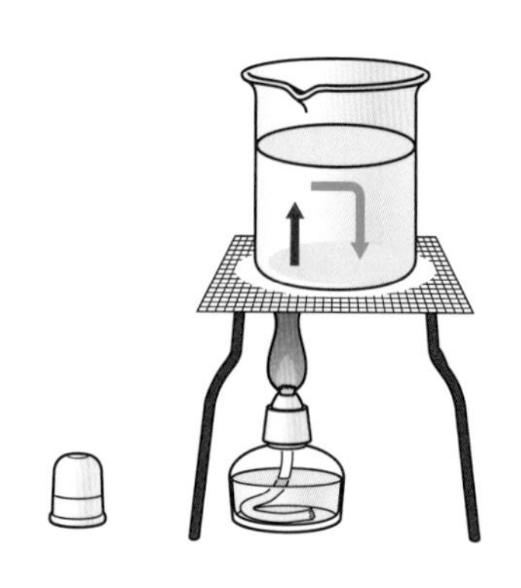

- 水を下から熱すると、温度が(①　　　)なった水は(②　　　)にあがり、温度が(③　　　)上の方の水が下へ動いていく。
- 水は、金ぞくとちがって、水が(④　　　)ことによって、(⑤　　　)が温まる。

3 空気はどのように温まるだろうか。

教科書 169～171ページ

- 部屋の中のいろいろな場所で空気の温度を調べてみると、上の方と下の方では、(①　　　)の方の空気の温度が高い。
- 空気は、熱せられた部分が(②　　　)にあがり、(③　　　)の方の冷(つめ)たい空気が下にしずむ。このようにして、空気が(④　　　)ことで、全体が温まる。

空気の温まり方は、水の温まり方とにているね。

ここが だいじ!
①金ぞくは、熱したところから熱が伝わり、順に温まっていく。
②水や空気は、水や空気が動くことで、全体が温まっていく。

ぴたトリビア　だんぼうをかけた部屋では上の方だけが温まったり、冷ぼうをかけた部屋では下の方だけがすずしくなったりすることがあります。

ぴったり2 練習

学習日　　月　　日

10. ものの温まり方

①金ぞくの温まり方
②水の温まり方　③空気の温まり方

教科書 160〜175ページ　答え 37ページ

1 下の図のように、ろうをぬった金ぞくの板を熱します。ろうのとけていくようすで、㋐〜㋒のうち正しいものを選びましょう。

（　　）

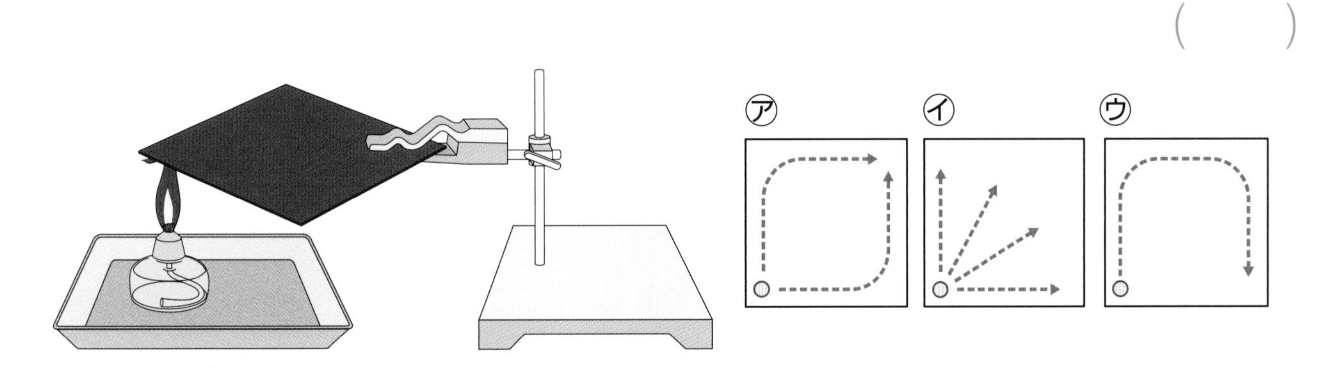

2 下の図のように、試験管に入れた水を熱して、温まり方を調べます。①と②のそれぞれについて正しく説明した文を、ア〜ウから選びましょう。

ア　水は上の方だけ温まり、下の方は温まらない。
イ　水は下の方だけ温まり、上の方は温まらない。
ウ　水は全体が温まる。

①（　　）
②（　　）

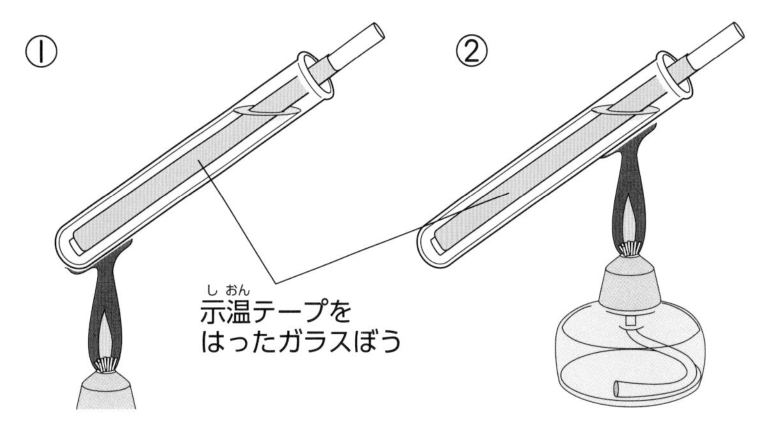

3 下の図のように、けむりをとじこめたビーカーのはしを熱し、けむりがどのように動くか観察します。けむりはどのような動き方をしますか。ア〜ウのうち正しいものの（　）に○をつけましょう。

ア（　　）熱した部分では、けむりが上にあがっていく。
イ（　　）けむりは下の方にたまる。
ウ（　　）けむりは上の方にたまる。

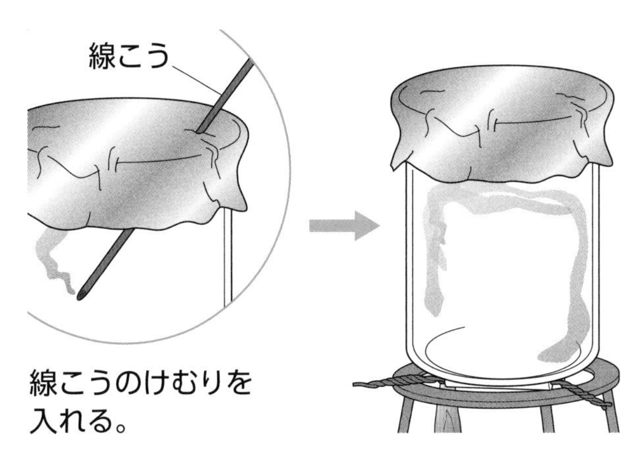

ヒント **2** 温度が高くなった水は上の方に動くことから考えましょう。

10. ものの温まり方

教科書 160〜175ページ　答え 38ページ

1 **図のように、ろうをぬった金ぞくのぼうを熱し、金ぞくの温まり方を調べる実験をします。**

1つ10点(30点)

(1) ㋐〜㋓の４か所のろうのとける順を、早い方から書きましょう。

(　　→　　→　　→　　)

(2) ぼうのはしを、矢印の方にあげてななめにしたとき、(1)の順番は変わるでしょうか。

(　　　　　　　)

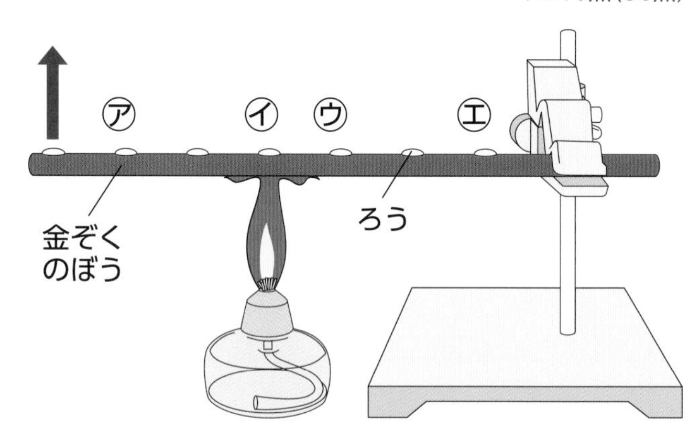

(3) この実験から、金ぞくはどのように温まるといえますか。**ア〜ウ**のうち正しいものの(　)に○をつけましょう。

ア(　　)金ぞくは、熱した部分から一番遠いところから順に温まっていく。
イ(　　)金ぞくは、熱した部分から順に温まっていく。
ウ(　　)金ぞくは、熱した部分しか温まらない。

よく出る

2 **下の図のように、試験管に水を入れて熱します。**

技能 1つ10点(30点)

㋐

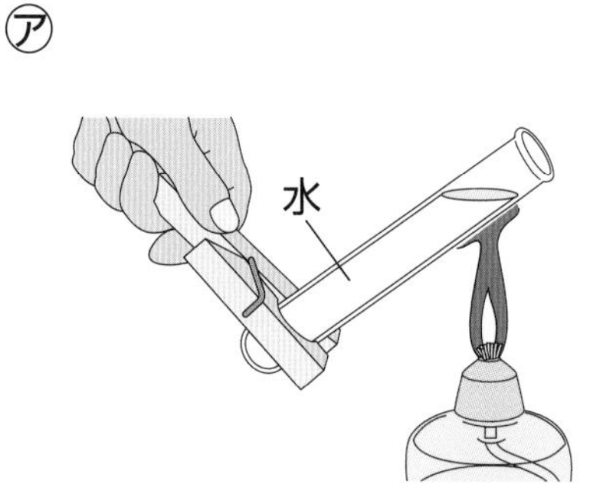

㋑

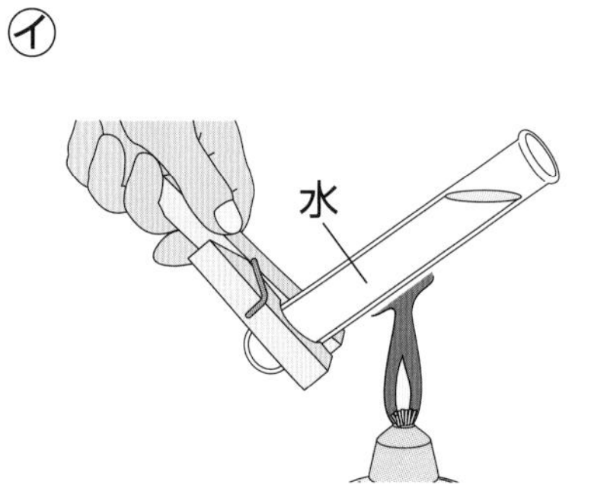

㋒

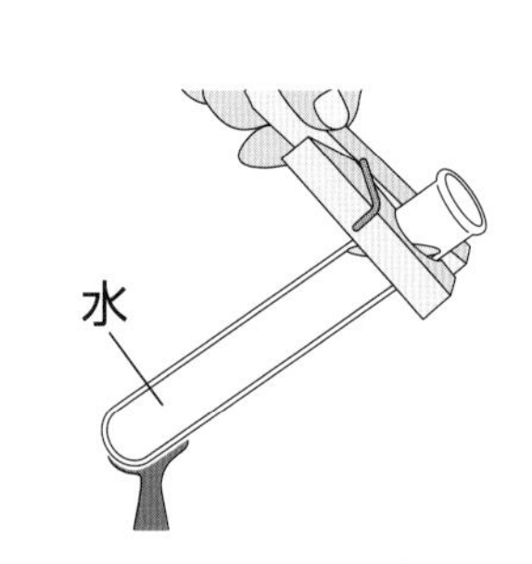

(1) 全体が一番早く温まるのは、㋐〜㋒のどれでしょうか。(　　)

(2) 全体が一番温まりにくいのは、㋐〜㋒のどれでしょうか。(　　)

(3) 水の温まり方として、**ア〜ウ**のうち正しいものの(　)に○をつけましょう。

ア(　　)水は、熱したところから上下に順に温かくなる。
イ(　　)水は、熱したところから上の部分しか温まらない。
ウ(　　)水は、熱したところから下の部分しか温まらない。

3 水と空気の温まり方を調べます。

1つ10点(20点)

(1) 水を入れたビーカーの底の中央を熱します。あたためられた水の動きは、㋐～㋒のどれでしょうか。(　　)

㋑

㋒

(2) ビーカーをアルミニウムはくでおおい、線こうのけむりを少し入れます。このビーカーの底の左側を熱します。けむりの動きは、㋕～㋗のどれでしょうか。(　　)

㋕

㋖

㋗

できたらスゴイ!

4 金ぞくと空気の温まり方を調べます。

1つ10点(20点)

(1) 右上の図のような金ぞくの板を水平に固定して、×印のところを下から熱しました。温まるのが一番おそいのは、㋐～㋓のどこでしょうか。

思考・表現 (　　)

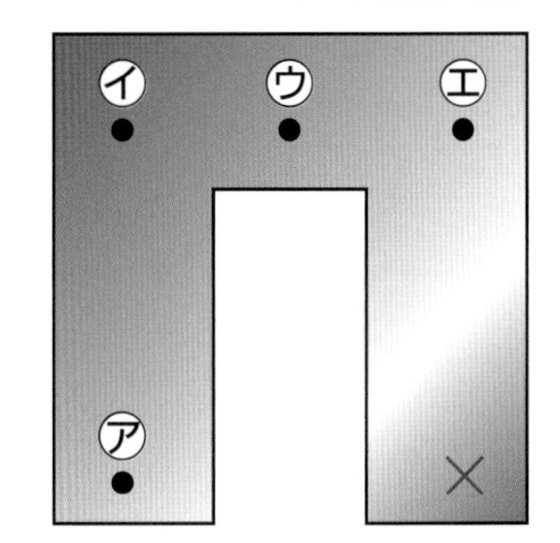

(2) 右下の図のような部屋でだんぼうをつけました。このときの空気の温まり方について、**ア**～**ウ**のうち、正しいものの(　)に○をつけましょう。

ア(　　)㋕が先に温まる。

イ(　　)㋖が先に温まる。

ウ(　　)㋕と㋖はほぼ同時に温まる。

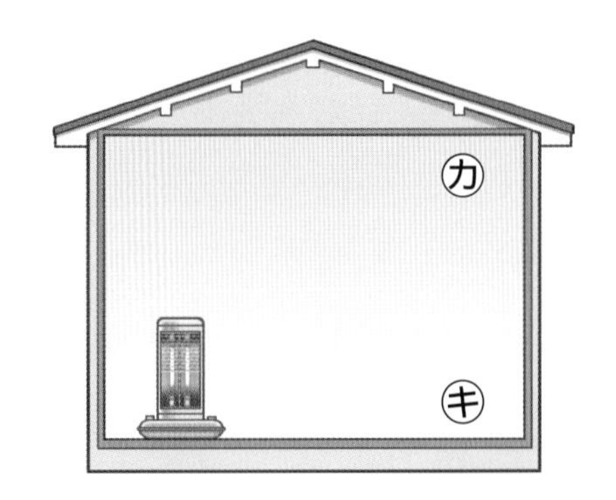

ふりかえり
3がわからないときは、72ページの2、3にもどってかくにんしましょう。
4(1)がわからないときは、72ページの1にもどってかくにんしましょう。

ぴったり1 じゅんび

3分でまとめ

11. 人の体のつくりと運動

①わたしたちの体とほね

②体が動くしくみ

学習日　　月　　日

めあて
人の体はほねときん肉があり、そのはたらきで運動できることをかくにんしよう。

教科書 176〜187ページ　答え 39ページ

下の(　　)にあてはまる言葉を書こう。

1 うでや手のほねは、どのようになっているだろうか。

教科書 178〜182ページ

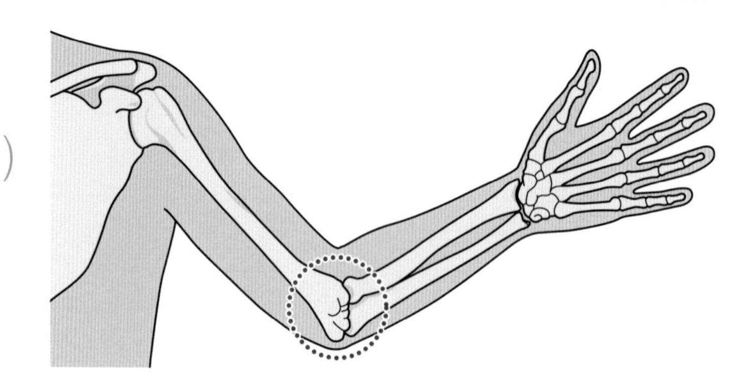

▶ うでや手には、かたい
(①　　　　　)がある。

▶ ほねとほねの間には、(②　　　　　)
というつなぎ目があり、うでや手は、
その部分で曲がる。

2 体は、どのようなしくみで動くのだろうか。

教科書 183〜187ページ

うでを曲げるとき

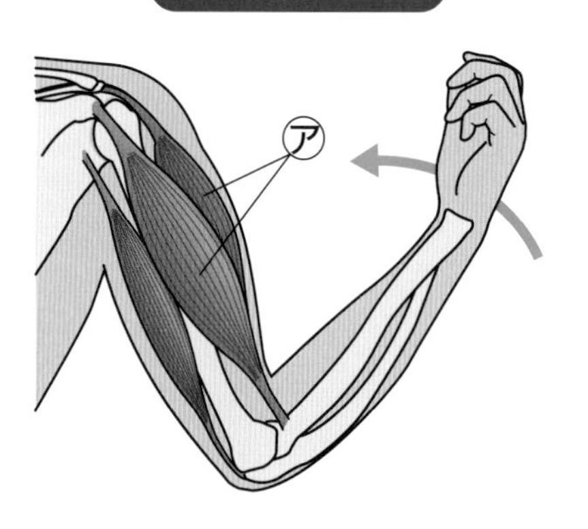

ア

うでをのばすとき

ア
イ

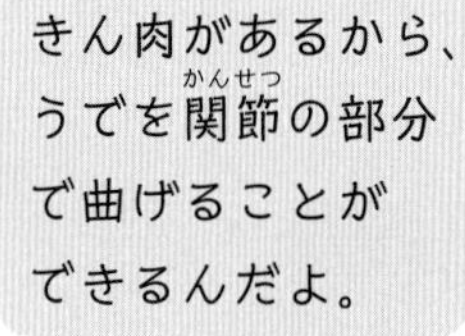

きん肉があるから、
うでを関節(かんせつ)の部分
で曲げることが
できるんだよ。

▶ うでを曲げることができるのは、
㋐のきん肉(にく)が(①　　　　　)から
である。

▶ 曲げたうでをのばすときは、㋑のきん肉が
(②　　　　　)、㋐のきん肉はゆるむ。

▶ きん肉がちぢんだり、ゆるんだりすることで、
うでは(③　　　　　)の部分で曲がる。

▶ わたしたちの体は、ほねや(④　　　　　)
のはたらきで、体を動かしたりささえたりしている。

㋐と㋑は、一方が
ちぢむと、一方が
ゆるむんだね。

ここが、だいじ!
①ほねとほねの間には関節があり、うでや手はそこで曲がる。
②きん肉がちぢんだり、ゆるんだりすることで、運動することができる。

ぴたトリビア
ほねにはカルシウムという成分(せいぶん)が多くふくまれます。カルシウムが多くふくまれている食品には牛にゅう、にゅうせい品、小魚などがあります。

11. 人の体のつくりと運動

①わたしたちの体とほね
②体が動くしくみ

教科書 176～187ページ　答え 39ページ

1 全身のほねについて、まとめます。

(1) (　)にあてはまる言葉を書きましょう。

わたしたちの体には、(①　　　　)でつながったたくさんのほねがある。

ほねは、組み合わさって体を(②　　　　)のに役立っているだけでなく、頭のほねやむねのほねのように中のものを(③　　　　)ものもある。

(2) 右の図の㋐、㋑のほねは、何を守っているでしょうか。

㋐(　　　　)
㋑(　　　　)

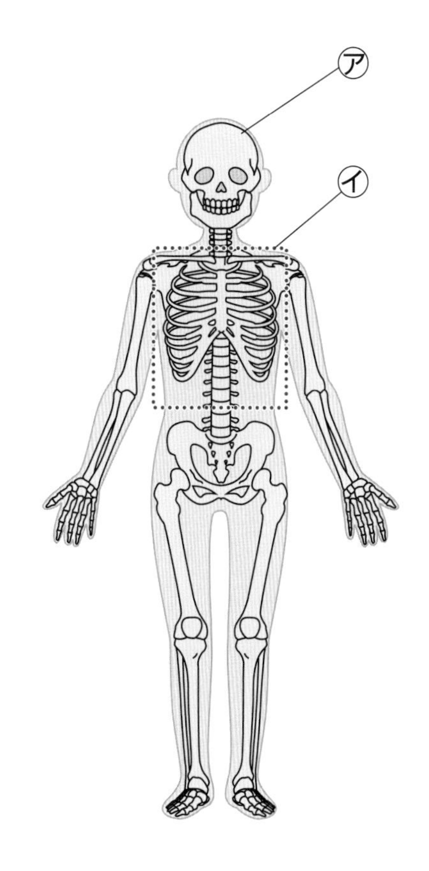

2 きん肉について、調べます。

(1) うでを曲げるとき、ちぢむきん肉は、㋐、㋑のどちらでしょうか。

(　　)

(2) うでをのばすとき、ちぢむきん肉は、㋐、㋑のどちらでしょうか。

(　　)

(3) うでを曲げたとき、㋒の部分の表面はどのように見えるでしょうか。

(　　　　)

(4) 顔にはきん肉がありますか、ありませんか。

(　　　　)

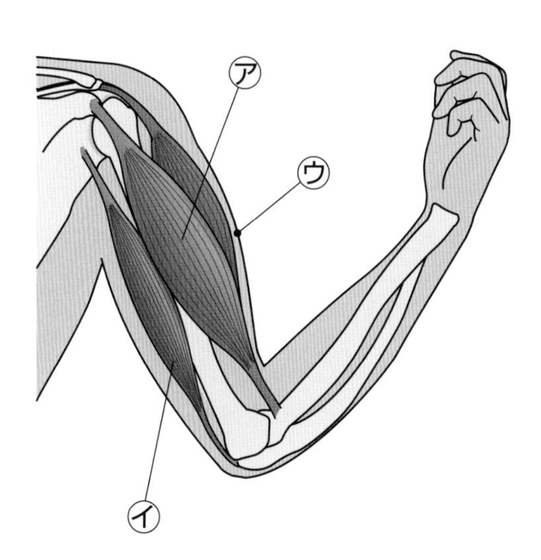

11. 人の体のつくりと運動

教科書 176～187ページ　答え 40～41ページ

よく出る

1 右の図は、人のうでの中のつくりを表しています。

1つ5点(10点)

(1) 図の㋐の部分を何というでしょうか。
(　　　　)

(2) 図の㋑の部分を何というでしょうか。
(　　　　)

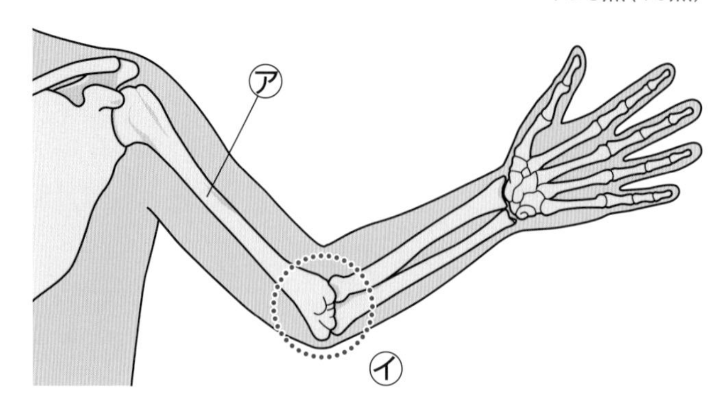

2 手のつくりを調べます。

技能　1つ5点(15点)

(1) 手の中のかたいところを調べて記録するときの方法として、**ア**～**ウ**のうち正しいものの(　)に○をつけましょう。

ア(　　)手の中のかたいところをさわってどこにあるか調べたら、消えないように油性マジックで手にかいて記録する。

イ(　　)手の中のかたいところをさわってどこにあるか調べたら、紙に絵をかいて記録する。

ウ(　　)手の中のかたいところをさわってどこにあるか調べたら、さわっていた手をはなし、さわっていた方の手を写真にとって記録する。

(2) 手の曲がるところを調べて、紙にかいて記録しました。●で表したところが曲がるところです。曲がるところを正しく表している方を、㋐、㋑から選びましょう。
(　　　　)

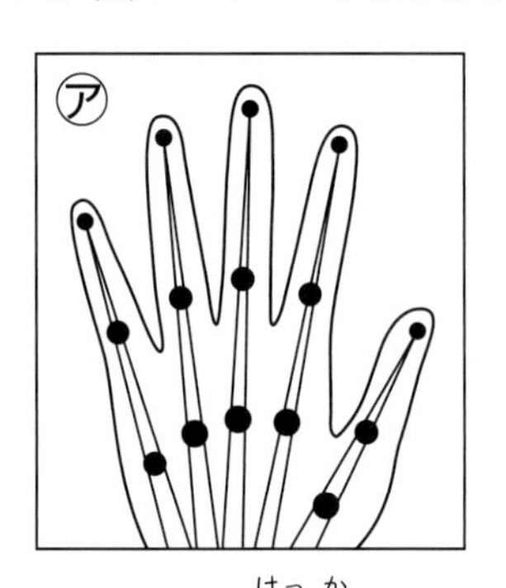

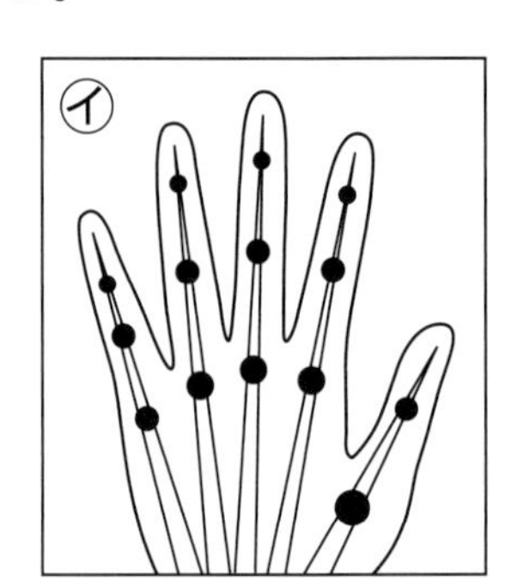

(3) 手の中のかたいところと、曲がるところを記録した結果をとっておくためには、何を使うとよいでしょうか。**ア**～**ウ**のうち正しいものの(　)に○をつけましょう。

ア(　　)シールと油性マジック

イ(　　)シールと輪ゴム

ウ(　　)シールとビニル手ぶくろ

よく出る

3 右の図は、うでを曲げたときのきん肉(にく)のようすを表しています。

1つ5点(20点)

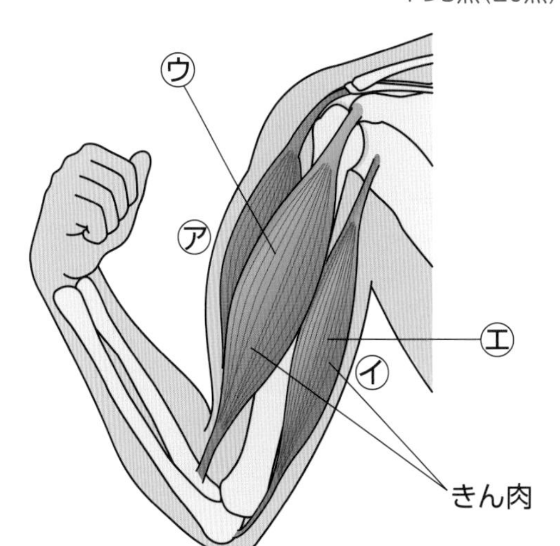

(1) うでを曲げたとき、かたくなってふくらむのは、㋐、㋑のどちら側ですか。(　　)

(2) うでを曲げたとき、㋒、㋓のきん肉はそれぞれ、どうなりますか。**ア**～**ウ**のうち正しいものの(　)に○をつけましょう。

① ㋒のきん肉

ア(　　)ちぢむ。　**イ**(　　)ゆるむ。

ウ(　　)変(か)わらない。

② ㋓のきん肉

ア(　　)ちぢむ。　**イ**(　　)ゆるむ。

ウ(　　)変わらない。

(3) 曲げていたうでをのばすと、うでを曲げたときにちぢんでいたきん肉はどうなりますか。**ア**～**ウ**のうち、正しいものの(　)に○をつけましょう。

ア(　　)さらにちぢむ。

イ(　　)ゆるむ。

ウ(　　)ちぢんだまま変わらない。

4 動物の体のつくりと運動について調べます。

技能　1つ5点(15点)

(1) 動物の体のつくりと運動について調べるときに、参考(さんこう)にするとよいものは何ですか。**ア**～**エ**のうち正しいものの(　)2つに○をつけましょう。

ア(　　)動物のぬいぐるみ

イ(　　)図かん

ウ(　　)テレビアニメ

エ(　　)ほねのもけい

(2) 動物の体のつくりと運動を調べるために、動物の体にさわるとき、してはいけないことがあります。**ア**～**エ**のうちしてはいけないことの(　)に○をつけましょう。

ア(　　)動物にさわる前には、必(かなら)ず手をあらう。

イ(　　)動物の口の中に、自分の手を入れて、口の中をさわる。

ウ(　　)動物の体をらんぼうにさわらない。

エ(　　)動物にさわったあとには、必ず手をあらう。

5 ①～④は、ほね、きん肉、関節(かんせつ)のどれについてのことですか。それぞれ「ほね」「きん肉」「関節」と書きましょう。

1つ5点(20点)

かたくて、体をささえるはたらきをしているね。

①(　　　　)

これのあるところで、体は曲げられるよ。

②(　　　　)

ちぢんだり、ゆるんだりして、体を動かすよ。

③(　　　　)

体の中のものを守るはたらきもあるんだよ。

④(　　　　)

できたらスゴイ!

6 人の体のほねについて調べます。

1つ5点(20点)

(1) 右の白黒の写真のように、体の中をすかせて、ほねのようすを写真にとったものを、何写真というでしょうか。

(　　　　　　)

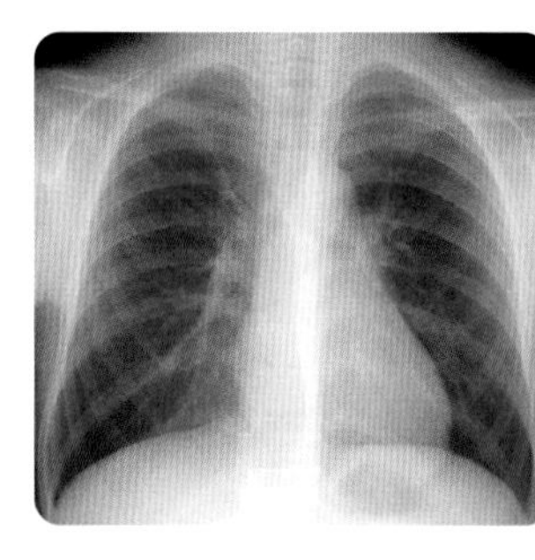

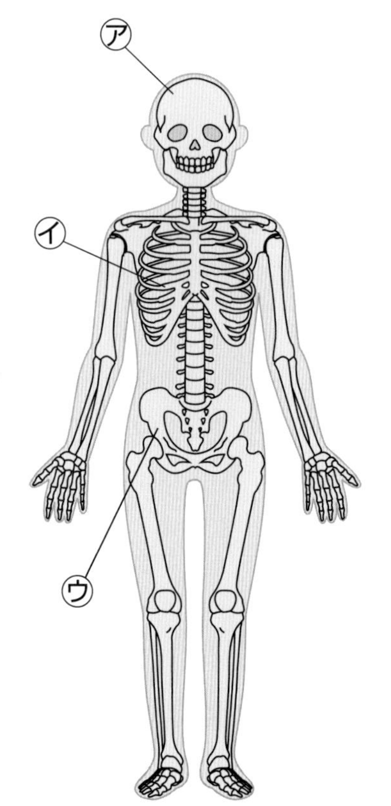

(2) 右の写真は、右の全身のほねのどの部分ですか。㋐～㋒から選(えら)びましょう。(　　)

(3) 上の写真にうつっている部分のほねは、どのような役目をしていますか。ア～エのうち正しいものの(　)に○をつけましょう。

ア(　　)中にあるのうを守っている。

イ(　　)中にあるはいや心(しん)ぞうを守っている。

ウ(　　)体を曲げたり、ねじったりできる。

エ(　　)ボールをけるときに使う。

(4) 記述 体を曲げたりねじったりできるのは、せなかのほねが、1本ではなく、どのようにできているからですか。　思考・表現

(　　　　　　　　　　　　　　)

この本の終わりにある「冬のチャレンジテスト」をやってみよう!

この本の終わりにある「学力しんだんテスト」をやってみよう!

4 下の図のように、注しゃ器に水と空気を半分ずつ入れてピストンをおします。 1つ3点（9点）

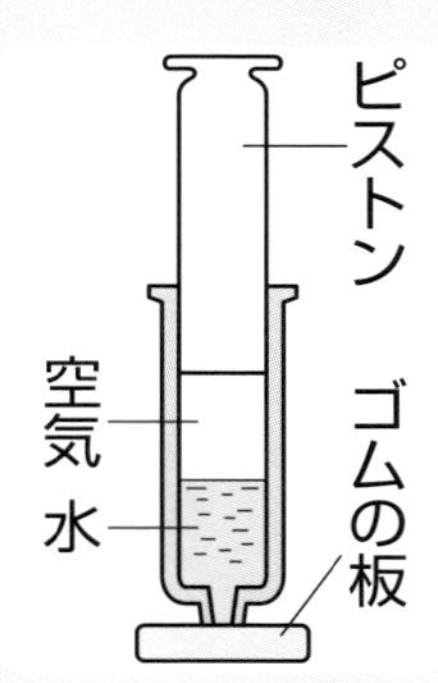

(1) ピストンをおすときは、注しゃ器を手でまっすぐささえて、真上からゆっくりとおします。その理由として、**ア**～**ウ**のうち正しいものの（　　）に○をつけましょう。

ア（　　）水と空気がまざらないようにするため。

イ（　　）水や空気がもれないようにするため。

ウ（　　）おすときの手ごたえを小さくするため。

(2) 注しゃ器の中の水と空気の体積はどうなりますか。下の㋐～㋓の図のうち、正しいものを１つ選びましょう。（　　）

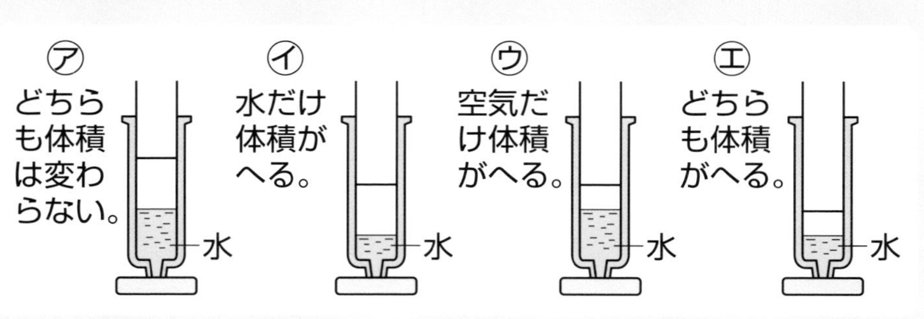

㋐
どちらも体積は変わらない。
水
㋑
水だけ体積がへる。
水
㋒
空気だけ体積がへる。
水
㋓
どちらも体積がへる。
水

(3) 記述 ピストンをおさえていた手をはなすと、ピストンはどうなるでしょうか。

（　　　　　　　　　　）

思考・判断・表現

5 晴れの日とくもりの日に、気温の変化を調べて、折れ線グラフにしました。 (1)は4点、(2)は6点（10点）

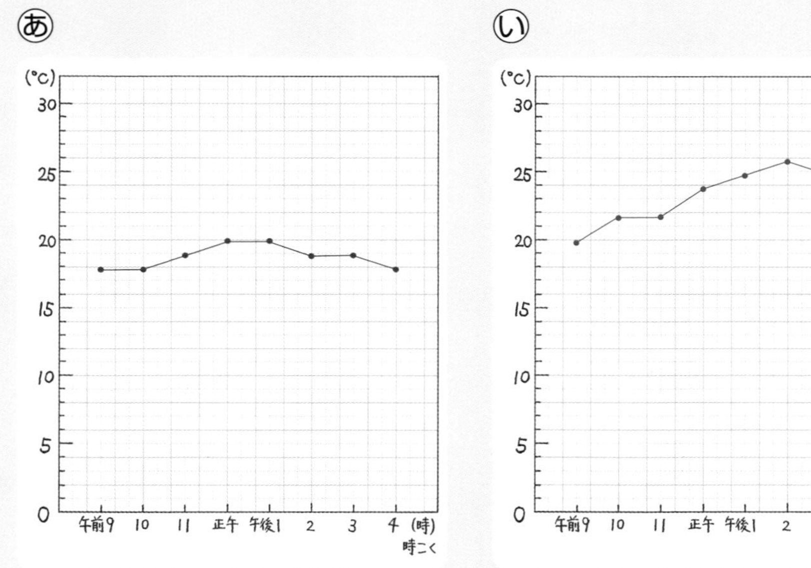

(1) 晴れの日の記録は、あ、いのどちらですか。（　　）

(2) 記述 (1)のように答えた理由を書きましょう。

（　　　　　　　　　　）

6 すな場のすなと花だんの土を使って、土の種類と水のしみこみ方の関係を調べました。 1つ4点（8点）

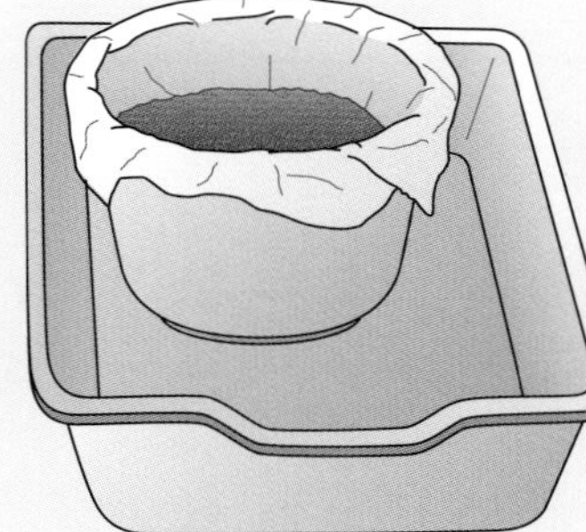

(1) 花だんの土のほうが、すな場のすなにくらべて、土のつぶが小さかったです。水がしみこみやすいのは、花だんの土とすな場のすなのどちらですか。

（　　　　　）

(2) すな場のすなと、じゃりに、同じ量の水を流しこむと、じゃりのほうが速く水がしみこみました。すな場のすなと、じゃりでは、土のつぶが大きいのはどちらだと考えられますか。

（　　　　　）

7 かん電池を２こ使って、モーターの回り方を調べました。 (1)、(2)、(4)は4点、(3)は6点（22点）

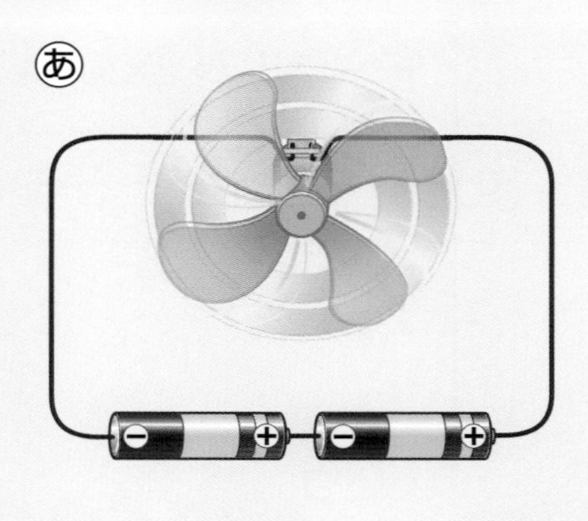

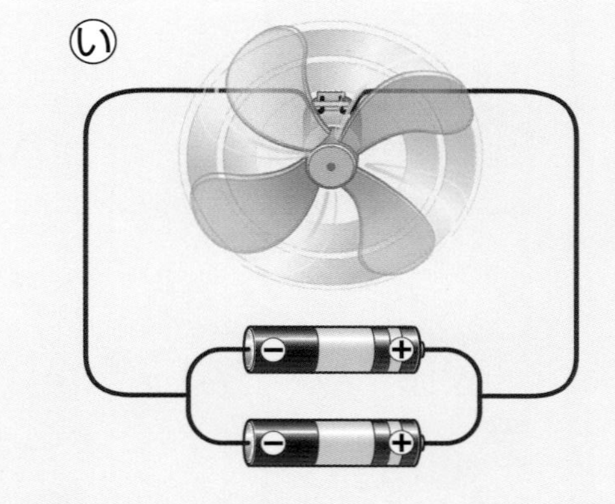

(1) あ、いのかん電池２このつなぎ方を何といいますか。

あ（　　　　　）

い（　　　　　）

(2) あといでは、どちらのモーターが速く回りますか。（　　）

(3) 記述 (2)のように答えた理由を書きましょう。

（　　　　　　　　　　）

(4) あといでは、モーターは同じ向きに回りますか、反対の向きに回りますか。

（　　　　　）

夏のチャレンジテスト

教科書 6〜85ページ

名前　　　月　　日

時間 40分

知識・技能	思考・判断・表現	ごうかく80点
／60	／40	／100

答え 42〜43ページ

知識・技能

1 春から夏にかけて、生き物のようすを観察しました。

(1)〜(4)は1つ3点、(5)は2つともできて3点(18点)

(1) 春に見られるサクラの□に○をつけましょう。

ア

イ

(2) 夏の気温や水温は、春にくらべてどうなっていますか。正しいものの(　)に○をつけましょう。

①(　　)高くなっている。
②(　　)低くなっている。
③(　　)変わらない。

(3) 気温のはかり方について、(　)にあてはまる言葉や数を□から選んで書きましょう。

気温は、(　　　)のよい場所で、地面からの高さが(　　　　)のところではかる。

風通し　日当たり　30cm〜50cm　1.2m〜1.5m

(4) ア〜ウのうち、ヘチマのたねはどれですか。正しいものの□に○をつけましょう。

ア
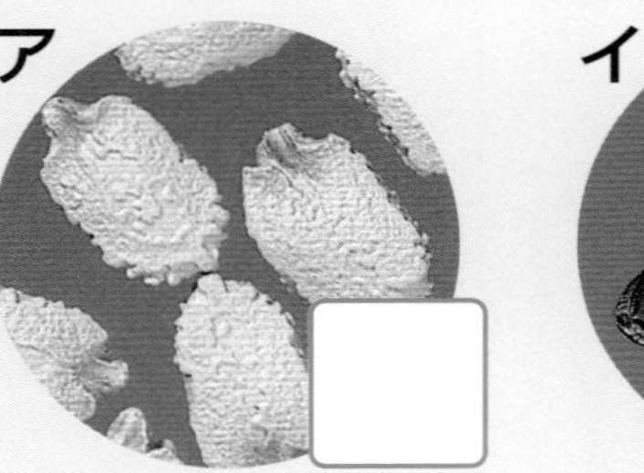

イ

ウ
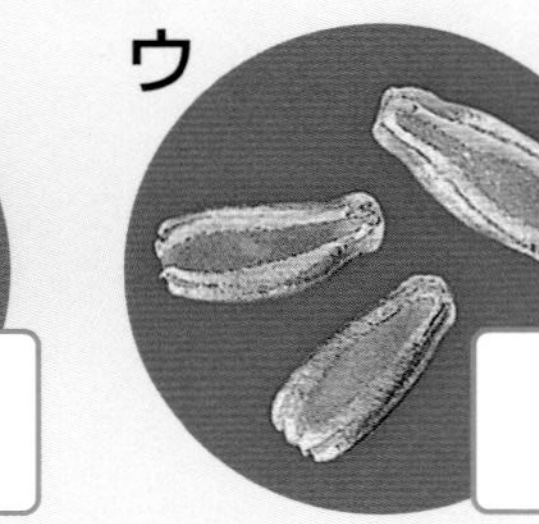

(5) 夏の生き物のようすについて、正しいものの(　)2つに○をつけましょう。

①(　　)ヘチマなどの植物のくきがよくのび、葉がふえ、大きく成長している。
②(　　)ヘチマなどの植物はかれたり、成長しなくなったりする。
③(　　)虫などの動物が活発に活動している。
④(　　)虫などの動物の活動がにぶくなる。

2 下の図は、夏の夜空に見える星をスケッチしたものです。

1つ3点(12点)

(1) ㋐の星ざを何というでしょうか。

(　　　　　　)

(2) ベガ、デネブ、アルタイルの3つの星を結んでできる三角形を何というでしょうか。

(　　　　　　)

(3) 夜空の星の色と明るさについて、(　)にあてはまる言葉を□から選んで書きましょう。

夜空の星の色は、①(　　　　　　)。
星の明るさは、②(　　　　　　)。

どの星も同じ　　星によってちがう

※同じ言葉を2回使ってもよいです。

3 かん電池とモーターをどう線でつないで、回路をつくりました。

(1)は2つともできて3点、(2)〜(4)は1つ3点(21点)

(1) かん電池とモーターをどう線でつなぐと、電流はどのように流れますか。(　)に＋または－を書きましょう。

かん電池の(　　)極からモーターを通って、(　　)極へと電流が流れる。

(2) けん流計を使うと、電流の何を調べることができますか。2つ書きましょう。

電流の(　　　　)と電流の(　　　　)

(3) ア〜ウの回路図記号は、それぞれ何を表していますか。

ア

イ

ウ

ア(　　　　)　イ(　　　　)　ウ(　　　　)

(4) かん電池の向きを変えると、つないでいたモーターの回る向きはどうなりますか。(　　　　)

うらにも問題があります。

5 下の図のように、水を熱しました。

1つ5点(20点)

(1) 丸底フラスコの中に入れてある㋐は何でしょうか。

(　　　　)

(2) 丸底フラスコの中に㋐を入れておく理由として、**ア**～**ウ**のうち正しいものの(　)に○をつけましょう。

ア(　　)水を早く熱するため。
イ(　　)水が急にわき立たないようにするため。
ウ(　　)熱した水が冷めないようにするため。

冷たい水の入った試験管

(3) 水がわき立っているときに、丸底フラスコの中の水に見られる大きなあわは何でしょうか。

(　　　　)

(4) 冷たい水の入った試験管は、何のためにありますか。理由として、**ア**～**エ**のうち正しいものの(　)に○をつけましょう。

ア(　　)固体の水を、えき体の水にするため。
イ(　　)えき体の水を、気体の水にするため。
ウ(　　)気体の水を、固体の水にするため。
エ(　　)気体の水を、えき体の水にするため。

思考・判断・表現

6 夏のころと秋のころの気温と動物の活動のようすを考えます。

1つ6点(12点)

夏のころ	
7月2日	27℃
7月9日	29℃
7月16日	30℃

秋のころ	
10月2日	18℃
10月9日	20℃
10月16日	16℃

(1) 記述 上の2つの表は、夏のころと秋のころの気温の記録です。秋のころの気温は、夏のころの気温とくらべてどうなったでしょうか。

(　　　　)

(2) 記述 秋のころの動物の活動は、夏のころとくらべてどうなったでしょうか。

(　　　　)

7 試験管に入れた水を冷やして、何℃になるとこおるのか調べました。

(1)、(3)は4点、(2)は6点(14点)

(1) 試験管に入れた水は、グラフのように温度が変化しました。水が全部氷に変わったのは、約何分後ですか。正しいものの(　)に○をつけましょう。

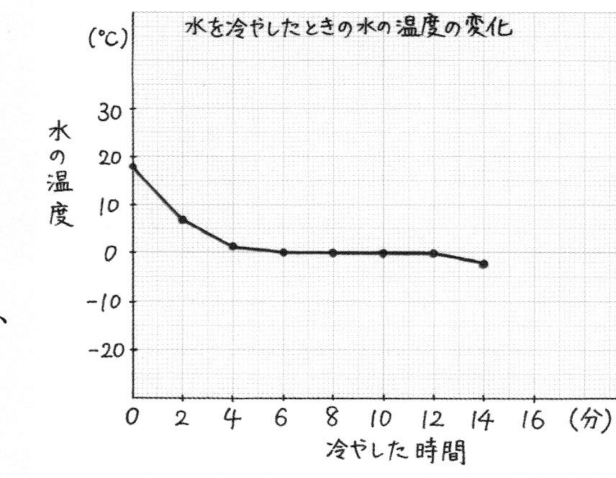

①(　　)約2分後　②(　　)約4分後
③(　　)約8分後　④(　　)約12分後

(2) 記述 (1)のように答えた理由を書きましょう。

(　　　　)

(3) 水は何℃で氷になりますか。

(　　　　)

8 金ぞく球が金ぞくの輪を通りぬけることをたしかめてから、金ぞく球を熱したところ、輪を通りぬけなくなりました。

(1)、(3)は4点、(2)は6点(14点)

(1) 金ぞく球を熱するのに、右の写真の加熱器具を使いました。この器具の名前を書きましょう。

(　　　　)

(2) 記述 金ぞく球が金ぞくの輪を通りぬけなくなったのはなぜですか。その理由を書きましょう。

(　　　　)

(3) 金ぞく球が金ぞくの輪を通りぬけることをたしかめてから、金ぞく球を氷水につけて冷やしました。金ぞく球は金ぞくの輪を通りぬけますか、通りぬけませんか。

(　　　　)

冬のチャレンジテスト

教科書 88～145ページ

名前　　　　　　月　　日

時間 40分

知識・技能	思考・判断・表現	ごうかく80点
/60	/40	/100

答え 44～45ページ

知識・技能

1 ある日の朝、白い月が下の図のように見えました。

1つ3点(9点)

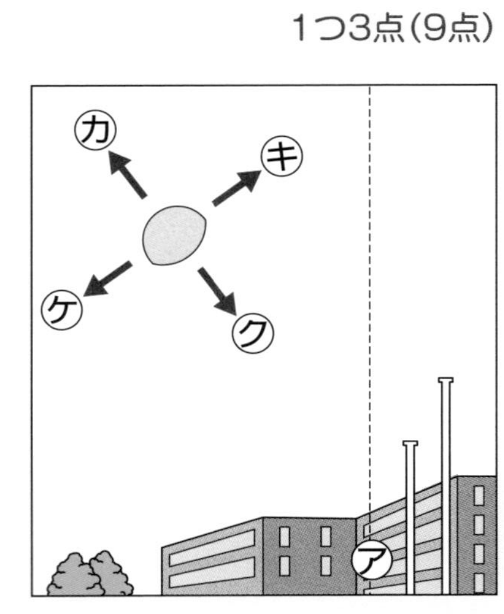

(1) ㋐の方位は、東・西・南・北のどれでしょうか。
(　　)

(2) 時間がたつにつれて、月は㋕～㋘のどの方向に動いていくでしょうか。
(　　)

(3) この月はいつごろ地平線より下にしずんで見えなくなりますか。**ア～ウ**のうち正しいものの(　　)に○をつけましょう。

ア(　　)午前中　**イ**(　　)夕方

ウ(　　)夜中

2 秋の動物や植物のようすを考えます。

1つ3点(12点)

(1) 秋に見られる動物のようすとして、**ア～エ**のうち正しいものの(　　)に○をつけましょう。

ア(　　)セミがさかんに鳴いていた。

イ(　　)カマキリの成虫がたまごを産んでいた。

ウ(　　)ツバメが巣をつくっていた。

エ(　　)おたまじゃくしがたくさん見られた。

(2) 右の図は、ヘチマの実のようすをスケッチしたものです。

① ヘチマの実ができるのは、花がさく前でしょうか、さいた後でしょうか。
(　　)

② 実の中には何ができているでしょうか。
(　　)

③ しばらくすると、ヘチマは葉が黄色くパリパリになりました。このヘチマは、やがてどうなるでしょうか。
(　　)

3 下の図のように、3つのビーカーに同じ量の水を入れ、2日間置いておきます。

1つ3点(9点)

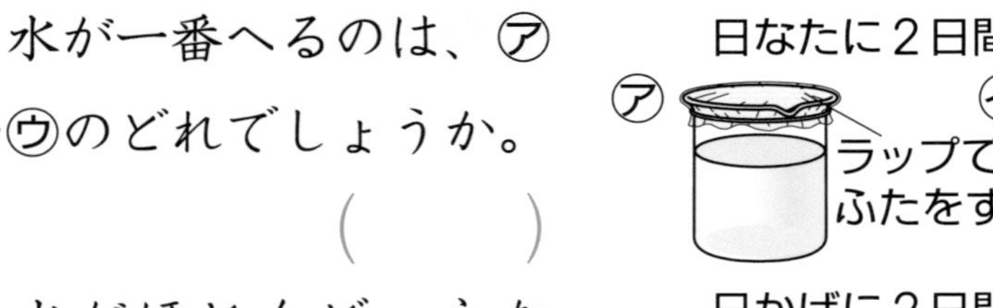

(1) 水が一番へるのは、㋐～㋒のどれでしょうか。
(　　)

(2) 水がほとんどへらなかったのは、㋐～㋒のどれでしょうか。(　　)

(3) 記述 ビーカーの水は、何になってどこへいったのでしょうか。
(　　)

4 9月20日の午後8時と午後9時に、夏の大三角の動きを観察します。

1つ5点(10点)

(1) 右の図は、9月20日午後8時に見えた夏の大三角のようすです。このようすを記録用紙に記入する方法として、**ア～ウ**のうち正しいものの(　　)に○をつけましょう。

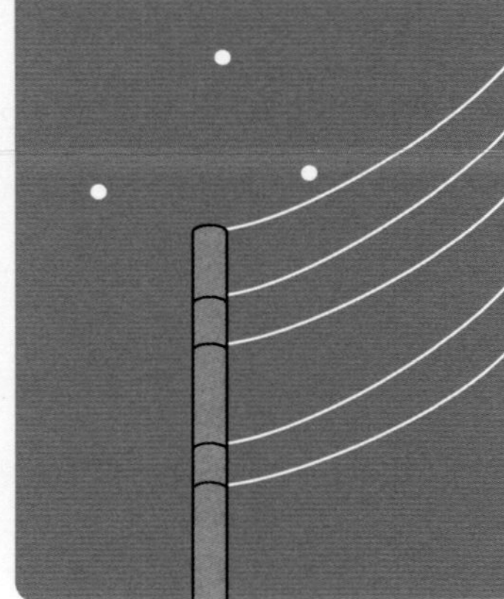

ア(　　)夏の大三角をつくる星だけを記入する。

イ(　　)夏の大三角をつくる星だけでなく、ほかの星も記入する。

ウ(　　)夏の大三角をつくる星だけでなく、電柱も記入しておく。

(2) 1時間後の午後9時に、夏の大三角を観察します。このとき観察する場所について、**ア～ウ**のうち正しいものの(　　)に○をつけましょう。

ア(　　)午後8時に観察したときと同じ場所で、観察する。

イ(　　)午後8時に観察したときとは別の場所で、観察する。

ウ(　　)午後8時のときと同じ位置に見える場所で観察する。

5 人の体が動くしくみを調べました。

1つ3点(15点)

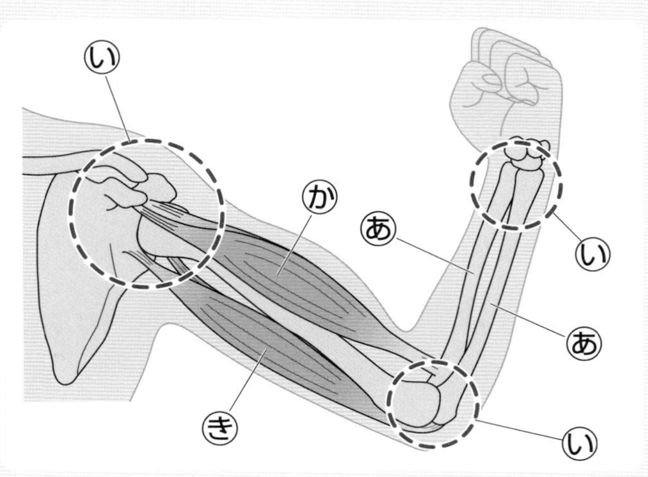

(1) ㋐は、かたくてじょうぶであり、㋑で2つの㋐がつながっています。㋐と㋑を、それぞれ何といいますか。

㋐(　　　　) ㋑(　　　　)

(2) ㋕や㋖は、外からさわると、㋐とくらべてやわらかくなっています。㋕や㋖のことを何といいますか。

(　　　　)

(3) 図のようにうでを曲げたときは、うでをのばしたときとくらべて、㋕と㋖はゆるんでいますか、それともちぢんでいますか。それぞれ書きましょう。

㋕(　　　　)

㋖(　　　　)

思考・判断・表現

6 冬の夜、東から南の空に、下の図のような星ざが見えました。

(1)、(2)は4点、(3)、(4)は6点(20点)

(1) 時間がたつと、この星ざは㋐～㋓のどの方向に動いていくでしょうか。(　　　　)

(2) 星ざをつくる星が動くにしたがって、星どうしのならび方はどうなるでしょうか。

(　　　　)

(3) 記述 この星ざをつくる星の色はどうなっているでしょうか。

(　　　　)

(4) 記述 この星ざをつくる星の明るさはどうなっているでしょうか。

(　　　　)

7 水を入れたビーカーの底にコーヒーの出しがらを入れ、その近くを下からアルコールランプで熱します。

(1)、(3)、(4)は4点、(2)は8点(20点)

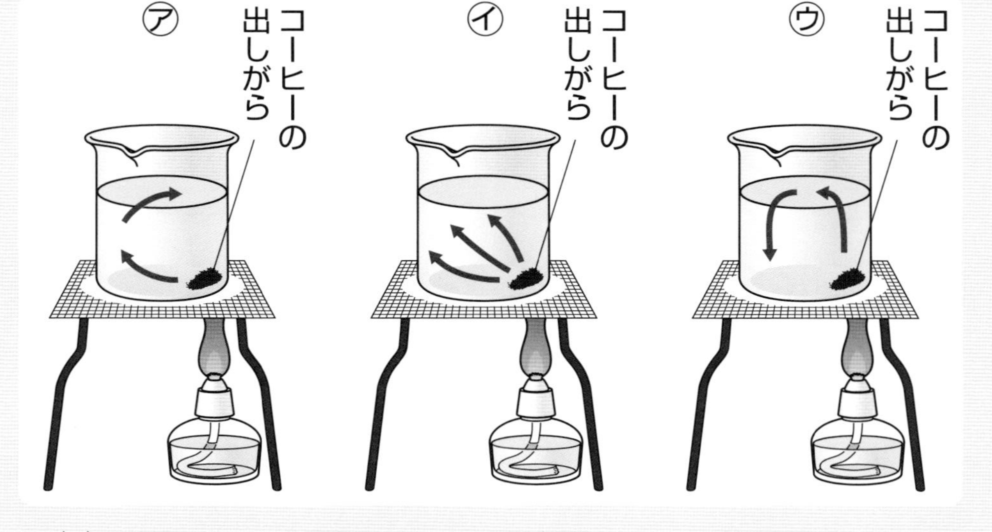

(1) コーヒーの出しがらはどのように動きますか。上の図の㋐～㋒のうち正しいものを選びましょう。

(　　　　)

(2) 記述 出しがらの動きから、何の動きがわかりますか。

(　　　　)

(3) ビーカーの底から水を熱したとき、冷たい水はどうなりますか。**ア～ウ**のうち正しいものの(　)に○をつけましょう。

ア(　) 冷たい水は上にあがる。

イ(　) 冷たい水は動かない。

ウ(　) 冷たい水は下にしずむ。

(4) 水の温まり方は、金ぞくや空気の温まり方とくらべてどうなっていますか。**ア～ウ**のうち、正しいものの(　)に○をつけましょう。

ア(　) 水の温まり方は金ぞくとも空気ともちがっている。

イ(　) 水の温まり方は金ぞくににているが、空気とはちがっている。

ウ(　) 水の温まり方は空気ににているが、金ぞくとはちがっている。

春のチャレンジテスト

教科書 146〜187ページ

月　日　名前

時間 40分

知識・技能	思考・判断・表現	ごうかく80点
／60	／40	／100

答え 46〜47ページ

知識・技能

1 冬の夜空を観察しました。

1つ3点(6点)

(1) 図に見られる、3つの星を結んでできる三角形のことを何といいますか。

(　　　　)

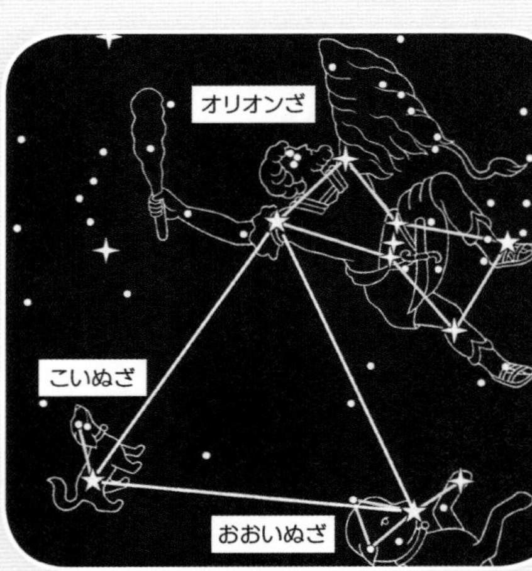

(2) 2時間後、同じ場所から夜空を観察しました。星の位置と、ならび方はどうなっていましたか。正しいものの(　)に○をつけましょう。

ア(　)星の位置もならび方も変わっていた。
イ(　)星の位置だけが変わっていた。
ウ(　)星のならび方だけが変わっていた。
エ(　)星の位置もならび方も変わっていなかった。

2 下の図は、こん虫が冬をこしているようすを表したものです。

1つ3点(15点)

㋐ 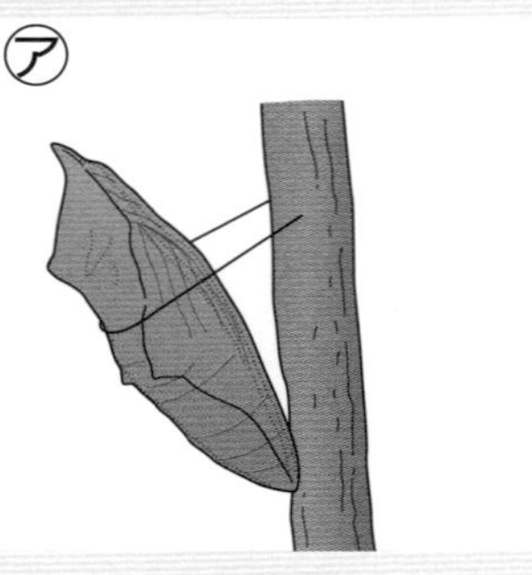

㋑  

㋒ 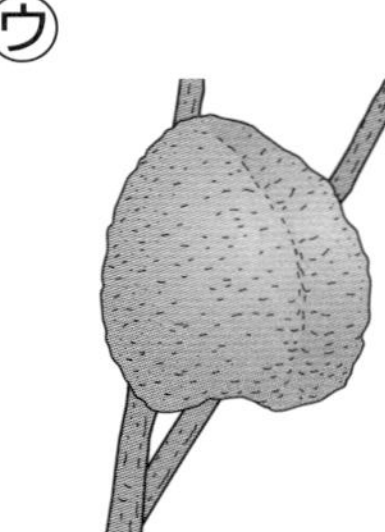 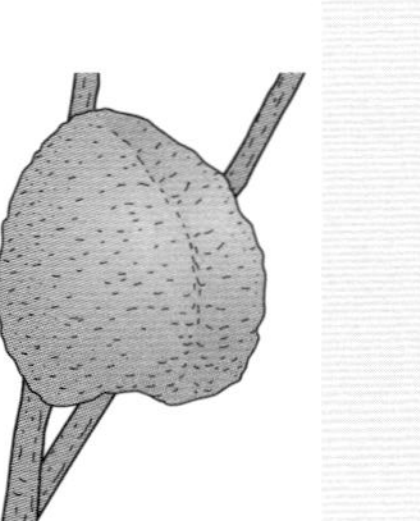

(1) ㋐〜㋒のこん虫の名前を、下の［　］の中から選び、書きましょう。

オオカマキリ　　アゲハ　　ナナホシテントウ

㋐(　　　　)
㋑(　　　　)
㋒(　　　　)

(2) 図の㋑は成虫です。㋐、㋒のすがたはそれぞれ何というでしょうか。

㋐(　　　　)
㋒(　　　　)

3 下の表は、それぞれの日の午前10時に記録した気温を表しています。また、下の㋐〜㋓の図は、サクラのえだを観察し、スケッチしたものです。どの時期に観察したものか整理します。表の(　)に、㋐〜㋓のうちあてはまるものを書きましょう。

1つ3点(12点)

日にち	気温	図
4月5日	15℃	(　)
7月5日	25℃	(　)
11月5日	13℃	(　)
1月5日	6℃	(　)

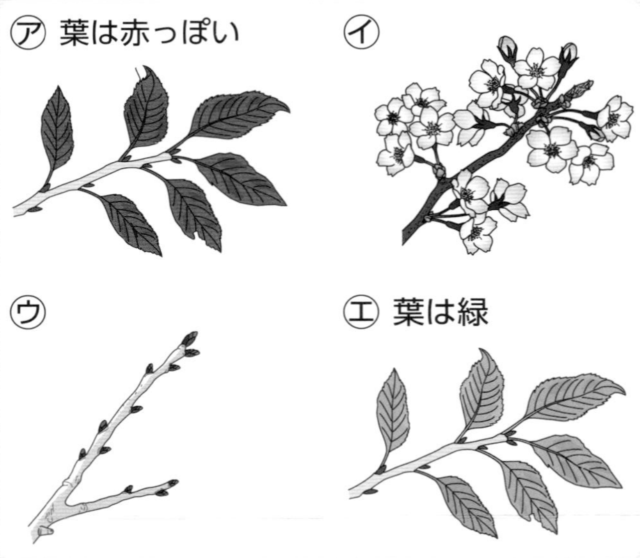

㋐ 葉は赤っぽい　㋑　㋒　㋓ 葉は緑

4 下の図のように、金ぞくのぼうを、アルコールランプで熱します。

1つ4点(12点)

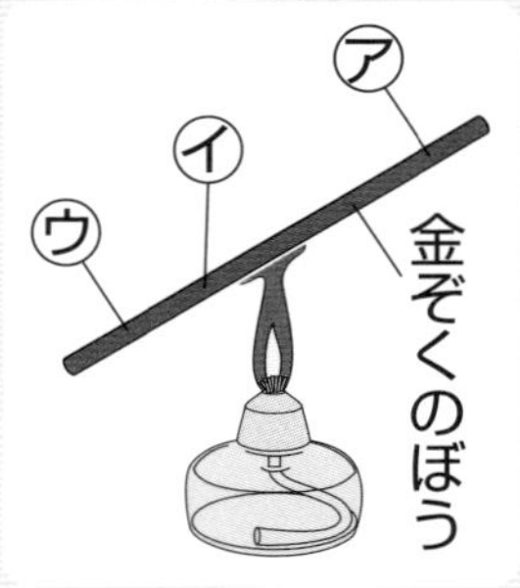

(1) アルコールランプのしんに火をつけます。ア〜ウのうち正しいものの(　)に○をつけましょう。

ア(　)ランプのしんの上の方から火を近づける。
イ(　)ランプのしんの横の方から火を近づける。
ウ(　)ランプのしんの下の方から火を近づける。

(図：㋐ ㋑ ㋒ 金ぞくのぼう)

(2) 金ぞくのぼうには、ろうをぬります。ろうをぬる理由を説明した下の文の(　)に、あてはまる言葉を書きましょう。

ろうが(　　　　)ことで、どこから金ぞくが温まるかがわかるから。

(3) 上の図のように、金ぞくのぼうをアルコールランプで熱しました。㋐〜㋒のうち一番速く温まる部分はどこでしょうか。(　　)

うらにも問題があります。

6 ものを温めたときの体積の変化を調べました。

各4点(12点)

(1) 丸底フラスコを温めたときの水面を表しているのは、㋐、㋑のどちらですか。

( )

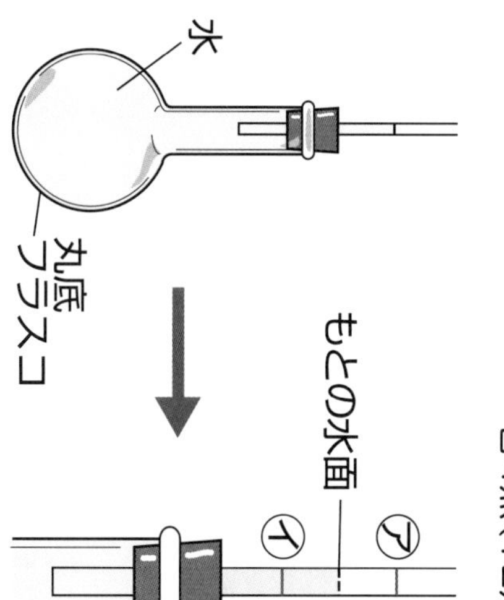

(2) 丸底フラスコの口に石けん水でまくを作りました。湯につけると、石けん水のまくはどうなりますか。㋒～㋕から正しいものを選び、□に○をつけましょう。

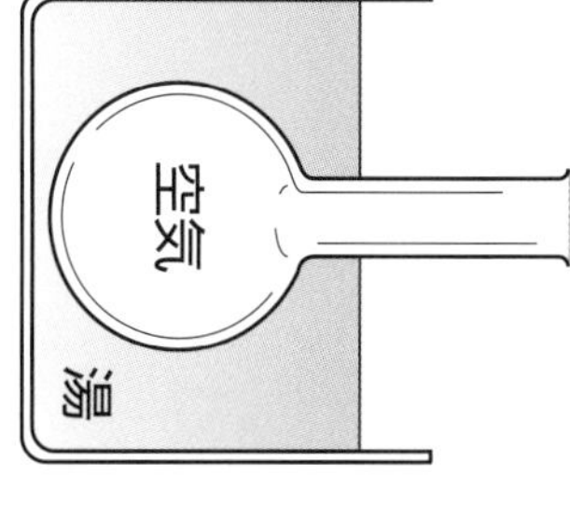

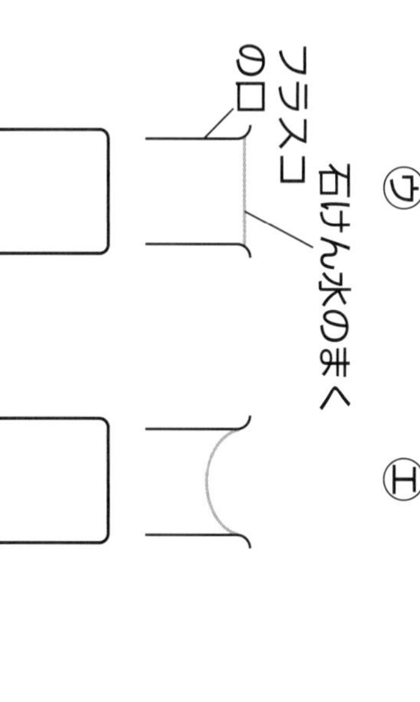

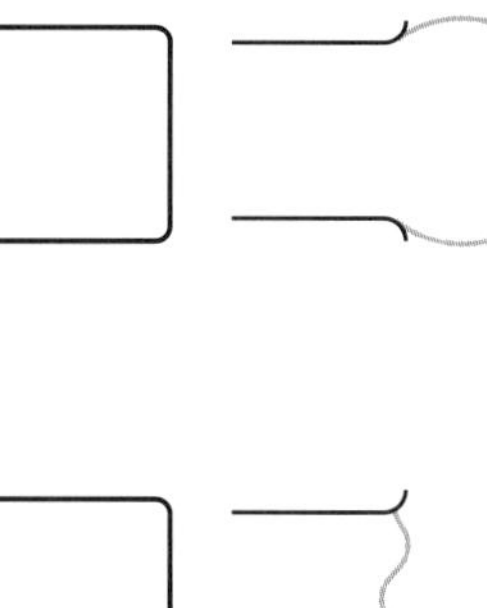

㋕

(3) 金ぞくを温めたとき、体積はどのように変化しますか。正しいものに○をつけましょう。

①( )大きくなる。　②( )小さくなる。

7 ものの温まり方を調べました。

各4点(12点)

(1) 右の図のように、試験管に水を入れて熱し、㋐が温かくなったので熱するのをやめました。5分後に一番温度が高いのは、㋐～㋒のどれですか。

( )

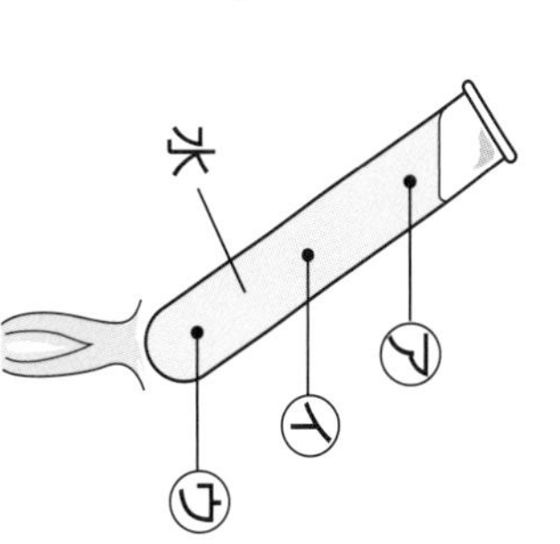
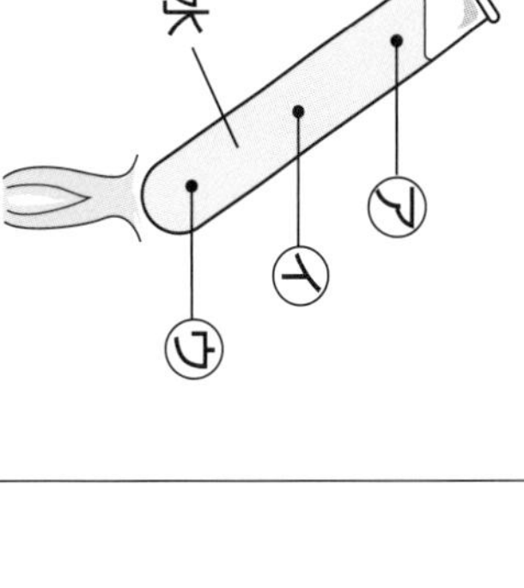

(2) 下の図のように、金ぞくのぼうにろうをたらし、ぼうの一部を熱しました。ろうがとけるのが一番おそい部分は、㋓～㋖のどれですか。

( )

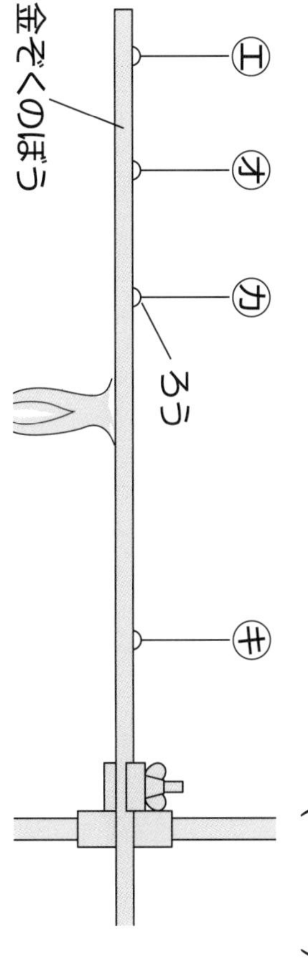

(3) 水と金ぞくの温まり方は、同じですか、ちがいますか。

( )

(切り取り線)

活用力をみる

8 自然の中をめぐる水を調べました。

各4点(16点)

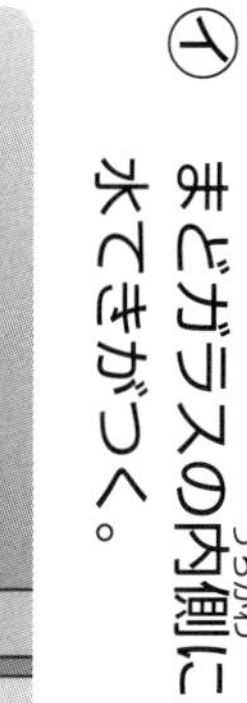

㋐ せんたく物がかわく。

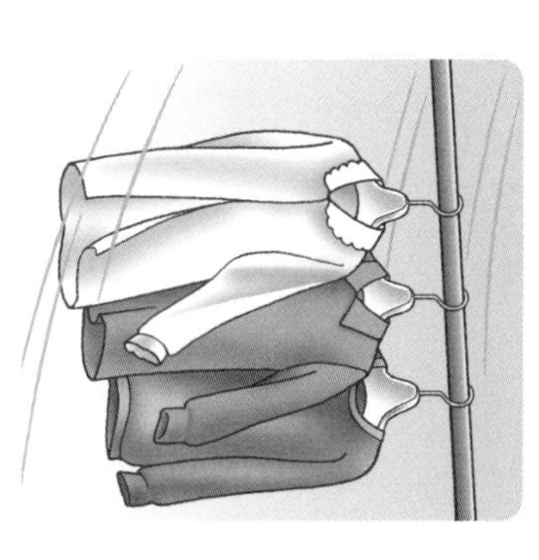

㋑ まどガラスの内側に水てきがつく。

(1) ㋐、㋑は、どのような水の変化ですか。あてはまる言葉を( )に書きましょう。

㋐ 水から( )への変化

㋑ ( )から( )への変化

(2) 雨がふって、地面に水が流れていました。地面を流れる水はどのように流れますか。正しいものに○をつけましょう。

①( )高いところから低いところに流れる。

②( )低いところから高いところに流れる。

9 身の回りの生き物の一年間のようすを観察しました。

各4点(8点)

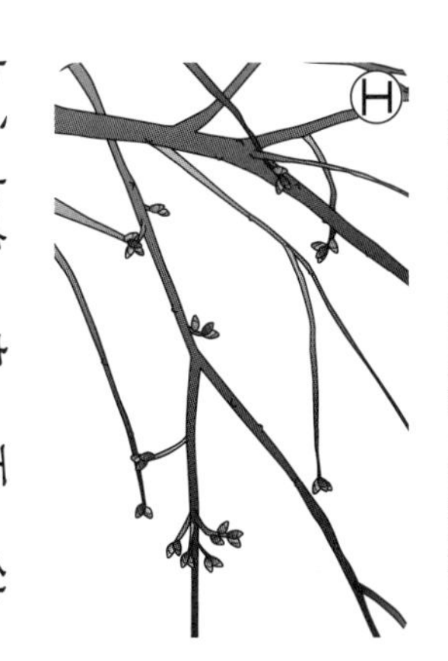

(1) ㋐～㋓のサクラの育つようすを、春、夏、秋、冬の順にならべましょう。

(㋑ → → →)

(2) オオカマキリが右のころのとき、サクラはどのようなようすですか。㋐～㋓から選び、記号で書きましょう。

( )

(切り取り線)

4年 理科のまとめ 学力しんだんテスト

月　日

名前

時間 40分

ごうかく80点　／100

答え 48〜49ページ

1 モーターを使って、電気のはたらきを調べました。

各4点(12点)

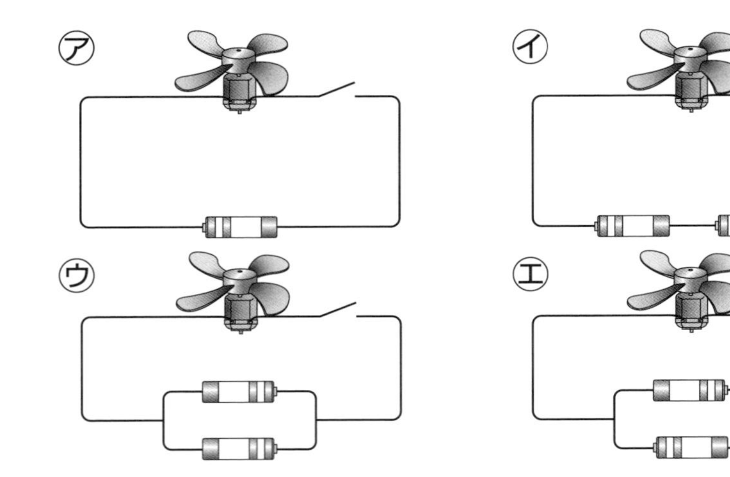

(1) ㋑、㋒のようなかん電池のつなぎ方を、それぞれ何といいますか。

㋑(　　　　)　㋒(　　　　)

(2) スイッチを入れたとき、モーターが一番速く回るものは、㋐〜㋓のどれですか。(　　)

2 ある1日の気温の変化を調べました。

各4点(16点)

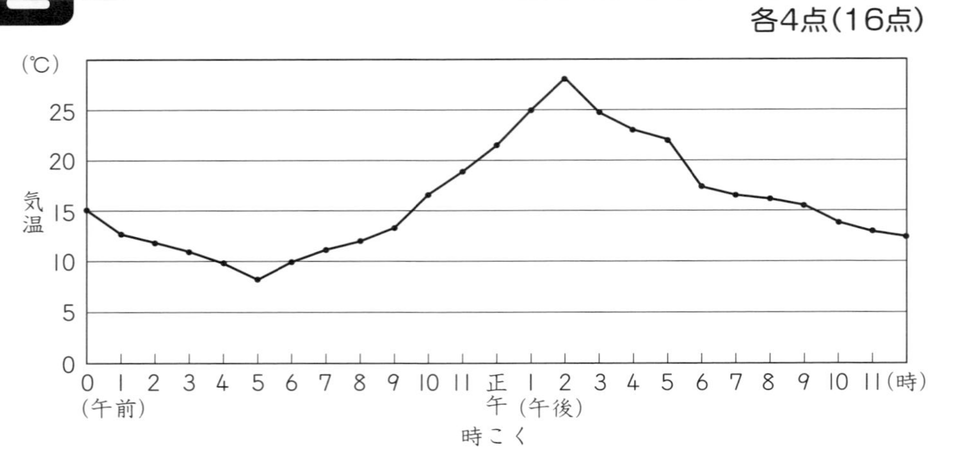

(1) この日に一番気温が高くなったのは何時ですか。

(　　　　)

(2) この日の気温が一番高いときと低いときの気温の差は、何℃ぐらいですか。正しいものに○をつけましょう。

①(　　)10℃ぐらい　②(　　)20℃ぐらい

(3) この日の天気は、①と②のどちらですか。正しいものに○をつけましょう。

①(　　)晴れ　②(　　)雨

(4) (3)のように答えたのはなぜですか。

(　　　　　　　　　　)

3 ある日の夜、はくちょうざを午後8時と午後10時に観察し、記録しました。

各4点(8点)

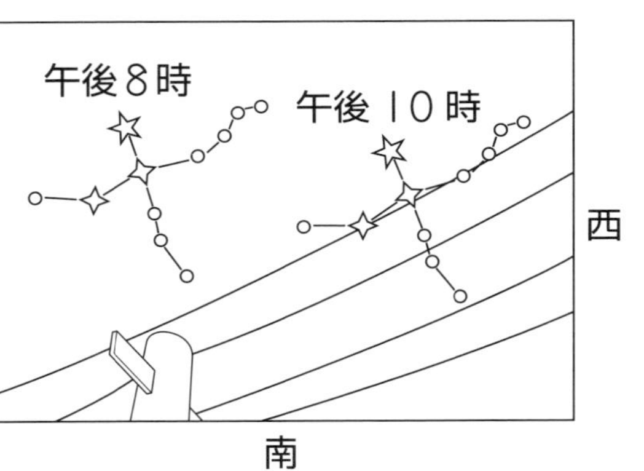

(1) さそりざのアンタレスは赤色の星です。はくちょうざのデネブも同じ色ですか。(　　　　)

(2) 時こくとともに、星ざの中の星のならび方は変わりますか、変わりませんか。(　　　　)

4 注しゃ器の先にせんをして、ピストンをおしました。

各4点(8点)

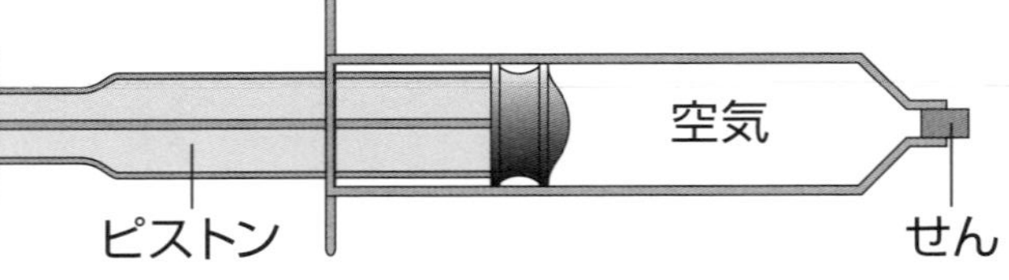

(1) 注しゃ器のピストンをおすと、空気の体積はどうなりますか。(　　　　)

(2) 注しゃ器のピストンを強くおすと、手ごたえはどうなりますか。正しいものに○をつけましょう。

①(　　)大きくなる。　②(　　)小さくなる。

5 うでのきん肉やほねのようすを調べました。

各4点(8点)

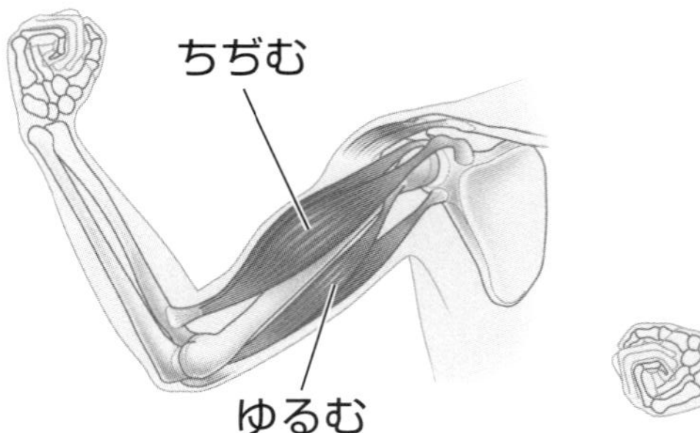

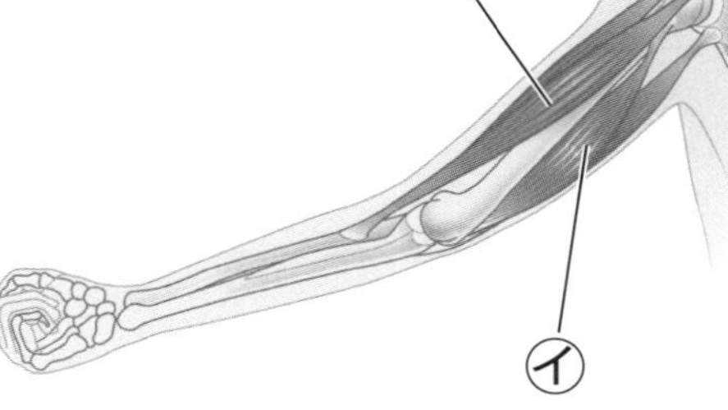

(1) うでをのばしたとき、きん肉がちぢむのは、㋐、㋑のどちらですか。(　　)

(2) ほねとほねがつながっている部分を何といいますか。(　　　　)

うらにも問題があります。

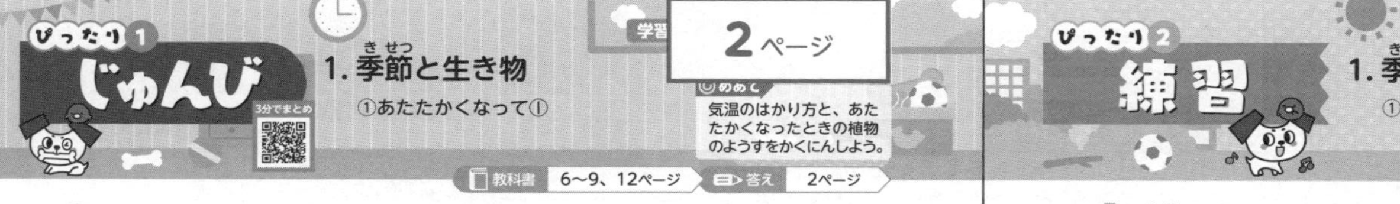

ぴったり1 じゅんび

1. 季節と生き物

①あたたかくなって①

めあて 気温のはかり方と、あたたかくなったときの植物のようすをかくにんしよう。

教科書 6〜9、12ページ　答え 2ページ

下の(　)にあてはまる言葉を書くか、あてはまるものを○でかこもう。

1 気温は何℃くらいだろうか。

教科書 6〜8、198ページ

▶地面から(① 0.1m〜0.3m ・(1.2m〜1.5m))くらいの高さではかる。
▶温度計のえきだめに、直せつ日光が(② 当たらない)ようにしてはかる。
▶温度計の目もりは、(③ 真横)から見て読む。

▶「16ど」と読み、(④ 16℃)と書く。
▶えきの先に近い下の目もりを読み、(⑤ 16℃)とする。
▶えきの先に近い上の目もりを読み、(⑥ 17℃)とする。

2 植物はどのように育っているだろうか。

教科書 8〜9、12ページ

▶観察記録のタイトルは大きく書き、日づけ、天気、気温は必ず記録する。
▶時間や日にちをおいて気温をはかるときは、同じ(① 場所)ではかる。
▶観察記録には、言葉以外にも(② 絵)や写真などを使い、わかりやすくかくようにする。
▶わかったことや気づいたことのほか、観察してぎ問に思ったこと、これからどうなるかの(③ 予想)なども書く。また、図かんなどで調べたことも書く。
▶春になると、葉が出たり、(④ 花)がさいたりする植物が多くなる。

サクラの花と葉
4月20日　晴れ　18℃(午前10時)　井上さとる
新しく出てきた葉
花びらが散った花
5cm
●観察した木はソメイヨシノ。
●葉は、花びらが散ってから出てきた。
●花になる芽と、葉になる芽がちがうことに気がついた。
●これから気温が高くなっていくので、葉が大きくなっていくと思う。

ここがだいじ！ ①春になるとあたたかくなり、葉が出たり、花がさいたりする植物が多くなる。

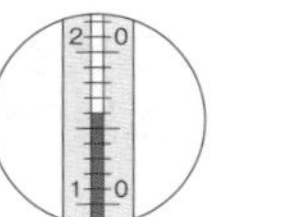
ぴたトリビア 植物が花をさかせるじょうけんには、気温の変化や夜の長さの変化なども関係しています。

ぴったり2 練習

1. 季節と生き物

①あたたかくなって①

教科書 6〜9、12ページ　答え 2ページ

1 気温をはかりました。

(1) 冬にくらべて、春の気温はどうなっているでしょうか。
(高くなっている。(あたたかくなっている。))

(2) 気温をはかるとき、地面から何mの高さの温度をはかりますか。ア〜ウのうち正しいものの(　)に○をつけましょう。
ア(　)0.2m〜0.5m
イ(○)1.2m〜1.5m
ウ(　)2m〜3m

(3) 気温をはかるとき、上の図のようにするのは、何が直せつ温度計のえきだめに当たらないようにするためでしょうか。
(日光)

2 サクラの木を観察しました。

(1) 春のサクラのようすについて、ア〜ウのうち正しいものの(　)に○をつけましょう。
ア(　)葉がすべて落ちる。
イ(○)花がさいて葉が出る。
ウ(　)花はさかずに葉が出る。

(2) 観察記録を書くときはどのようなことに注意しますか。ア〜エのうち正しいものの(　)2つに○をつけましょう。
ア(○)気温は同じ場所ではかって書きこむ。
イ(　)天気は記入しなくてもよい。
ウ(○)絵のかわりに写真を入れてもよい。
エ(　)記録には感じたことや予想は書かない。

(3) サクラの木のようすと気温との関係を調べます。ア〜ウのうち正しいものの(　)に○をつけましょう。
ア(　)春に1回だけ観察する。
イ(○)1年間を通して観察する。
ウ(　)あたたかい季節だけ観察する。

3ページ てびき

1 (3)気温をはかるときは、風通しのよい場所ではかります。このとき、温度計のえきだめに直せつ日光が当たると、正しい温度がはかれません。正しい温度をはかるには、下じきなどを日よけにして、温度計に直せつ日光が当たらないようにするとよいです。

2 (1)春になると、サクラ(ソメイヨシノ)は、花が先にさいて、花が散ってから葉が出てきます。
(2)時こくや場所によって、気温がちがうので、同じ時こくに同じ場所で気温をはかるようにします。観察の記録には、日づけ、天気、気温などを書き入れます。

おうちのかたへ
温度計は3年で学習していますが、気温や水温のはかり方は4年で学習します。気温のはかり方は、「2.1日の気温と天気」や5年の天気の学習でも使います。

おうちのかたへ 1. 季節と生き物
身の回りの生き物を観察して、動物の活動や植物の成長が季節によって違うことを学習します。季節ごとの生き物を観察し、動物の活動や植物の成長の変化や、環境との関わりを理解しているか、などがポイントです。ここでは春の生き物を扱います。

教科書ぴったりトレーニング

丸つけラクラクかいとう

学校図書版
理科４年

この「丸つけラクラクかいとう」は
とりはずしてお使いください。

「丸つけラクラクかいとう」では問題と同じ紙面に、赤字で答えを書いています。

①問題がとけたら、まずは答え合わせをしましょう。

②まちがえた問題やわからなかった問題は、てびきを読んだり、教科書を読み返したりしてもう一度見直しましょう。

おうちのかたへ では、次のようなものを示しています。

- 学習のねらいやポイント
- 他の学年や他の単元の学習内容とのつながり
- まちがいやすいことやつまずきやすいところ

お子様への説明や、学習内容の把握などにご活用ください。

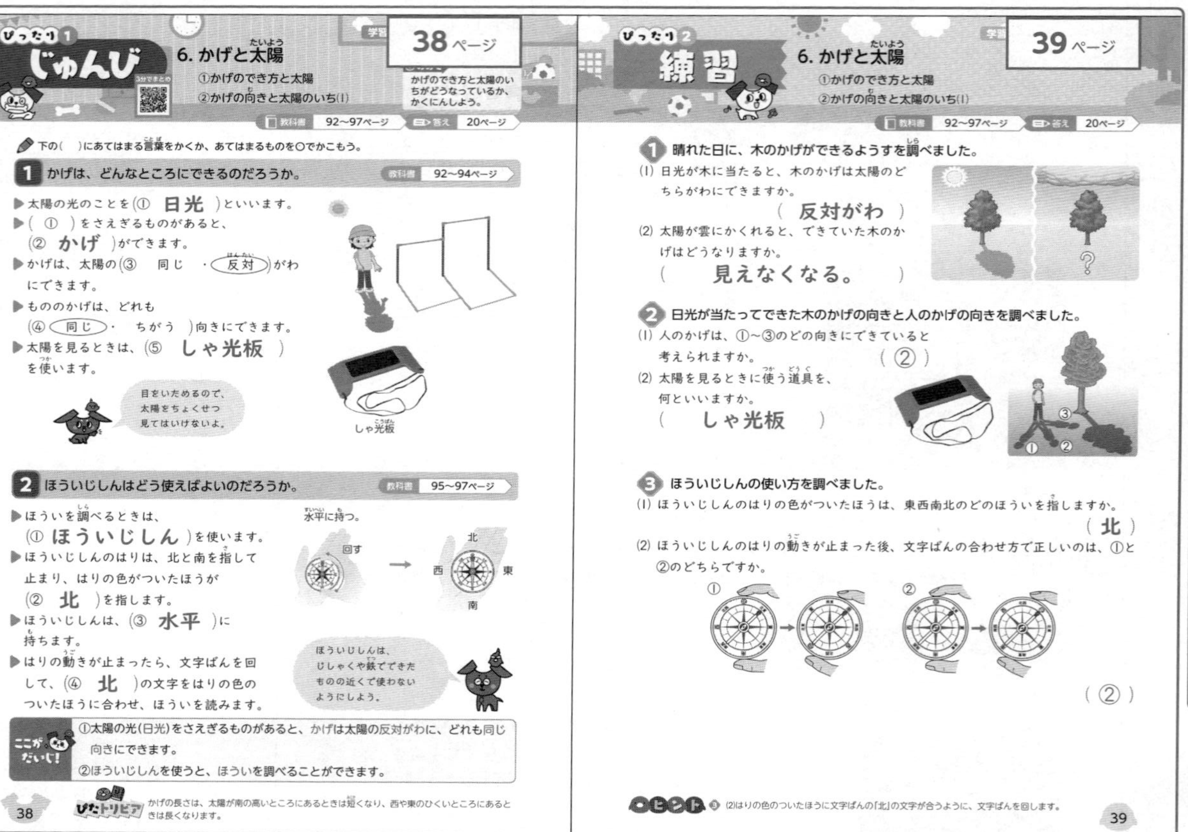

ぴったり1 じゅんび　6. かげと太陽　①かげのでき方と太陽　②かげの向きと太陽のいち(1)　38ページ

下の(　)にあてはまる言葉をかくか、あてはまるものを○でかこもう。

1 かげは、どんなところにできるのだろうか。　教科書 92～94ページ

- 太陽の光のことを(① 日光)といいます。
- (①)をさえぎるものがあると、(② かげ)ができます。
- かげは、太陽の(③ 同じ ・ 反対)がわにできます。
- もののかげは、どれも(④ 同じ ・ ちがう)向きにできます。
- 太陽を見るときは、(⑤ しゃ光板)を使います。

目をいためるので、太陽をちょくせつ見てはいけないよ。

2 ほういじしんはどう使えばよいのだろうか。　教科書 95～97ページ

- ほういを調べるときは、(① ほういじしん)を使います。
- ほういじしんのはりは、北と南を指して止まり、はりの色がついたほうが(② 北)を指します。
- ほういじしんは、(③ 水平)に持ちます。
- はりの動きが止まったら、文字ばんを回して、(④ 北)の文字をはりの色のついたほうに合わせ、ほういを読みます。

ほういじしんは、じしゃくや鉄でできたものの近くで使わないようにしよう。

ここがだいじ！ ①太陽の光(日光)をさえぎるものがあると、かげは太陽の反対がわに、どれも同じ向きにできます。②ほういじしんを使うと、ほういを調べることができます。

ぴたトリビア　かげの長さは、太陽が南の高いところにあるときは短くなり、西や東のひくいところにあるときは長くなります。

ぴったり2 練習　6. かげと太陽　①かげのでき方と太陽　②かげの向きと太陽のいち(1)　39ページ

1 晴れた日に、木のかげができるようすを調べました。

(1) 日光が木に当たると、木のかげは太陽のどちらがわにできますか。（ 反対がわ ）

(2) 太陽が雲にかくれると、できていた木のかげはどうなりますか。（ 見えなくなる。 ）

2 日光が当たってできた木のかげの向きと人のかげの向きを調べました。

(1) 人のかげは、①～③のどの向きにできていると考えられますか。（ ② ）

(2) 太陽を見るときに使う道具を、何といいますか。（ しゃ光板 ）

3 ほういじしんの使い方を調べました。

(1) ほういじしんのはりの色がついたほうは、東西南北のどのほういを指しますか。（ 北 ）

(2) ほういじしんのはりの動きが止まった後、文字ばんの合わせ方で正しいのは、①と②のどちらですか。（ ② ）

ヒント ③(2)はりの色のついたほうに文字ばんの「北」の文字が合うように、文字ばんを回します。

39ページ　てびき

❶ (1)かげは太陽の反対がわにできます。
(2)日光をさえぎるものがあると、かげができます。日光が当たらなければ、かげはできません。

❷ (1)かげはどれも同じ向きにできるため、人のかげは木のかげと同じ向きにできます。
(2)目をいためるので、ぜったいに太陽をちょくせつ見てはいけません。

❸ (1)ほういじしんのはりの色がついたほうは、北を向いて止まります。
(2)ほういじしんのはりの動きが止まってから、文字ばんを回して、「北」の文字をはりの色のついたほうに合わせます。

おうちのかたへ　6. かげと太陽
日光により影ができること、太陽が動くと影も動くこと、日なたと日かげではようすが違うことを学習します。太陽と影(日かげ)との関係が考えられるか、日なたと日かげの違いについて考えることができるか、などがポイントです。

見やすい答え

おうちのかたへ

くわしいてびき

※紙面はイメージです。

ぴったり1 じゅんび

1. 季節と生き物

①あたたかくなって②

4ページ

めあて あたたかくなったときの動物のようす、ヘチマの育て方をかくにんしよう。

教科書 10～15ページ　答え 3ページ

下の（　）にあてはまる言葉を書くか、あてはまるものを〇でかこもう。

1 春の動物の活動のようすは、どう変わってきただろうか。 教科書 10～12ページ

▶あたたかくなると、南の方から、ツバメがやってきて、屋根の下などに（① **巣** ）をつくり、（② **たまご** ）を産む。

▶池には、アマガエルの（③**おたまじゃくし**）がたくさん泳いでいるようすが見られる。

▶野原では、オオカマキリが（④ **たまご** ）からかえるようすや、たまごを産むナナホシテントウを見ることができる。

▶右の写真のこん虫は（⑤ **アゲハ** ）であり、花の（⑥ **みつ** ）をすっている。このこん虫は、サンショウの葉に（⑦ **たまご** ）を産みつける。

2 ヘチマの1年間の育ち方を調べるにはどうすればよいだろうか。 教科書 13～14ページ

▶ヘチマの育ち方

・（①**たね** ）をまいた。 ・（②**芽(子葉)**）が出た。 ・（③ **葉** ）が3まいになった。 ・土ごと植えかえをした。

▶葉が（④ (3～5) ・ 8～10 ）まいになったら、花だんに植えかえ、ささえのぼうを立てる。

▶くきの（⑤ **長さ** ）や気温をはかり、植物の成長と気温との関係を続けて調べていく。

ここがだいじ！ ①春になるとあたたかくなり、こん虫などの動物の活動が活発になってくる。

ぴたトリビア ヘチマとヒョウタンは、どちらもウリ科という植物のなかまです。スイカやカボチャも同じウリ科のなかまです。

ぴったり2 練習

1. 季節と生き物

①あたたかくなって②

5ページ

教科書 10～15ページ　答え 3ページ

1 春の動物のようすを調べました。

(1) 右の図は、オオカマキリのようすを絵にかいたものです。春のようすは、㋐、㋑のどちらでしょうか。

（ ㋐ ）

(2) 次のア～ウの文のうち、春のようすについて書いてあるものの（　）に〇をつけましょう。

ア（　）カブトムシがたまごを産んでいた。
イ（〇）ツバメが巣をつくっていた。
ウ（　）冬のころよりも、さかんに活動しているこん虫の数がへった。

2 ヘチマのたねを育てました。

(1) ヘチマの観察や育て方について、ア～エのうち正しいものの（　）2つに〇をつけましょう。

ア（　）観察を続けるとき、気温をはかる時こくは同じでなくてよい。
イ（〇）ポットにたねをまき、少し育ったら、花だんに植えかえる。
ウ（　）花だんに植えかえるときは、根についた土をしっかり落とす。
エ（〇）花だんに植えかえたら、ささえのぼうを立てる。

(2) ヘチマの植えかえをするとよい時期はいつでしょうか。㋐～㋓のうち、正しいものを選びましょう。

（ ㋒ ）

㋐　㋑　㋒　㋓

ヒント ❷ (2)ポットにたねをまいたヘチマは、葉が3～5まいになったら、花だんなどに植えかえます。

5ページ てびき

❶ (1)春には、オオカマキリのよう虫がたまごからかえるようすが観察できます。
(2)カブトムシは、春にはよう虫からさなぎになっています。ツバメは、南の方からやってきて、巣をつくり、たまごを産みます。

❷ (1)根をいためないように土ごと植えかえます。
(2)葉が3～5まいになったときに植えかえます。

おうちのかたへ
生き物を観察するときは、毒をもつ動物や、さわるとかぶれる植物もいるので、やたらにさわらないように注意させてください。

1. 季節と生き物

6ページ

/100 合格70点

教科書 6~15ページ　答え 4ページ

よく出る

1 ヘチマを育てて、成長のようすを調べます。

1つ10点(30点)

(1) ヘチマのたねは、㋐~㋒のどれでしょうか。　(㋑)

㋐

㋑

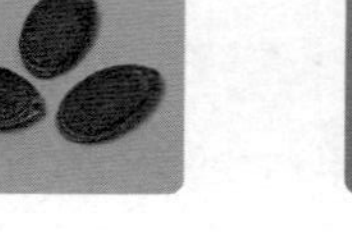

㋒

(2) 植えかえをするとよい時期はいつでしょうか。ア~ウのうち正しいものの( )に〇をつけましょう。

ア(　)芽が出たころ
イ(〇)葉が3~5まい出たころ
ウ(　)葉が6~8まい出たころ

(3) 右の図のささえのぼうに目もりがついています。これは何をはかるためでしょうか。

(くきの長さ)

目もり

2 気温をはかりました。

技能 (1)は8点、(2)は14点(22点)

(1) 次のア、イは、冬のころと春のころの晴れた日に、同じ場所、同じ時こくに気温をはかった記録です。ア、イのうち春のころの気温の( )に〇をつけましょう。

ア(　)5℃
イ(〇)16℃

(2) 記述 図の気温のはかり方はまちがっています。どのように直せば、正しい気温がはかれるでしょうか。　思考・表現

(温度計のえきだめに、直せつ日光が当たらないようにする。)

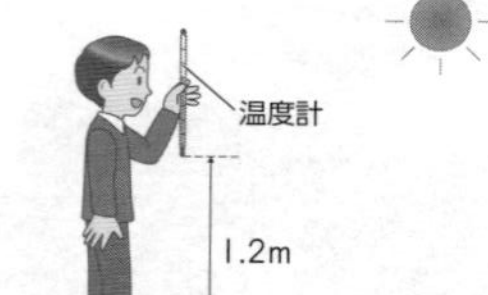

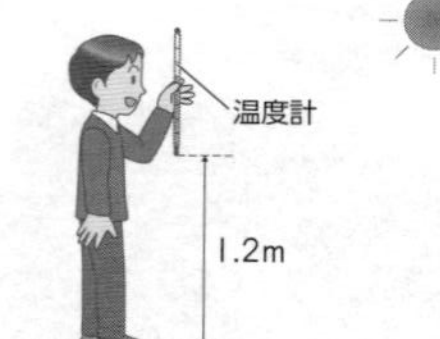

7ページ

3 中川さんはツバメを観察して記録しました。この記録について、ア~エのうち正しいものの( )2つに〇をつけましょう。

技能 1つ10点(20点)

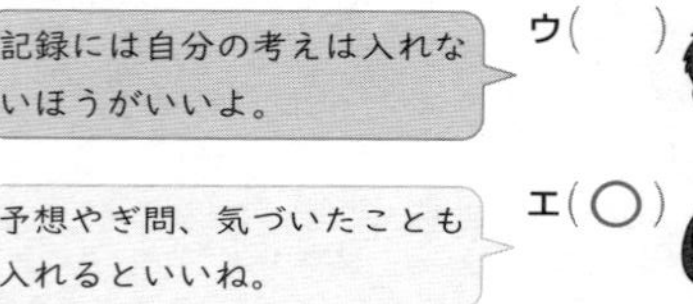

観察した日づけを入れないといつの記録かわからないね。　ア(〇)

絵はまわりの景色をもっと入れたほうがいいね。　イ(　)

記録には自分の考えは入れないほうがいいよ。　ウ(　)

予想やぎ問、気づいたことも入れるといいね。　エ(〇)

てきたらスゴイ!

4 春のころのこん虫や鳥のようすを調べました。

1つ7点(28点)

(1) 右の写真は、春のころのアゲハのようすです。アゲハは何をすっているでしょうか。

((花の)みつ)

(2) 春のころのナナホシテントウのようすで、ア~ウのうち正しいものの( )に〇をつけましょう。

ア(　)土の中で活動している。
イ(　)石の下で動かないでじっとしている。
ウ(〇)たまごを産んでいる。

(3) 春に見られるオオカマキリは、よう虫と成虫のどちらでしょうか。

(よう虫)

(4) 春になると、校庭や野原で見られるこん虫や鳥の種類の数は、冬とくらべて多くなるでしょうか、少なくなるでしょうか。

(多くなる。)

ふりかえり
2(2)がわからないときは、2ページの1にもどってかくにんしましょう。
4(1)がわからないときは、4ページの1にもどってかくにんしましょう。

6~7ページ　てびき

1 (1)㋐はツルレイシ、㋒はヒョウタンのたねです。
(2)、(3)ヘチマを植えかえるときは、まきひげがまきつきやすいようにささえのぼうを立てます。ぼうにはくきの長さをはかるために目もりをつけておきます。

2 (1)春は、冬よりも気温が高くなります。
(2)問題の図のように、温度計のえきだめに直せつ日光が当たっていると、正しい温度がはかれません。

3 記録には、観察した日づけや天気、気温を入れます。気づいたことや自分の考えは入れますが、観察したことと関係ないことは書かないようにします。

4 (1)アゲハの成虫のえさは、花のみつです。アゲハのよう虫のえさは、サンショウなどの葉で、アゲハの成虫は、サンショウの葉にたまごを産みつけます。
(2)冬のころのナナホシテントウは、かれ葉の下でじっとしていますが、春になるとたまごを産みます。
(4)気温が高くなると、こん虫や鳥などの活動がさかんになり、校庭や野原で多く見られるようになります。

8ページ

2. 1日の気温と天気

①1日の気温の変化
②1日の気温の変化と天気

めあて 天気によって1日の気温の変化にちがいがあることをかくにんしよう。

教科書 16~25ページ　答え 5ページ

下の(　)にあてはまる言葉を書くか、あてはまるものを○でかこもう。

1 晴れの日の1日の気温は、どのように変化するだろうか。 教科書 18~19ページ

▶1日の気温がどのように変化するかを調べるときには、いつも(① 同じ)場所で気温をはかる。

▶晴れの日の1日の気温は、朝や夕方には(② 低)く、昼すぎに(③ 高)くなる。

(④ 予想)
(⑤ 結果)

右の記録ノートの④・⑤にあてはまる言葉を書こう。

4/20 晴れの日の1日の気温の変化

時こく	気温
午前 9時	15℃
10時	17℃
11時	19℃
正午	21℃
午後 1時	22℃
2時	22℃
3時	18℃

▶右のグラフのように、点を(⑥ 直線 ・曲線)で結んだ形のグラフを折れ線グラフという。

▶折れ線グラフで表すと、気温などの(⑦ 変化)のようすがわかりやすい。

晴れの日の1日の気温の変化 4月20日

2 雨の日の1日の気温は、どのように変化するだろうか。 教科書 20~23ページ

雨の日の1日の気温の変化　　晴れの日の1日の気温の変化

▶雨の日の1日の気温の変化は、晴れの日の1日の気温の変化とくらべて、変化が(① 小さい(少ない))。

▶くもりの日の1日の気温の変化は、(② 雨)の日とにている。

ここがだいじ! ①晴れの日の1日の気温は、朝や夕方は低く、昼すぎに高くなる。
②雨の日の1日の気温の変化は、晴れの日の気温の変化とくらべて小さい。

ぴたトリビア 晴れの日は、日光をさえぎる雲が少ないため、空気や地面はよくあたためられます。よくあたためられた地面が、さらに空気をあたためるため、晴れの日は気温の変化が大きくなります。

9ページ

2. 1日の気温と天気

①1日の気温の変化
②1日の気温の変化と天気

教科書 16~25ページ　答え 5ページ

1 晴れの日と雨の日の1日の気温の変化を調べました。

(1) 右のグラフのうち、晴れの日の1日の気温の変化を表しているのは、㋐、㋑のどちらでしょうか。
(㋑)

(2) (1)では、なぜそう答えましたか。そう答えた理由を書きましょう。
(1日の気温の変化が大きいから。(グラフが山のような形になっているから。))

(3) 右のグラフのように、点を直線で結んだグラフを何というでしょうか。
(折れ線グラフ)

(4) 右のグラフはどのようなものを表すのに便利ですか。下の(　)にあてはまる言葉を書きましょう。
気温などの(変化)のようすを表すのに便利。

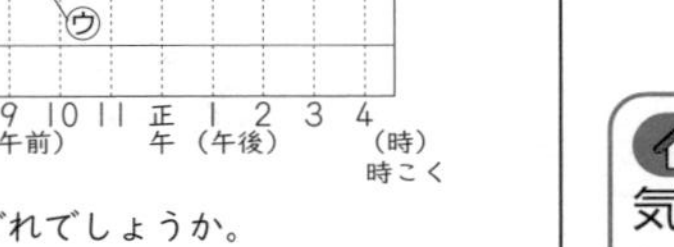

2 晴れの日、くもりの日、雨の日の1日の気温の変化のようすをまとめました。

(1) 気温をはかる場所について、ア~ウのうち正しいものの(　)に○をつけましょう。
ア(○)いつも同じ場所ではかる。
イ(　)天気によってはかる場所を変える。
ウ(　)時間によってはかる場所を変える。

(2) ㋐のグラフで、気温が最も高くなっているのは、何時ごろでしょうか。
(午後2時ごろ)

(3) 晴れの日の1日の気温の変化を表すグラフは㋐~㋒のどれでしょうか。
(㋐)

(4) 1日の気温の変化が最も大きいのは、晴れの日、くもりの日、雨の日のどれでしょうか。
(晴れの日)

ヒント 2 (3)晴れの日の1日の気温の変化のグラフのようすは、山のような形になります。

9ページ てびき

1 (1)、(2)晴れの日の気温は、日の出ごろに最も低くなり、昼すぎに最も高くなり、夕方になると低くなっていきます。晴れの日の1日の気温の変化を折れ線グラフに表すと、昼すぎごろが高くなった山のような形になります。

2 (3)、(4)晴れの日は、1日の気温の変化が大きくなります。しかし、くもりや雨の日は、晴れの日にくらべて気温の変化は小さくなります。これは、くもりや雨の日には、日光が雲にさえぎられて、地面があたたまりにくいからです。

おうちのかたへ
気温をはかり、記録した結果を折れ線グラフに表します。算数で学習した、折れ線グラフの作成のしかたを表現できるか確認ください。

おうちのかたへ　2. 1日の気温と天気
天気によって1日の気温の変化のしかたに違いがあることを学習します。天気や気温を調べることができるか、晴れの日とくもりや雨の日での気温の変化のしかたに違いがあることを理解しているか、などがポイントです。

2. 1日の気温と天気

10ページ

/100 合格70点

教科書 16〜25ページ　答え 6ページ

1 晴れの日、くもりの日、雨の日の１日の気温の変化のようすをまとめました。

1つ5点(40点)

(1) 気温のはかり方について、次の{ }のうち、正しいほうの( )に○をつけましょう。

気温をはかるときは、風通しが①{ア(○)よい　イ(　)わるい}場所で、えきだめに直せつ日光が②{ア(　)当たる　イ(○)当たらない}ようにしてはかる。温度を読むときは、えきの先の目もりを③{ア(　)ななめ　イ(○)真横}から読む。

(2) 右の写真は気温を正しくはかるためにつくられたものです。これを何というでしょうか。（ **百葉箱** ）

(3) 次の( )にあてはまる言葉を書きましょう。

晴れの日の１日の気温は、朝から昼すぎにかけて(① **高く**)なり、右のグラフでは(② **午後2時**)ごろが最も高い。その後、夕方になるにつれて、気温は(③ **低く**)なっている。

(4) １日の気温の変化が最も大きいのは、晴れの日、くもりの日、雨の日のどれでしょうか。

（ **晴れの日** ）

2 作図 ある日の気温を表にしました。折れ線グラフで表しましょう。

技能 (20点)

時こく	気温
午前９時	21℃
午前10時	22℃
午前11時	24℃
正午	26℃
午後１時	27℃
午後２時	28℃
午後３時	27℃
午後４時	25℃

11ページ

できたらスゴイ!

3 ある日の気温の変化のようすをグラフに表しました。この日は、１日のうちで、天気が変わっていきました。

1つ5点(20点)

(1) この日の最高気温(その日のうちで最も高い気温)は何℃ですか。ア〜ウのうち正しいものの( )に○をつけましょう。

ア(　)およそ11℃　イ(○)およそ17℃
ウ(　)およそ23℃

(2) この日の最高気温は何時ごろに記録しましたか。ア〜ウのうち正しいものの( )に○をつけましょう。

ア(○)午前11時ごろ　イ(　)正午ごろ　ウ(　)午後２時ごろ

(3) この日の気温の変わり方は、晴れの日の気温の変わり方とにていますか。にていませんか。（ **にていない。** ）

(4) この日の天気は、どのように変わっていったと考えられますか。ア〜ウのうちあてはまるものの( )に○をつけましょう。

ア(○)昼近くまでは晴れていたが、午後からしだいに雲が多くなり、夕方には雨がふりだした。

イ(　)午前中は雨がふっていたが、午後から晴れてきた。

ウ(　)午後２時ごろまでは晴れていたが、午後２時ごろ急に雨がふってきた。雨はすぐにやんで、夕方にはふたたび晴れた。

4 雨の日と晴れの日の１日の気温の変化をグラフに表しました。

1つ10点(20点)

(1) 晴れの日を表すグラフは、㋐、㋑のどちらでしょうか。（ ㋑ ）

(2) 記述 (1)で、そのグラフが晴れの日の気温の変化を表すと考えた理由を書きましょう。 思考・表現

（ **㋑の方が、１日の気温の変化が大きいから。** ）
(グラフが山のような形になっているから。)

ふりかえり
2がわからないときは、8ページの1にもどってかくにんしましょう。
4がわからないときは、8ページの2にもどってかくにんしましょう。

10〜11ページ　てびき

1 (2)百葉箱は、はかる高さ、風通し、温度計のえきだめに直せつ日光が当たらないなどのじょうけんをそなえています。中には記録温度計が入っています。

(3)晴れの日の１日の気温の変化は、朝は低く、昼すぎに高く、夕方に低くなるという山のような形になります。

2 表にまとめられた結果をもとに、それぞれの時こくの気温を表す点を打ちます。このとき、たてと横の目もりをよく見てまちがえないようにしましょう。それから、点をじゅんに直線で結びます。

3 (1)、(2)グラフから、この日の最高気温はおよそ17℃で、最高気温になったのは午前11時ごろとわかります。
(3)晴れの日は昼すぎごろの気温が最も高くなりますが、観察した日は午前11時ごろの気温が最も高くなっているので、ちがいます。

4 (1)、(2)晴れの日の１日の気温は、雨の日にくらべて変化が大きいです。

ぴったり1 じゅんび

3. 空気と水

①とじこめた空気のせいしつ

12ページ

めあて とじこめた空気をおすと、中の空気はどうなるかをかくにんしよう。

教科書 26〜31ページ　答え 7ページ

下の(　)にあてはまる言葉を書くか、あてはまるものを○でかこもう。

1 空気をとじこめたふくろをおすと、どうなるだろうか。 教科書 26〜30ページ

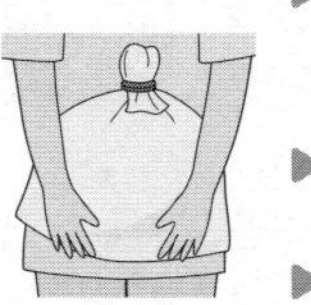

▶空気をとじこめたふくろを図のようにおすと、ふくろは(① へこみ)、おし返されるような感じがする。
▶空気をとじこめたふくろをおすのをやめると、ふくろは(② 元にもどる)。
▶とじこめた空気は、強くおすと元にもどろうとする力が(③ 大きく)なる。

①、②には、ふくろのようすを書こう。

2 とじこめた空気をおすと、中の空気はどうなるだろうか。 教科書 28〜31ページ

▶図のように、つつに空気をとじこめて、おしぼうをおすと、空気の体積(たいせき)は(① 小さく)なって、手ごたえは(② 大きく)なる。
▶おしぼうをおした後、おしぼうをぬくと、上の玉は(③ (上がる)・下がる・そのまま動かない)。これは、おされた空気が(④ 元にもどろうとする)からである。 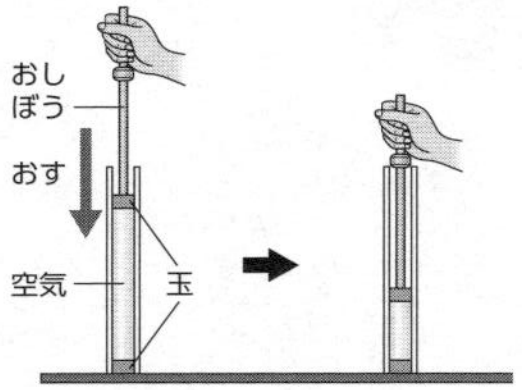
▶空気でっぽうでは、おしちぢめられた(⑤ 空気)が元にもどろうとする力により、いきおいよくつつから玉が飛(と)び出す。

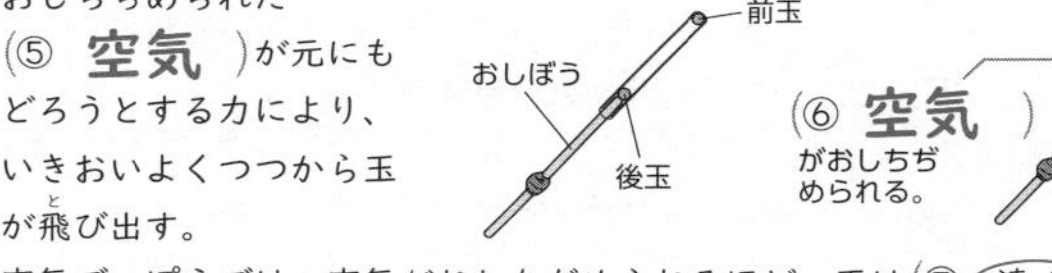

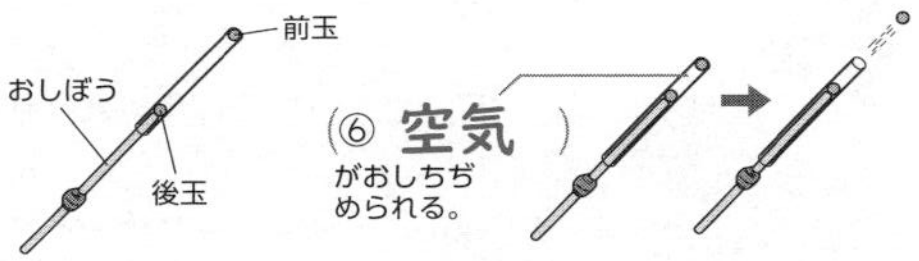

▶空気でっぽうでは、空気がおしちぢめられるほど、玉は(⑦ (遠く)・近く)へ飛ぶ。

ここがだいじ!
①空気をとじこめておすと、空気はちぢんで、体積が小さくなる。
②空気は体積が小さくなるほど、元にもどろうとする力が大きくなる。

ぴたトリビア 自転車や自動車では、空気入りのタイヤを使うことで、地面からのしんどうやしょうげきが伝わるのをやわらげています。

ぴったり2 練習

3. 空気と水

①とじこめた空気のせいしつ

13ページ

教科書 26〜31ページ　答え 7ページ

1 つつに空気をとじこめて、空気のせいしつを調べます。

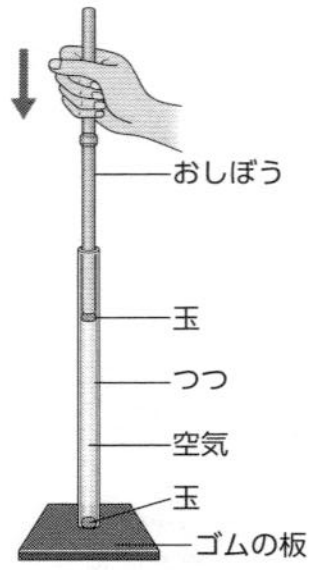

(1) おしぼうをおすと、とじこめた空気はどうなりますか。
ア、イのうち正しいものの(　)に○をつけましょう。
ア(○)おしちぢめることができるので、体積(たいせき)が小さくなる。
イ(　)おしちぢめることができないので、体積が変(か)わらない。

(2) おしぼうをさらにおすと、手ごたえはどうなりますか。
ア、イのうち正しいものの(　)に○をつけましょう。
ア(　)手ごたえは変わらない。
イ(○)手ごたえは大きくなる。

(3) おしぼうをおしてから、おしぼうをぬくと、上の玉の位置(いち)が上がりました。これはなぜですか。
((おしちぢめられた)空気が元にもどろうとするから。)

2 空気でっぽうで玉を飛(と)ばします。

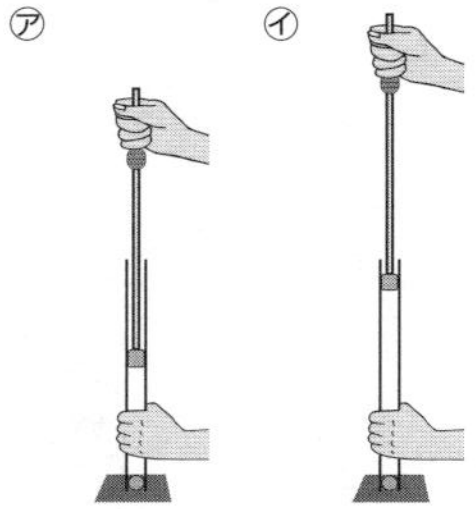

(1) 上の㋐、㋑を、右の図のようにして、おしぼうでおして手ごたえをくらべるとどうなりますか。ア〜ウのうち正しいものの(　)に○をつけましょう。
ア(　)㋐の方が手ごたえが大きい。
イ(○)㋑の方が手ごたえが大きい。
ウ(　)㋐と㋑の手ごたえはほぼ同じ。

(2) ㋐と㋑では、どちらの方が玉が遠くへ飛ぶでしょうか。
(㋑)

13ページ てびき

❶ 空気はおしちぢめることができるので、おしぼうをおすと体積(たいせき)は小さくなり、手ごたえは大きくなります。

❷ (1)つつにとじこめた空気の体積が大きいほど、おしたときの手ごたえが大きくなります。
(2)空気の元にもどろうとする力が大きいほど、空気でっぽうの玉は遠くへ飛(と)ばされます。

おうちのかたへ
空気の性質を利用したものにはタイヤ、気ほうシート、ボールなど身の回りにたくさんあります。これらがどのように役立てられているか気づくように指導してください。

おうちのかたへ　3. 空気と水
空気や水を押したときの現象について学習します。閉じこめた空気を押すと体積が小さくなって押し返す力が大きくなること、閉じこめた水は押し縮められないことを理解しているか、などがポイントです。

ぴったり1
じゅんび
学習
14ページ
めあて
とじこめた水をおすと中の水はどうなるか、空気とくらべてかくにんしよう。

3. 空気と水
②空気と水のせいしつ

教科書 32〜37ページ　答え 8ページ

下の(　)にあてはまる言葉を書こう。

1 とじこめた空気や水をおすと、どうなるだろうか。　教科書 32〜34ページ

▶空気を、注しゃ器に入れて、図のようにしてピストンをおすと、空気の体積は(① 小さく)なって、手ごたえは(② 大きく)なる。
▶ピストンから手をはなすと、空気の体積は、おす前と(③ 同じ)になる。
▶水を、注しゃ器に入れて、図のようにしてピストンをおすと、水の体積は、空気とちがって、変化(④ しない)。
▶水の場合、ピストンから手をはなしても、ピストンの位置は変化(⑤ しない)。

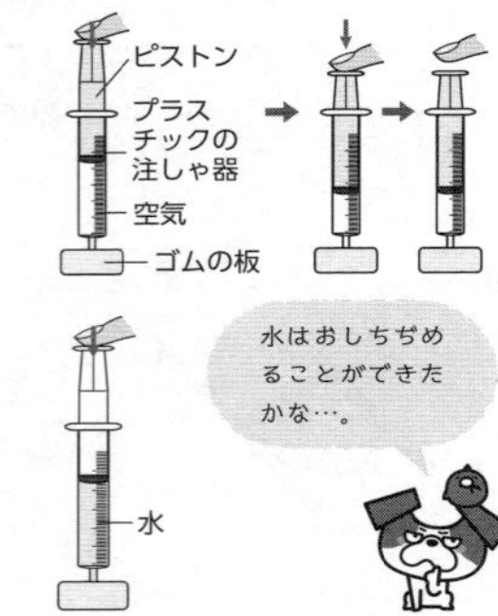

●空気と水のせいしつ
▶とじこめた空気は、おしちぢめることができ、空気がおしちぢめられるほど、元にもどろうとする力が(⑥ 大きく)なる。
▶水は、空気とちがって、おしちぢめることができないので、水の体積は変化(⑦ しない)。
▶空気でっぽうの後玉をおすと、とじこめた空気が(⑧ おしちぢめ)られ、元にもどろうとして、前玉をおし出すから、玉がいきおいよく飛び出す。

空気でっぽうは、手ごたえが大きいほど、空気が元にもどろうとする力が大きいよ。

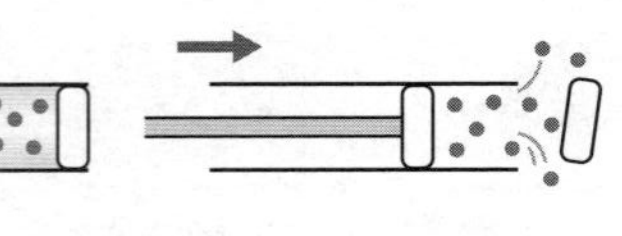
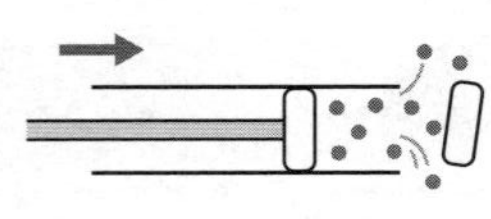

ここがだいじ！ ①とじこめた空気はおしちぢめることができるが、とじこめた水はおしちぢめることができないので、体積は変わらない。

ぴたトリビア とじこめた水をおしちぢめることはできませんが、おした力は水のあらゆる方向につたわります。

ぴったり2 練習

学習 15ページ

3. 空気と水
②空気と水のせいしつ

教科書 32〜37ページ　答え 8ページ

1 注しゃ器の中に空気や水を入れ、ピストンをおして、体積や手ごたえを調べます。

(1) ピストンをおすとき、どのようにおしますか。
正しいものの(　)に○をつけましょう。
ア(　)ななめ横からゆっくりおす。
イ(○)真上からゆっくりおす。
ウ(　)真上からすばやくおす。

(2) ㋐の注しゃ器のピストンをおすと中の空気はどうなるでしょうか。
(おしちぢめられる。)

(3) (2)で、さらにピストンをおしていくと、中の空気は(2)のときとくらべてどうなるでしょうか。
(さらにおしちぢめられる。)

㋐　㋑　ピストン　空気　水　ゴムの板

(4) ㋐で、ピストンをおしていた手をはなすと、ピストンはどうなるでしょうか。
(元の位置にもどる。)

(5) ㋑の注しゃ器のピストンをおすと、ピストンの位置はどうなるでしょうか。
(変わらない。)

(6) ㋑で、ピストンをおしたとき、水の体積はどうなるでしょうか。
(変わらない。)

2 とじこめた空気と水の体積の変化や手ごたえについて考えます。

(1) おしちぢめることができるのは、空気、水のどちらでしょうか。
(空気)

(2) (1)がおしちぢめられるほど、おし返す力はどうなるでしょうか。
(大きくなる。(強くなる。))

(3) 力を加えておしちぢめた(1)は、加えていた力がなくなるとどうなりますか。ア〜ウのうち正しいものの(　)に○をつけましょう。
ア(○)元の体積にもどる。
イ(　)おしちぢめられたままである。
ウ(　)元の体積よりも大きくなる。

ヒント ❶ (1)ピストンをおすときは、たおれたり、手をいためたりしないように注意することが必要です。

15ページ てびき

❶ (1)ピストンをおすときは、注しゃ器をささえながら、真上からゆっくりおすようにします。下にゴムの板などを置くのも、すべり止めになります。また、ゴムの板は空気や水が出ていくのをふせぐはたらきもします。
(2)、(4)空気は、力を加えるとおしちぢめられ、力を加えなくなると、体積は元にもどります。
(5)水は、空気とちがって、おしちぢめられません。

❷ とじこめた空気は、おしちぢめられるほど、おし返す力が大きくなります。力を加えなくなると、空気は元の体積にもどります。

3. 空気と水

16ページ

合格70点 /100

教科書 26~37ページ　答え 9ページ

1 空気や水のせいしつをまとめます。

1つ10点(30点)

(1) ア、イの文で、空気だけにあてはまることは「空気」、水だけにあてはまることは「水」を(　)に書きましょう。

ア(　空気　)とじこめたものは、おしちぢめることができて、体積(たいせき)は小さくなる。
イ(　水　)とじこめたものは、力を加(くわ)えてもおしちぢめることができず、体積も変(か)わらない。

(2) ゴムのボールに空気をいっぱいに入れると、よくはずみます。これは空気にどのようなせいしつがあるからでしょうか。ア～ウのうち正しいものの(　)に○をつけましょう。

ア(　)空気をおしちぢめようとしても、体積が変わらないから。
イ(○)空気はおしちぢめられると、体積が小さくなり、元にもどろうとする力があるから。
ウ(　)空気はおしちぢめられると、体積が小さくなるが、元にもどろうとしないから。

2 空気でっぽうを作ります。

1つ10点(30点)

(1) 下の空気でっぽうで、玉が遠くまでよく飛(と)ぶほうに○をつけましょう。

㋐(○)　㋑(　)

(2) 記述 (1)で玉の飛び方がちがうのはどうしてですか。「体積」という言葉を使って答えましょう。
(つつの中の空気の体積がちがうから。)

(3) 空気でっぽうに、水を入れました。玉の飛び方は、空気を入れたときとくらべてどうなるでしょうか。ア～ウのうち正しいものの(　)に○をつけましょう。

ア(　)空気を入れたときよりよく飛ぶ。
イ(　)空気を入れたときと同じくらい飛ぶ。
ウ(○)空気を入れたときより飛ばない。

17ページ

よく出る

3 注しゃ器(き)の中に、空気や水を入れて、空気や水のせいしつを調べます。

1つ5点(20点)

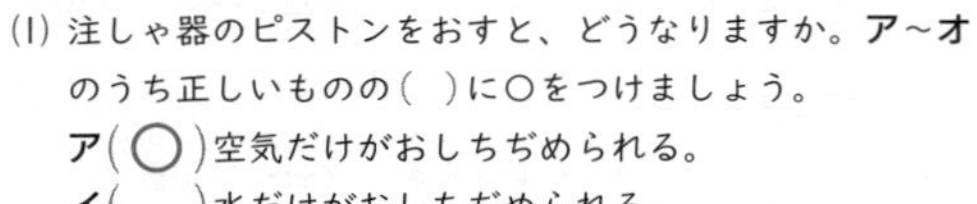

(1) 注しゃ器のピストンをおすと、ピストンの位置(いち)はそれぞれどうなるでしょうか。

㋐(ピストンの位置は)下がる。)
㋑(ピストンの位置は)変わらない。)

(2) ピストンをおしていた手をはなすと、ピストンの位置はそれぞれどうなるでしょうか。

㋐(ピストンの位置は)元にもどる。)
㋑(ピストンの位置は)変わらない。)

できたらスゴイ！

4 注しゃ器に水と空気を半分ずつ入れて、空気や水のせいしつを調べます。

1つ10点(20点)

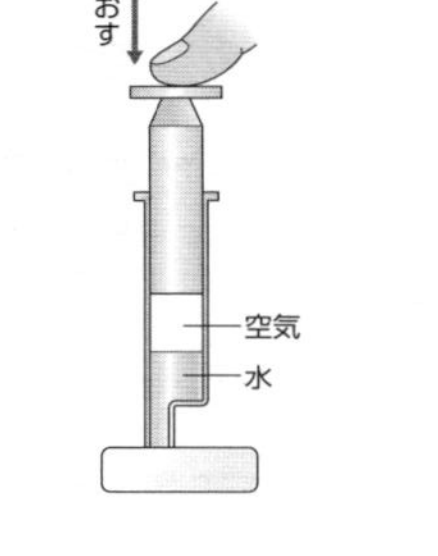

(1) 注しゃ器のピストンをおすと、どうなりますか。ア～オのうち正しいものの(　)に○をつけましょう。

ア(○)空気だけがおしちぢめられる。
イ(　)水だけがおしちぢめられる。
ウ(　)空気はあわとなって、水にとけてしまう。
エ(　)空気も水も同じくらいおしちぢめられる。
オ(　)空気も水もおしちぢめることができない。

(2) 注しゃ器に入れる水をふやし、空気をへらして、(1)と同じ力でピストンをおしました。水と空気を半分ずつ入れたときとくらべて、ピストンの位置は下がりますか、上がりますか。　思考・表現

(　上がる。　)

ふりかえり　2がわからないときは、12ページの2にもどってかくにんしましょう。
4がわからないときは、14ページの1にもどってかくにんしましょう。

16～17ページ　てびき

1 (1)空気は、おしちぢめることができるので、体積(たいせき)は小さくなります。水は、おしちぢめることができないので、体積は変(か)わりません。
(2)ボールがはずむのは、おしちぢめられた空気には元にもどろうとする力があるからです。

2 (1)、(2)㋐と㋑をくらべると、㋐のほうがつつの中の空気の体積が大きいです。体積が大きい空気ほど、おしちぢめられたときに元にもどろうとする力が大きくなるので、玉が遠くに飛(と)びます。
(3)水はおしちぢめることができないので、玉をおす力が大きくならないため、玉はあまり飛びません。

3 (1)空気はおしちぢめることができるので、ピストンをおしたときにピストンの位置(いち)は下がります。水はおしちぢめることができないので、ピストンの位置は変わりません。

4 (2)水はおしちぢめられないので、水の量(りょう)がふえれば、水と空気が半分ずつのときよりも、ピストンをおしこむことができなくなります。

4. 電気のはたらき

①モーターの回る向きと電気の流れ

めあて かん電池の向きと電流の向きを知り、けん流計の使い方をかくにんしよう。

教科書 38~43ページ　答え 10ページ

下の(　)にあてはまる言葉を書くか、あてはまるものを○でかこもう。

1 かん電池の向きを変えると、モーターの回る向きはどうなるだろうか。 教科書 40~43ページ

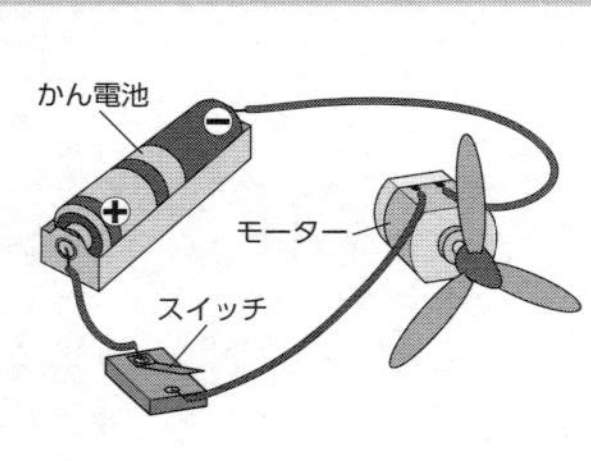

▶右の図で、スイッチを入れると、電気は、かん電池の(① ＋)極からモーターを通って、(② －)極に流れる。
この電気の流れを(③ 電流)といい、電気の通り道を(④ 回路)という。

▶かん電池の＋極と－極を入れかえると、入れかえる前と電流の向きが変わるので、モーターの回る向きが
(⑤ 変わる)。

▶電流の向きや大きさを調べるときには、(⑥ けん流計(かんいけん流計))を使う。
⑥では、電流の流れる向きが反対になると、はりは(⑦ 反対側)にふれる。
また、電流の大きさが大きいと、はりはより(⑧ 大きく)ふれる。

●けん流計の使い方

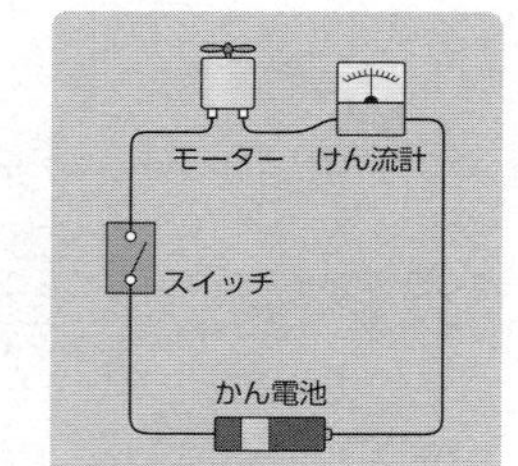
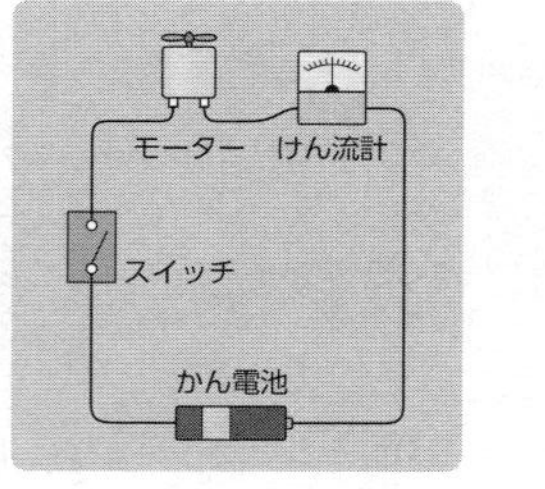

▶けん流計は、かん電池、モーター、スイッチを1つの(⑨ 輪)になるようにつなぐ。
▶最初に、切りかえスイッチを(⑩ 5A(電磁石)・0.5A(光電池・豆球))の方にする。（5A(電磁石)に○）
▶はりのふれが小さいときは、切りかえスイッチを(⑪ 5A(電磁石)・0.5A(光電池・豆球))の方に切りかえる。（0.5A(光電池・豆球)に○）
▶けん流計に(⑫ モーター・かん電池)だけをつなぐと、けん流計がこわれる。（かん電池に○）
▶はりのふれる向きが(⑬ 電流)の向きになる。

ここが、だいじ！ ①かん電池の向きを変えると、回路を流れる電流の向きが変わるので、モーターの回る向きが変わる。

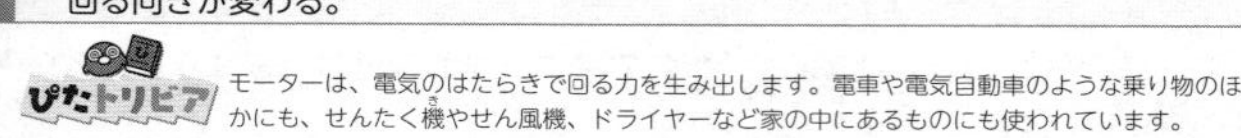

ぴたトリビア モーターは、電気のはたらきで回る力を生み出します。電車や電気自動車のような乗り物のほかにも、せんたく機やせん風機、ドライヤーなど家の中にあるものにも使われています。

教科書 38~43ページ　答え 10ページ

1 モーターとかん電池とスイッチをつないで、モーターを回します。

(1) 電気の流れを、何というでしょうか。
(電流)

(2) 1つの輪のようになった電気の通り道を何というでしょうか。
(回路)

(3) 右の図で、スイッチを入れたとき、電気の流れる向きは、㋐、㋑のどちらでしょうか。
(㋐)

(4) 右の図で、かん電池の＋極と－極を入れかえたとき、電気の流れる向きはどうなりますか。
(変わる。(反対になる。逆になる。))

(5) かん電池の＋極と－極を入れかえたとき、モーターの回る向きはどうなりますか。
(変わる。(反対になる。逆になる。))

2 けん流計を回路につないで、回路を流れる電流の向きと大きさを調べます。

(1) けん流計は回路にどのようにつなぎますか。右の図に線で結びましょう。

(2) けん流計を回路につなぐと、けん流計のはりが右側にふれました。かん電池の＋極と－極を入れかえると、はりのふれ方はどうなりますか。ア~ウのうち正しいものの( )に○をつけましょう。
ア(○)左側にふれる。
イ(　)どちらにもふれなくなる。
ウ(　)右側にふれる。

(3) けん流計のはりのふれる向きは何の向きによって変わりますか。
(電流)の向き

ヒント 2 (1)けん流計とモーター、スイッチ、かん電池が1つの輪になるように、線で結びます。

19ページ てびき

1 (1)電気の流れを、電流といいます。
(2)電流の通り道を、回路といいます。
(3)電流は、かん電池の＋極から出て、モーターを通って、かん電池の－極へと流れます。
(4)、(5)かん電池の＋極と－極を入れかえると、流れる電流の向きが反対向きになり、モーターの回転の向きも反対向きになります。

2 (1)けん流計は、かん電池、モーター、スイッチと1つの輪になるようにつなぎます。
(2)かん電池の＋極と－極を入れかえると、回路を流れる電流の向きは反対向きになるので、けん流計のはりのふれる向きは反対向きの左側になります。

おうちのかたへ　4. 電気のはたらき
乾電池の数やつなぎ方と電流の大きさや向きについて学習します。電流の大きさや向きを変えたときのモーターの回り方などを、直列つなぎや並列つなぎなどの用語を使って理解しているか、などがポイントです。

4. 電気のはたらき

②モーターを速く回す方法

めあて
直列つなぎ、へい列つなぎと流れる電流の大きさの関係をかくにんしよう。

教科書 44~53ページ　答え 11ページ

下の(　)にあてはまる言葉を書こう。

1 モーターを速く回すには、かん電池をどのようにつなぐか。 教科書 44~46ページ

▶下の図のㇿのようなかん電池のつなぎ方を、かん電池の(① 直列つなぎ)といい、モーターの回り方はかん電池１このときとくらべて(② 速い)。
▶下の図の㋑のようなかん電池のつなぎ方を、かん電池の(③ へい列つなぎ)といい、モーターの回る速さは、かん電池１このときとほとんど(④ 同じ)である。
▶下の図の㋒のようにかん電池をつなぐと、モーターは(⑤ 回らない)。

㋐ ＋極 －極 ＋極 －極　㋑ ＋極 ＋極 －極 －極　㋒ ＋極 －極 －極 ＋極

2 直列(ちょくれつ)つなぎとへい列(れつ)つなぎで、モーターの回る速さがちがうのはなぜか。 教科書 47~49ページ

▶下の図でスイッチを入れて、けん流計(りゅうけい)で回路(かいろ)に流れる電流(でんりゅう)の大きさを調べると、㋐の方が、㋑よりも流れる電流の大きさが(① 大きい)ことがわかる。
▶かん電池２この(② 直列)つなぎでは、かん電池１このときよりも、回路に流れる電流の大きさが大きい。
▶かん電池２この(③ へい列)つなぎでは、かん電池１このときと、ほぼ同じ大きさの電流が流れる。
▶電流の大きさが(④ 大きく)なると、モーターの回り方は速くなる。

㋐ けん流計 ＋極 －極 ＋極 －極　㋑ けん流計 ＋極 －極 ＋極 －極

ここがだいじ!
①２このかん電池を直列につなぐと、電流の大きさは１このときよりも大きくなる。
②２このかん電池をへい列につなぐと、電流の大きさは１このときと変(か)わらない。

ぴたトリビア　直列つなぎでは、かん電池を１こはずすと回路は切れてしまいますが、へい列つなぎだと、かん電池を１こはずしても回路はつながっています。

ぴったり2
練習

4. 電気のはたらき

②モーターを速く回す方法

教科書 44~53ページ　答え 11ページ

1 かん電池２ことモーター１ことスイッチ１こを使って、下の図のようにつなぎます。

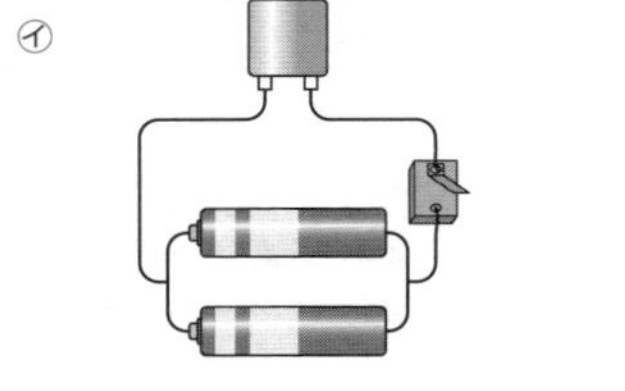

(1) ㋐のつなぎ方を、かん電池の何つなぎというでしょうか。
(直列つなぎ)
(2) ㋑のつなぎ方を、かん電池の何つなぎというでしょうか。
(へい列つなぎ)
(3) スイッチを入れたときに、かん電池１このときよりも、モーターが速く回るのは、㋐、㋑のどちらのつなぎ方でしょうか。 (㋐)
(4) スイッチを入れたときに、かん電池１このときとほぼ同じ速さでモーターが回るのは、㋐、㋑のどちらのつなぎ方でしょうか。 (㋑)

2 下の図のようにかん電池をつなぎ、それぞれの回路(かいろ)の電流(でんりゅう)の大きさを調べます。

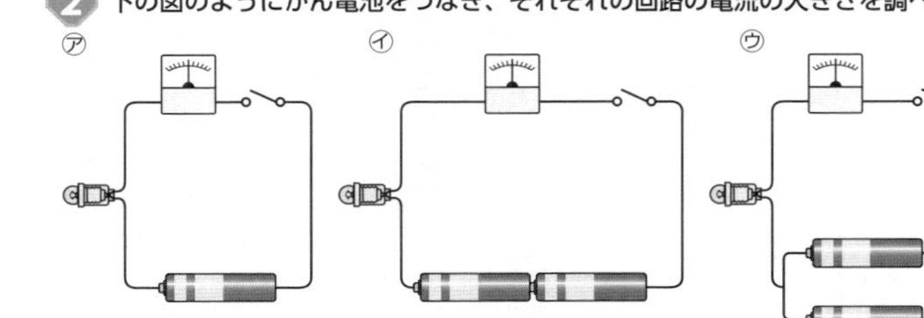

(1) ㋐~㋒のうちで、回路を流れる電流の大きさが一番大きいのは、どれでしょうか。 (㋑)
(2) ㋐~㋒のうちで、回路を流れる電流の大きさがほぼ同じなのは、どれとどれでしょうか。
(㋐ と ㋒)

21ページ　てびき

❶ (1)かん電池の＋極(きょく)と、別(べつ)のかん電池の－極を、一(いち)列(れつ)になるようにつなぐつなぎ方を直列(ちょくれつ)つなぎといいます。
(2)かん電池をならべて、かん電池の＋極どうしと、－極どうしをつなぐつなぎ方をへい列(れつ)つなぎといいます。
(3)かん電池を２こつないだときに、モーターが速く回るのは、かん電池を直列つなぎにしたときです。

❷ (1)かん電池を２こ直列つなぎにしたとき、流れる電流の大きさはかん電池１このときよりも大きくなります。
(2)へい列つなぎの場合、電流の大きさはかん電池１このときとほぼ同じになります。

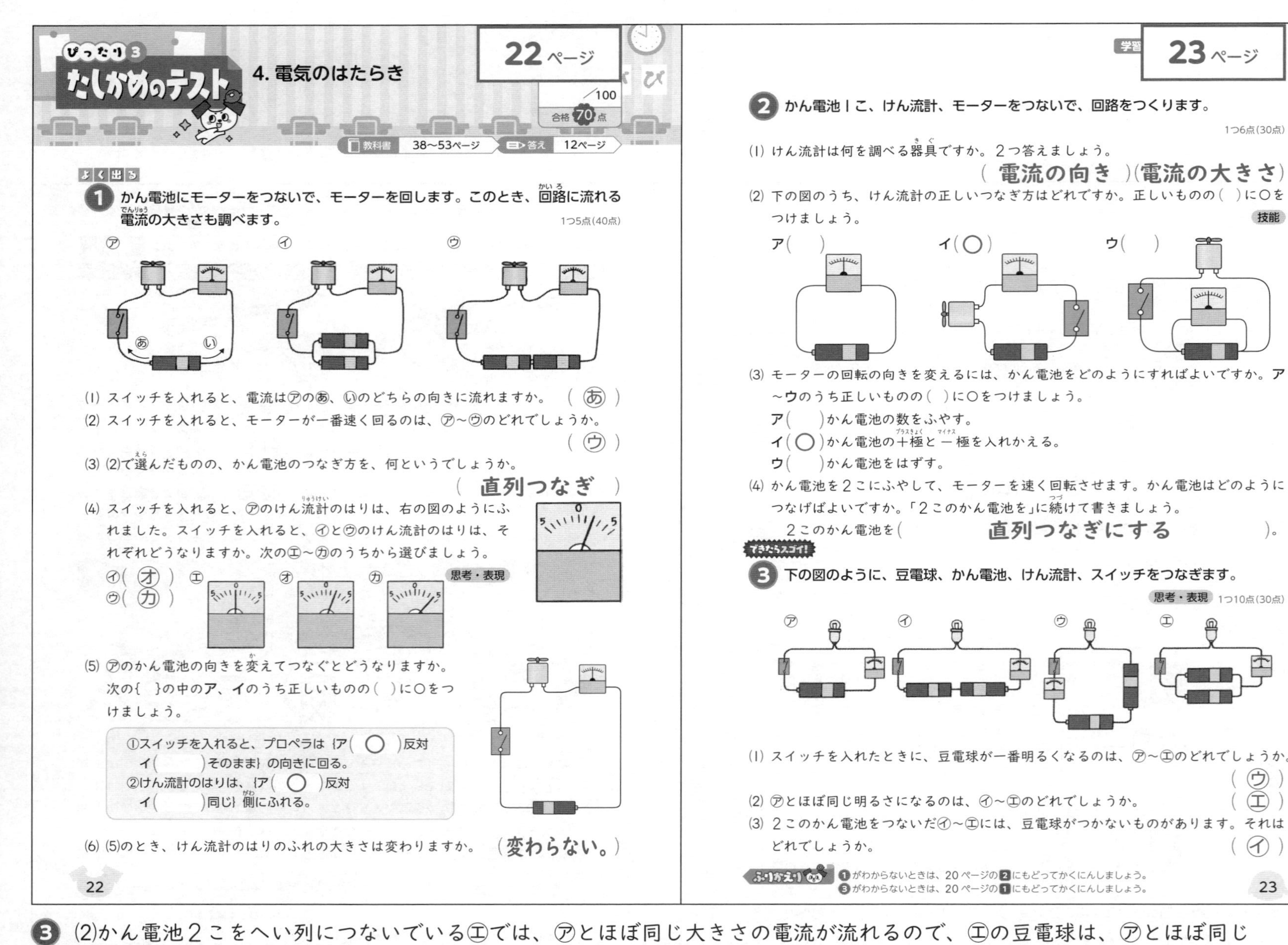

ぴったり3 たしかめのテスト

4. 電気のはたらき

22ページ

/100 合格70点

教科書 38〜53ページ　答え 12ページ

よく出る

1 かん電池にモーターをつないで、モーターを回します。このとき、回路に流れる電流の大きさも調べます。 1つ5点(40点)

㋐　㋑　㋒

(1) スイッチを入れると、電流は㋐のあ、いのどちらの向きに流れますか。 （ あ ）

(2) スイッチを入れると、モーターが一番速く回るのは、㋐〜㋒のどれでしょうか。 （ ㋒ ）

(3) (2)で選んだものの、かん電池のつなぎ方を、何というでしょうか。 （ 直列つなぎ ）

(4) スイッチを入れると、㋐のけん流計のはりは、右の図のようにふれました。スイッチを入れると、㋑と㋒のけん流計のはりは、それぞれどうなりますか。次の㋓〜㋕のうちから選びましょう。 思考・表現

㋑（ ㋔ ）　㋒（ ㋕ ）　㋓　㋔　㋕

(5) ㋐のかん電池の向きを変えてつなぐとどうなりますか。次の｛ ｝の中のア、イのうち正しいものの（ ）に○をつけましょう。

①スイッチを入れると、プロペラは｛ア（ ○ ）反対　イ（ 　 ）そのまま｝の向きに回る。
②けん流計のはりは、｛ア（ ○ ）反対　イ（ 　 ）同じ｝側にふれる。

(6) (5)のとき、けん流計のはりのふれの大きさは変わりますか。 （変わらない。）

22

23ページ

2 かん電池1こ、けん流計、モーターをつないで、回路をつくります。 1つ6点(30点)

(1) けん流計は何を調べる器具ですか。2つ答えましょう。
（ 電流の向き ）（電流の大きさ）

(2) 下の図のうち、けん流計の正しいつなぎ方はどれですか。正しいものの（ ）に○をつけましょう。 技能

ア（ 　 ）　イ（ ○ ）　ウ（ 　 ）

(3) モーターの回転の向きを変えるには、かん電池をどのようにすればよいですか。ア〜ウのうち正しいものの（ ）に○をつけましょう。

ア（ 　 ）かん電池の数をふやす。
イ（ ○ ）かん電池の＋極と－極を入れかえる。
ウ（ 　 ）かん電池をはずす。

(4) かん電池を2こにふやして、モーターを速く回転させます。かん電池はどのようにつなげばよいですか。「2このかん電池を」に続けて書きましょう。

2このかん電池を（ 直列つなぎにする ）。

できたらスゴイ!

3 下の図のように、豆電球、かん電池、けん流計、スイッチをつなぎます。 思考・表現 1つ10点(30点)

㋐　㋑　㋒　㋓

(1) スイッチを入れたときに、豆電球が一番明るくなるのは、㋐〜㋓のどれでしょうか。 （ ㋒ ）

(2) ㋐とほぼ同じ明るさになるのは、㋑〜㋓のどれでしょうか。 （ ㋓ ）

(3) 2このかん電池をつないだ㋑〜㋓には、豆電球がつかないものがあります。それはどれでしょうか。 （ ㋑ ）

ふりかえり　**1**がわからないときは、20ページの**2**にもどってかくにんしましょう。
3がわからないときは、20ページの**1**にもどってかくにんしましょう。

23

22〜23ページ　てびき

1 (2)、(3)㋑は、かん電池2このへい列つなぎで、かん電池1ことほぼ同じ大きさの電流が流れます。㋒は、かん電池2この直列つなぎで、かん電池1このときよりも大きい電流が流れます。

(4)けん流計は、より大きい電流が流れるほど、はりはより大きくふれます。

(5)かん電池の向きを変えると電流が反対の向きに流れ、プロペラは反対の向きに回ります。

(6)はりのふれる側は反対になりますが、はりのふれの大きさは変わりません。

2 (2)けん流計は、モーター、スイッチ、かん電池と1つの輪になるようにつなぎます。

(3)モーターの回る向きを反対にするには、電流の向きを反対にします。

3 (2)かん電池2こをへい列につないでいる㋓では、㋐とほぼ同じ大きさの電流が流れるので、㋓の豆電球は、㋐とほぼ同じ明るさになります。

(3)㋑は、かん電池の－極と－極をつないでいるので、電流は流れません。

学習 **24**ページ

5. 雨水の流れ

①雨水の流れ
②土のつぶと水のしみこみ方

めあて 水の流れと、水のしみこみ方と土のつぶの大きさについてかくにんしよう。

教科書 54〜65ページ　答え 13ページ

下の(　)にあてはまる言葉を書くか、あてはまるものを○でかこもう。

1 水は、高いところから低いところに流れるのだろうか。 教科書 56〜58ページ

▶雨がふると、雨水は流れて、集まったところに水たまりをつくる。

▶地面の高さを、かたむきチェッカーなどで調べると、水たまりができていたところは、周りより高さが(① **低い**)ことがわかる。

▶水は(② **高い**)ところから(③ **低い**)ところに流れる。

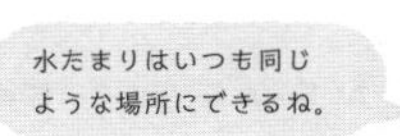

水たまりはいつも同じような場所にできるね。

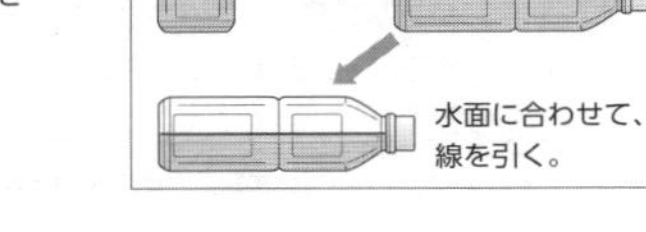

かたむきチェッカーの作り方
ペットボトルに水を(④ 半分)まで入れ、水平な場所に横向きに置く。
水面に合わせて、線を引く。

2 水のしみこみ方は、土のつぶの大きさで変わるのだろうか。 教科書 59〜62ページ

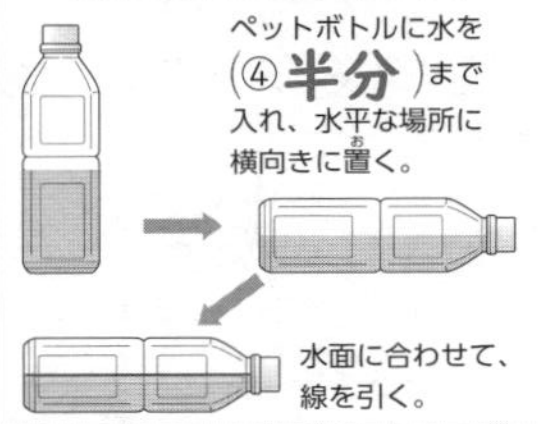

▶同じ量のつぶの大きさがちがう土に、同じ量の水を流しこみ、水のしみこみ方を調べる。

	つぶの大きさ	水のしみこみ方	土の上に残った水
すな場のすな	(①**大きい**・小さい)	(③ **速い**・おそい)	ほとんどない。
花だんの土	(②大きい・**小さい**)	(④速い・**おそい**)	残っている。

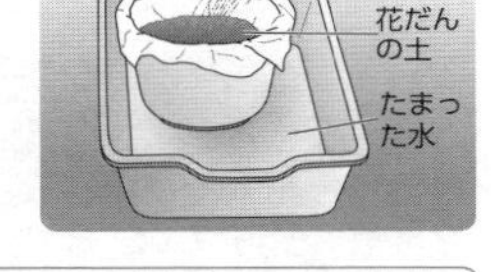

▶水のたまりやすいところは、土のつぶの大きさが(⑤**小さい**)。

▶水のしみこみ方は、つぶの(⑥**大きさ**)によってちがう。

ここが だいじ! ①水は、高いところから低いところへ向かって流れる。
②水のしみこみ方は、土のつぶが大きい方が速くなる。

ぴたトリビア 校庭にしみこまず、はい水口に流れこんだ雨水は、地下のパイプを通り、水路や川などに流れこみます。

ぴったり2 練習

学習 **25**ページ

5. 雨水の流れ

①雨水の流れ
②土のつぶと水のしみこみ方

教科書 54〜65ページ　答え 13ページ

1 水たまりができた場所の地面の高さを調べます。

(1) 水の流れの横にかたむきチェッカーを置くと、右の図のようになりました。水面のようすから地面が高いのは㋐、㋑のどちらでしょうか。
(㋐)

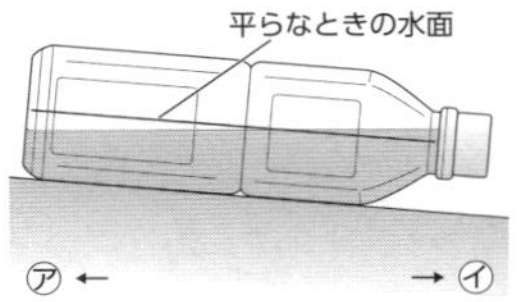

平らなときの水面　㋐←　→㋑

(2) このことから、水の流れの向きはどうなりますか。ア、イのうち正しいものの(　)に○をつけましょう。
ア(○)㋐の方から㋑の方へ流れる。
イ(　)㋑の方から㋐の方へ流れる。

(3) 次の文の(　)に「高い」「低い」のどちらかを書きましょう。
水は(① **高い**)ところから(② **低い**)ところに流れるので、水たまりは周りよりも地面の高さが(③ **低い**)ところにできる。

2 すな場のすなと花だんの土を使って、水のしみこみ方を調べます。

(1) 実験に使う土の量について、ア〜ウのうち正しいものの(　)に○をつけましょう。
ア(○)どちらも同じ量にする。
イ(　)すな場のすなを多くする。
ウ(　)花だんの土を多くする。

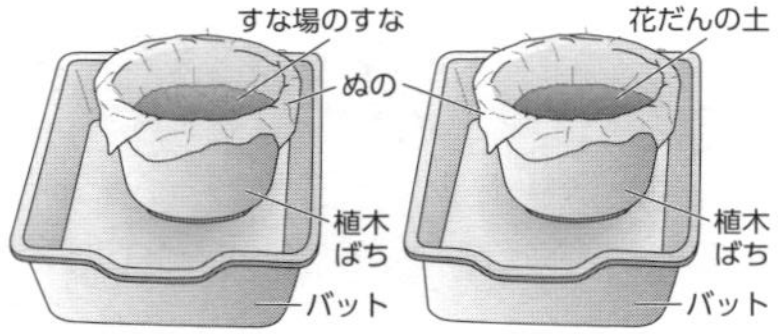

すな場のすな　花だんの土　ぬの　植木ばち　バット

(2) それぞれに水を流しこみます。このとき、水の量について注意することは何ですか。
(**同じ量の水を流しこむ。**)

(3) すな場のすなは、花だんの土とくらべて、つぶの大きさは大きいですか、小さいですか、同じですか。
(**大きい。**)

(4) 水を流しこんだとき、すぐにバットに水がたまるのは、すな場のすなと花だんの土のどちらでしょうか。
(**すな場のすな**)

(5) 水のしみこみやすさは、土の何によってちがっていますか。
(**つぶの大きさ**)

ヒント 2 (2)くらべること以外は同じにして実験します。この実験では、何をくらべようとしているかを考えてみましょう。

おうちのかたへ 5. 雨水の流れ
地面に降った雨水の流れやその行方について学習します。水は高いところから低いところに流れること、水のしみこみ方は土の粒の大きさによって違うことを理解しているか、などがポイントです。

25ページ てびき

1 (1)、(2)かたむきチェッカーの線が水より上になるほうが高くなります。水は高いところ(㋐の方)から低いところ(㋑の方)へ流れます。

2 (1)、(2)実験に使う土の量と水の量を同じにしないと、正しくくらべられません。
(5)すな場のすなと花だんの土はつぶの大きさがちがい、水のしみこみ方がちがっています。

おうちのかたへ
浴室のはい水口、雨どいなど身の回りでは水たまりができないように、いろいろなくふうがされていることに目を向けさせてください。

ぴったり3 たしかめのテスト

5. 雨水の流れ

26ページ

合格70点 /100

教科書 54〜65ページ　答え 14ページ

1 雨がふったあと、水がたまったところの地面のようすを調べます。　1つ8点(24点)

(1) 図の㋐と㋑では、地面はどちらが高いといえるでしょうか。　(㋐)

(2) 水たまりがあるところの土は、ほかのところとくらべて、土のつぶが大きいですか、小さいですか。　(小さい)

(3) 水たまりができる場所について、ア、イのうち正しいものの(　)に○をつけましょう。

ア(　)水たまりができる場所はいつもちがっている。
イ(○)水たまりができる場所はいつも同じである。

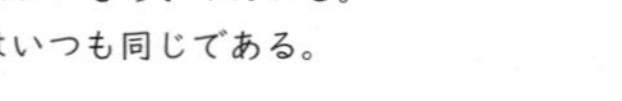

2 校庭で地面のかたむきと水の流れを調べます。　1つ5点(20点)

(1) 地面のかたむきをはかるために、ペットボトルを使ったかたむきチェッカーをつくります。ペットボトルの中に入れる水の量はどのくらいにしますか。ア〜ウのうち正しいものの(　)に○をつけましょう。

ア(　)いっぱいに入れる。
イ(○)半分まで入れる。
ウ(　)半分よりずっと少なく入れる。

(2) 地面のかたむきを矢印で記録しました。矢印の先は、地面が高い方、低い方のどちらをさしていますか。　(低い方)

(3) 水が集まっているところは、周りより地面が高いところですか、低いところですか。　(低いところ)

(4) 記述 水は、どのように流れるといえますか。「高いところ」「低いところ」という言葉を使って書きましょう。　思考・表現

(水は高いところから低いところへ流れる。)

27ページ

よく出る

3 いろいろな場所の土を使って、水のしみこみ方を調べました。　1つ8点(32点)

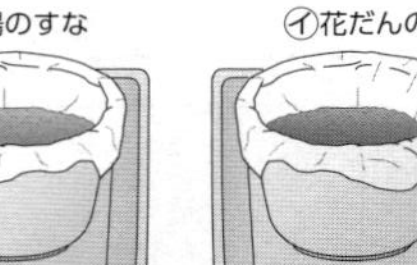

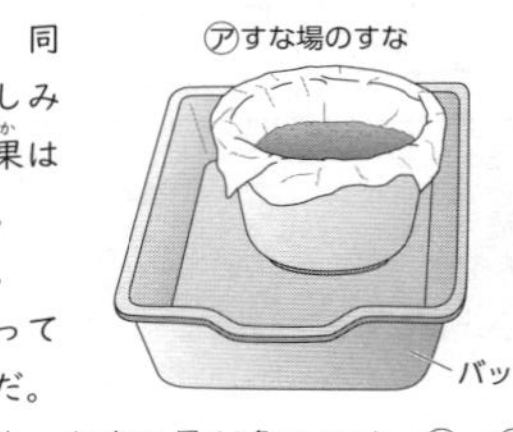

(1) 右のようなそう置を使って、同じ量の水を流しこみ、水のしみこみ方を調べます。㋑の結果はア、イのどちらでしょうか。

ア(　)すぐにしみこんだ。
イ(○)上の方に水がたまって少しずつしみこんだ。

(2) 同じ時間では、バットにたまった水の量が多いのは、㋐、㋑のどちらでしょうか。　(㋐)

(3) 水のしみこみ方が速いのは、土のつぶが大きい方、小さい方のどちらですか。　(大きい方)

(4) 実験をするとき、すな場のすなと花だんの土の量はどのようにしますか。　(同じ量にする。)

できたらスゴイ!

4 水の流れと水のしみこみ方について、正しいものの(　)には○を、まちがっているものの(　)には×をつけましょう。　思考・表現　1つ6点(24点)

水道の流しは、はい水口に向かって高くした方が、水が流れやすいね。

①(×)

線路の下を通る道路(アンダーパス)は雨がふると水がたまりやすいんだよ。

②(○)

土のつぶが小さいほど、水とまざりやすくて、速く水がしみこむね。

③(×)

野球場は水はけがよくなるように、つぶの大きさがちがう土をまぜているよ。

④(○)

ふりかえり
2 がわからないときは、24ページの **1** にもどってかくにんしましょう。
3 がわからないときは、24ページの **2** にもどってかくにんしましょう。

26〜27ページ てびき

1 (1)水は高いところから低いところに向かって流れていきます。
(2)水たまりのあったところの土はつぶが細かいです。

2 (1)かたむきチェッカーは、平らなときの水面の線と、置いたときの水面のようすによって、地面のかたむきを知ることができます。
(2)、(3)矢印の先の方が低いので、水が低いところに集まっているのがわかります。

3 (1)花だんの土では水はすぐにしみこんでいかず、上に水がたまります。
(3)水のしみこみ方は、土のつぶの大きさでちがいます。

4 ①水道の流しは、はい水口に向かって少しだけ低くなっているので、水がはい水口に流れていきます。
③土のつぶが小さいほどつぶとつぶの間のすきまが小さくなり、水を通しにくくなります。

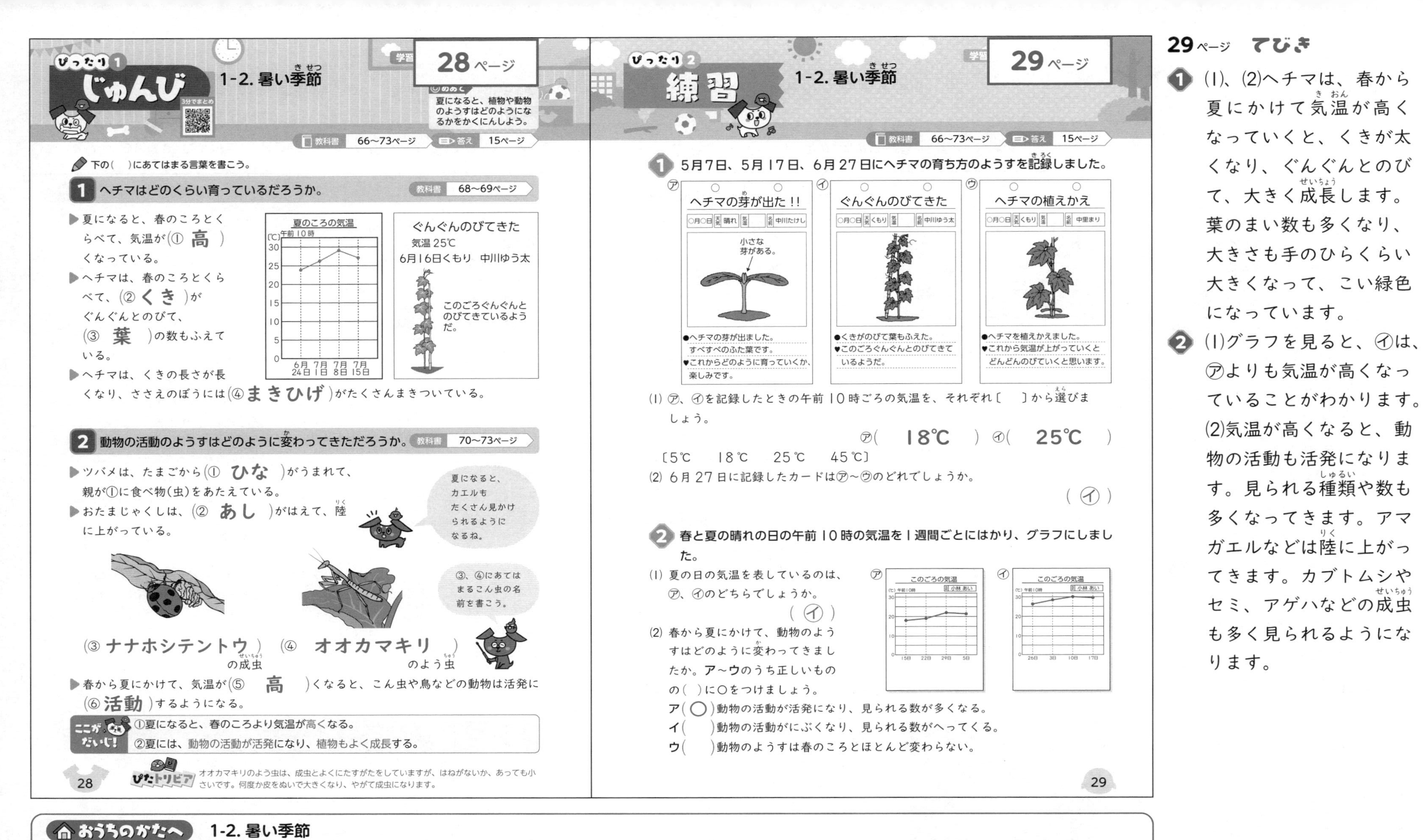

ぴったり1 じゅんび
1-2. 暑い季節
3分でまとめ
28ページ
めあて
夏になると、植物や動物のようすはどのようになるかをかくにんしよう。
教科書 66〜73ページ 答え 15ページ
下の( )にあてはまる言葉を書こう。
1 ヘチマはどのくらい育っているだろうか。 教科書 68〜69ページ
▶夏になると、春のころとくらべて、気温が(① 高)くなっている。
▶ヘチマは、春のころとくらべて、(② くき)がぐんぐんとのびて、(③ 葉)の数もふえている。
▶ヘチマは、くきの長さが長くなり、ささえのぼうには(④ まきひげ)がたくさんまきついている。
夏のころの気温
(℃) 午前10時
30
25
20
15
10
5
0
6月24日 7月1日 7月8日 7月15日
ぐんぐんのびてきた
気温25℃
6月16日くもり 中川ゆう太
このごろぐんぐんとのびてきているようだ。
2 動物の活動のようすはどのように変わってきただろうか。 教科書 70〜73ページ
▶ツバメは、たまごから(① ひな)がうまれて、親が①に食べ物(虫)をあたえている。
▶おたまじゃくしは、(② あし)がはえて、陸に上がっている。
夏になると、カエルもたくさん見かけられるようになるね。
③、④にあてはまるこん虫の名前を書こう。
(③ ナナホシテントウ)の成虫
(④ オオカマキリ)のよう虫
▶春から夏にかけて、気温が(⑤ 高)くなると、こん虫や鳥などの動物は活発に(⑥ 活動)するようになる。
ここがだいじ!
①夏になると、春のころより気温が高くなる。
②夏には、動物の活動が活発になり、植物もよく成長する。
ぴたトリビア
オオカマキリのよう虫は、成虫とよくにたすがたをしていますが、はねがないか、あっても小さいです。何度か皮をぬいで大きくなり、やがて成虫になります。
28
ぴったり2 練習
1-2. 暑い季節
29ページ
教科書 66〜73ページ 答え 15ページ
1 5月7日、5月17日、6月27日にヘチマの育ち方のようすを記録しました。
ア ヘチマの芽が出た!!
○月○日 天気 晴れ 名前 中川たけし
小さな芽がある。
●ヘチマの芽が出ました。すべすべのふた葉です。
♥これからどのように育っていくか、楽しみです。
イ ぐんぐんのびてきた
○月○日 天気 くもり 名前 中川ゆう太
●くきがのびて葉もふえた。
♥このごろぐんぐんとのびてきているようだ。
ウ ヘチマの植えかえ
○月○日 天気 くもり 名前 中里まり
●ヘチマを植えかえました。
♥これから気温が上がっていくとどんどんのびていくと思います。
(1) ア、イを記録したときの午前10時ごろの気温を、それぞれ〔 〕から選びましょう。
ア(18℃) イ(25℃)
〔5℃ 18℃ 25℃ 45℃〕
(2) 6月27日に記録したカードはア〜ウのどれでしょうか。
(イ)
2 春と夏の晴れの日の午前10時の気温を1週間ごとにはかり、グラフにしました。
(1) 夏の日の気温を表しているのは、ア、イのどちらでしょうか。
(イ)
(2) 春から夏にかけて、動物のようすはどのように変わってきましたか。ア〜ウのうち正しいものの( )に○をつけましょう。
ア(○)動物の活動が活発になり、見られる数が多くなる。
イ( )動物の活動がにぶくなり、見られる数がへってくる。
ウ( )動物のようすは春のころとほとんど変わらない。
ア このごろの気温
15日 22日 29日 5日
イ このごろの気温
26日 3日 10日 17日
29

29ページ てびき

❶ (1)、(2)ヘチマは、春から夏にかけて気温が高くなっていくと、くきが太くなり、ぐんぐんとのびて、大きく成長します。葉のまい数も多くなり、大きさも手のひらくらい大きくなって、こい緑色になっています。

❷ (1)グラフを見ると、イは、アよりも気温が高くなっていることがわかります。
(2)気温が高くなると、動物の活動も活発になります。見られる種類や数も多くなってきます。アマガエルなどは陸に上がってきます。カブトムシやセミ、アゲハなどの成虫も多く見られるようになります。

おうちのかたへ　1-2. 暑い季節

「1. 季節と生き物　あたたかくなって」に続いて、身の回りの生き物を観察して、動物の活動や植物の成長が季節によって違うことを学習します。ここでは夏の生き物を扱います。

1-2. 暑い季節

30ページ

／100　合格70点

教科書 66~73ページ　答え 16ページ

1 4月から、毎月20日の午前10時に気温をはかりました。

1つ10点(20点)

はかった日	4月20日	5月20日	6月20日	7月20日
気温	18℃	22℃	26℃	28℃

(1) 作図 気温をはかった結果を表にまとめました。これを折れ線グラフに表しましょう。

(℃) 30 25 20 15 10 5 0 気温　4月20日 5月20日 6月20日 7月20日 はかった日

(2) 気温について、表からわかることで、ア～ウのうち正しいものの( )に○をつけましょう。

ア(○)夏は春より気温が高い。

イ( )春は夏より気温が高い。

ウ( )春も夏も気温は同じくらいである。

2 ヘチマの育ち方を調べます。

1つ10点(30点)

(1) ヘチマの育ち方を記録するには、何を調べればよいですか。ア～エのうち正しいものの( )に○をつけましょう。　技能

ア( )子葉のまい数を調べる。

イ( )水やりの回数と雨のふった日の日数を調べる。

ウ( )くきや葉についている、こん虫の種類と数を調べる。

エ(○)くきの長さを調べる。

(2) 右の図は、4月にたねをまいたヘチマの育つようすを絵に表したものです。6月の終わりごろのヘチマのようすは㋐～㋒のどれでしょうか。

㋐　㋑　㋒

(㋒)

(3) 記述 気温が高くなると、ヘチマのくきの長さや葉の数はどのようになりますか。　思考・表現

(**くきがのび、葉の数がふえる。**)

30

31ページ

3 花にこん虫がいました。

1つ10点(30点)

(1) 右の写真のこん虫の名前を書きましょう。

(アゲハ)

(2) 右の写真のこん虫は、春から夏にかけて見られます。このほかに、夏のころには生き物のどんなようすが見られますか。ア～エのうち正しいものの( )に○をつけましょう。

ア( )たくさんのオオカマキリが、たまごからかえるようすが見られる。

イ(○)あしがはえ、陸に上がったカエルが多く見られる。

ウ( )巣をつくっているツバメが多く見られる。

エ( )水の中には、たまごからかえったばかりのおたまじゃくしが見られる。

(3) 夏のころのようすについて、ア～エのうち正しいものの( )に○をつけましょう。

ア(○)春にくらべて夏は、こん虫の活動が活発になる。

イ( )春にくらべて夏は、こん虫の活動がにぶくなる。

ウ( )春も夏も、こん虫の活動は同じくらい活発になる。

エ( )夏は、こん虫のほとんどが土の中や葉の下などでじっとしている。

できたらスゴイ!

4 4月と6月の10日、12日、14日、16日の気温を調べて、結果をまとめました。

1つ10点(20点)

(1) 6月の結果を表しているのは、㋐、㋑のどちらでしょうか。

(㋐)

㋐ このごろの気温　(℃) 30 25 20 15 10 5 0　10 12 14 16 (日)　晴れ くもり 晴れ くもり

㋑ このごろの気温　(℃) 30 25 20 15 10 5 0　10 12 14 16 (日)　晴れ くもり 晴れ くもり

(2) 6月の気温と生き物のようすについて、ア～ウのうち正しいものの( )に○をつけましょう。　思考・表現

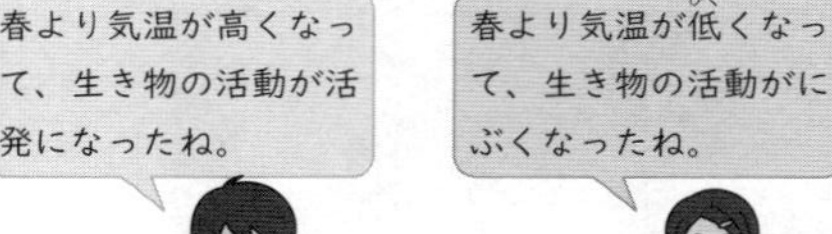

春から気温が変わらないから、生き物のようすも変わらないね。
春より気温が高くなって、生き物の活動が活発になったね。
春より気温が低くなって、生き物の活動がにぶくなったね。

ア( )　イ(○)　ウ( )

ふりかえり　2がわからないときは、28ページの1にもどってかくにんしましょう。
4がわからないときは、28ページの2にもどってかくにんしましょう。

31

30～31ページ てびき

1 (1)4月20日にかいてある点と同じように、それぞれの日の気温を表す点をかき、直線でつなぎます。

(2)表やかいた折れ線グラフから、だんだん気温は上がっていて、夏の方が春より気温が高い(春の方が気温が低い)ことがわかります。

2 (1)ヘチマの育ち方を記録するには、くきの長さを調べます。ヘチマのくきは夏に大きくのびます。

(2)4月にたねをまいたヘチマは、6月終わりごろには、葉を多くふやしています。

3 (1)写真は、アゲハが花のみつをすっているようすです。

(3)夏は、春よりも、こん虫の活動が活発になります。

4 (1)㋐の気温はだいたい25℃、㋑の気温はだいたい18℃くらいです。4月よりも、6月の方の気温が高いので、㋐のグラフが6月の結果です。

(2)春と夏の大きなちがいは気温です。春と夏で、生き物のようすが変わるのは気温がちがうためです。

ぴったり1 じゅんび ★ 夏の星

◎めあて 星の色や明るさについて知り、星ざ早見の使い方をかくにんしよう。

3分でまとめ

教科書 74〜85ページ　答え 17ページ

下の(　)にあてはまる言葉を書くか、あてはまるものを○でかこもう。

1 星には、色や明るさなどのちがいがあるだろうか。

教科書 76〜84ページ

▶星と星を結んで、いくつかのまとまりに分けたものを(① 星ざ)という。

▶夏の夜、デネブ、アルタイル、ベガの3つの明るい星を結んでできる大きな三角形を(② 夏の大三角)という。

▶図の㋐は、(③ はくちょう)ざである。

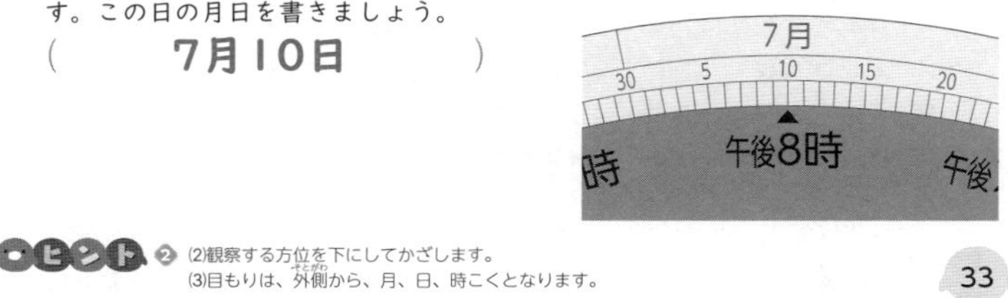

右の④〜⑥に星の名前を書こう。

▶星の明るさは、(⑦ 星によってちがう ・ どの星も同じ)。また、星の色は、(⑧ 星によってちがう ・ どの星も同じ)。

●星ざ早見の使い方

▶星ざ早見で調べる前に、見たい空の方位を(⑨ 方位じしん)で調べておく。

▶星ざ早見で、調べたい月、日、時こくの目もりを合わせ、調べたい空の方位を(⑩ 下)にして持ち、頭の上にかざす。

▶右の図㋠では、7月(⑪ 15)日午後8時の空の星を調べようとしている。

▶右の図㋑では、(⑫ 南)を下にして星ざ早見を持っているので、(⑬ 南)の空の星を調べようとしている。

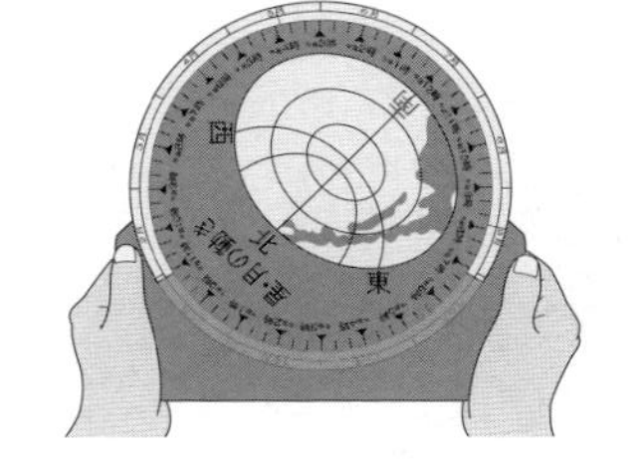

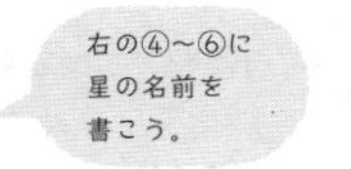
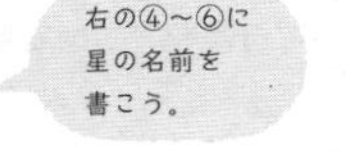

ここがだいじ! ①夏の大三角は、デネブ、アルタイル、ベガの3つの星からできている。
②星の色や明るさは、星によってさまざまである。

ぴたトリビア 「デネブ」はアラビア語で「(めんどりの)尾」という意味で、はくちょうざのちょうど尾の位置にあります。

ぴったり2 練習 ★ 夏の星

教科書 74〜85ページ　答え 17ページ

1 夏に見える星のまとまりを調べます。

(1) 図のように、星と星を結んで、いくつかのまとまりに分けたものを、何というでしょうか。
(星ざ)

(2) 右の星のまとまりを何というでしょうか。
(はくちょうざ)

(3) ㋐の星の名前は何というでしょうか。
(デネブ)

(4) ㋐の星、アルタイル、ベガの3つの星を結んでできる三角形を、何というでしょうか。
(夏の大三角)

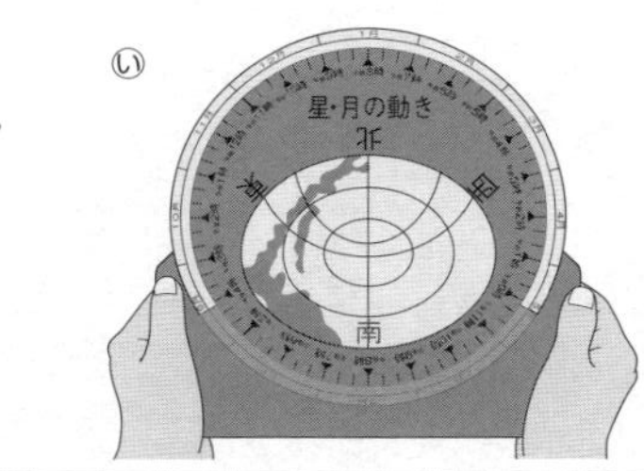

2 図のような道具を使って、午後8時の夜空の星を観察します。

(1) 右の図のような道具を何というでしょうか。
(星ざ早見)

(2) 右の図のような向きにして、頭の上にかざしたとき、どの方位の空を観察しているでしょうか。
(東)

(3) 右下の図のように目もりを合わせます。この日の月日を書きましょう。
(7月10日)

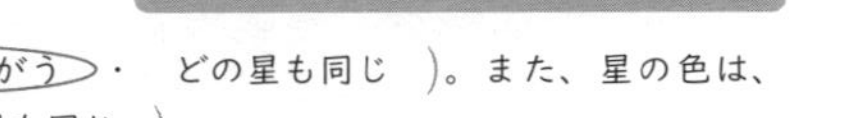

ヒント ❷ (2)観察する方位を下にしてかざします。
(3)目もりは、外側から、月、日、時こくとなります。

33ページ てびき

❶ 日本では、7月中ごろの午後8時ごろに東の空を見ると、晴れた日には、夏の大三角を見ることができます。夏の大三角は、はくちょうざのデネブ、ことざのベガ、わしざのアルタイルという3つの星を結ぶことでできます。

❷ (1)、(2)星ざ早見で、調べたい方位の空を見るときは、調べたい方位の文字が下になるように持ちます。図の星ざ早見では、『東』の文字が下になっているので、東の空を観察しています。

おうちのかたへ
夜空の観察を行いますが、この際子供1人、友だちどうしだけにはせず、必ず大人といっしょに行うよう注意してください。
また、星に注目するため、足元が危険ではない場所で観察するように注意させてください。

おうちのかたへ ★ 夏の星
星座と星の色や明るさについて学習します。ここでは、夏休み前に見られる星を扱います。夜空には星座が見られること、いろいろな明るさや色の星があることを理解しているか、などがポイントです。

ぴったり3 たしかめのテスト ★ 夏の星

34ページ

/100 合格70点

教科書 74～85ページ　答え 18ページ

よく出る

1 夏の日の夜、星を観察しました。 1つ5点(30点)

(1) はくちょうざ、ことざなど星をいくつかのまとまりに分けたものを、何というでしょうか。
(星ざ)

(2) 次の①～③の説明にあてはまる星は、右の図の㋐～㋒のどれでしょうか。

①はくちょうざをつくる１つの星である。 (㋐)

②おりひめに見たてられている星で、ベガとよばれている。 (㋒)

③けん牛に見たてられている星で、アルタイルとよばれている。 (㋑)

(3) ㋐～㋒の星を結んだものを何というでしょうか。
(夏の大三角)

(4) 夜空の星について、ア～ウのうち正しいものの( )に○をつけましょう。

ア( ) 星の明るさは星によってちがうが、色はどの星も同じである。
イ( ) 星の明るさはどの星も同じだが、色はそれぞれちがっている。
ウ(○) 星の明るさや色は星によってさまざまである。

2 星を観察するために、観察したい方位を調べます。 技能 1つ5点(10点)

(1) 方位を調べる右の㋐の道具の名前を書きましょう。
(方位じしん)

(2) ㋐の道具のはりが㋑の図のように止まりました。北の方位は、㋐～㋕のどれでしょうか。 (㋕)

35ページ

3 夜空の星の名前や位置を調べます。 技能 1つ10点(30点)

(1) 右の図の道具を何というでしょうか。
(星ざ早見)

(2) 右の道具で、『東』と書いてあるのは、㋐、㋑のどちらでしょうか。 (㋐)

(3) 下の図のように、月日と時こくの目もりを合わせて、右下の図のように持ちました。何月何日何時のどの方位の空を観察していますか。ア～エのうち正しいものの( )に○をつけましょう。

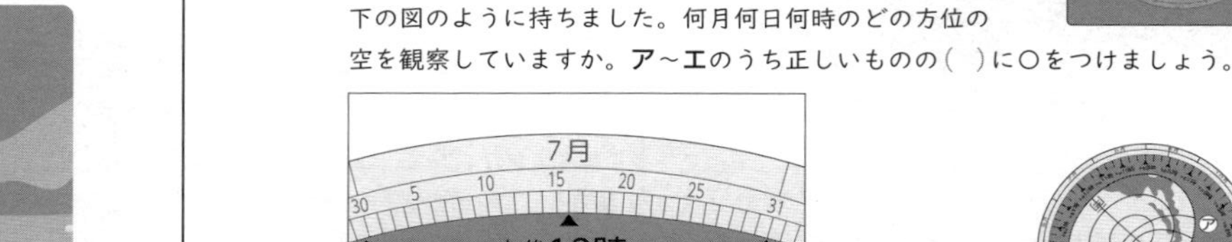

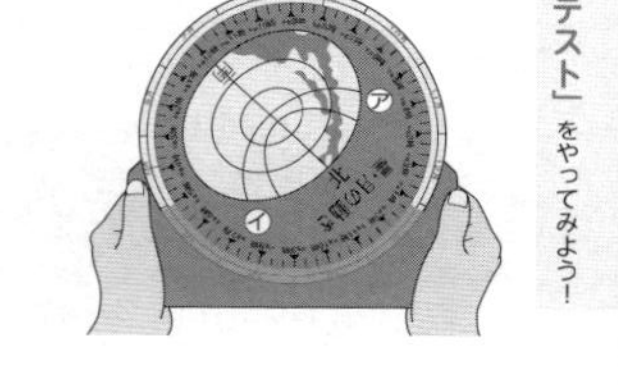

ア( ) 7月18日午後10時の東の空
イ( ) 7月18日午後10時の西の空
ウ( ) 7月16日午後10時の東の空
エ(○) 7月16日午後10時の西の空

この本の終わりにある「夏のチャレンジテスト」をやってみよう！

てきたらスゴイ！

4 北の空を観察して、スケッチをしました。 思考・表現 1つ10点(30点)

(1) 星㋐を何というでしょうか。
(北極星)

(2) 星のまとまり㋑はおおぐまざにある7つの星です。これを何というでしょうか。 (北と七星)

(3) 星㋐は方位を知る手がかりとされてきました。その理由でア～ウのうち正しいものの( )に○をつけましょう。

ア(○) 星㋐がほぼ真北にあるから。
イ( ) 星㋐が夜空でいちばん明るいから。
ウ( ) 星㋐が夜空の中で色がきれいで、目立つ星だから。

ふりかえり
❶がわからないときは、32ページの❶にもどってかくにんしましょう。
❸がわからないときは、32ページの❶にもどってかくにんしましょう。

34～35ページ てびき

❶ (2)、(3)はくちょうざのデネブ、ことざのベガ、わしざのアルタイルの３つの星を結んでできる三角形を、夏の大三角といいます。ベガはおりひめ、アルタイルはけん牛に見たてられ、２つの星は七夕の物語として知られています。

(4)夜空には、いろいろな色や明るさの星があります。

❷ 方位じしんでは、はりが赤くぬってある側がN極で、N極の指す方向が北になります。

❸ (2)星ざ早見では、上側に北、下側に南とかいてあります。東は㋐の側になります。

(3)午後10時の▲を見ると、16日を指しています。また、星ざ早見の西を下にしてかざしていることから、西の方位の空を見ていることがわかります。

❹ (1)、(3)北極星はほぼ真北にあり、方位を知るために役立てられてきました。

(2)北と七星はおおぐまざのこしからしっぽの部分で、ひしゃくのような形をしています。

ぴったり1 じゅんび

6. 月や星の動き

①朝の月の動き
②星の動き

学習 36ページ

めあて 月や星は時間とともに、見える位置が変わることをたしかめよう。

教科書 88〜94ページ　答え 19ページ

下の(　)にあてはまる言葉を書くか、あてはまるものを○でかこもう。

1 朝の月は、時間がたつと、位置が変わるだろうか。　教科書 88〜91ページ

▶太陽は、(① 東)からのぼって(② 南)の高い空を通り、(③ 西)の方へとしずんでいく。
▶朝見えた月は、時間がたつとともに、(④ 西)の方へとしずんでいく。
▶月のしずんでいくようすは、太陽がしずんでいくようすと、にて(⑤ (いる)・ いない)。

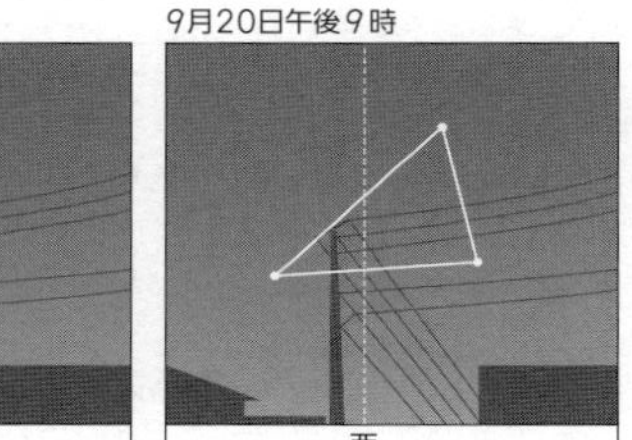

2 時間がたつと、星の位置は変わるだろうか。　教科書 92〜94ページ

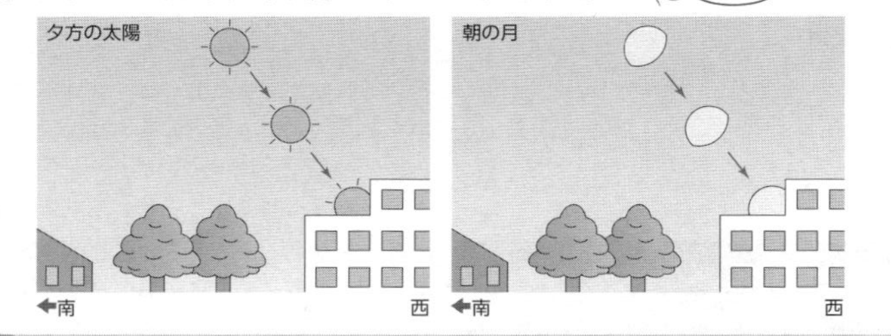

▶立つ位置に印をつけて、観察する場所を(① 変える ・ (変えない))ようにする。
▶星は、時間がたつと、見える位置が(② 変わる)。
▶星は、動いていても、星どうしのならび方は(③ 変わらない)。

ここがだいじ!
①朝見える月は、時間がたつとともに西へ位置を変え、しずんでいく。
②星は、時間がたつと位置が変わるが、星どうしのならび方は変わらない。

ぴたトリビア 月の光っている部分は、太陽の光が当たっている部分です。

ぴったり2 練習

6. 月や星の動き

①朝の月の動き
②星の動き

学習 37ページ

教科書 88〜94ページ　答え 19ページ

1 太陽の1日の動きと朝見える月の動きを、図に表しました。

(1) 太陽はどのように動きますか。①、②の(　)にあてはまる方位を書きましょう。
(① 東)から南の高い空を通って、(② 西)にしずんでいく。

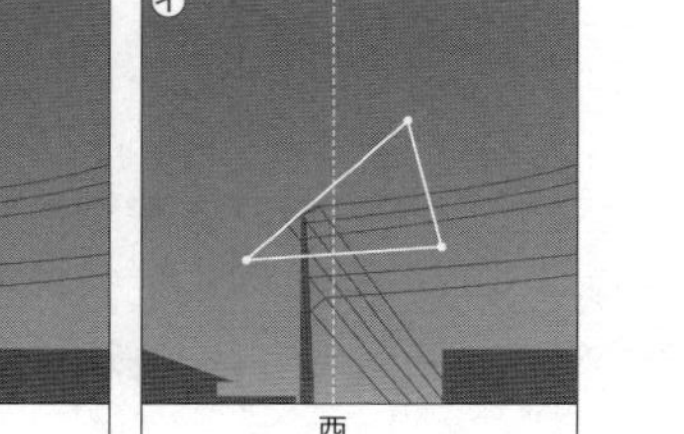

(2) 朝、西の空に見える月がしずむのは、いつごろですか。ア〜エのうち正しいものの(　)に○をつけましょう。
ア(　)明け方
イ(○)午前中
ウ(　)夕方
エ(　)真夜中

(3) 月のしずみ方は、太陽の動きとにているといえるでしょうか。
(いえる。)

2 夏の大三角を9月18日の午後8時と午後9時に観察しました。

(1) 午後9時に観察したときのスケッチは、㋐、㋑のどちらでしょうか。
(㋑)

(2) 2回の観察で、星のならび方はどうなりましたか。ア〜ウのうち正しいものの(　)に○をつけましょう。
ア(　)星と星の間のきょりが変わり、午後9時の方が三角形が大きくなった。
イ(　)星どうしのならび方が変わり、三角形の形が変わった。
ウ(○)星どうしのならび方は変わらず、三角形の形は同じだった。

ヒント
❶ (1)月の動く向きから考えてみましょう。
❷ (1)西の空にある星は西の方へしずんでいきます。

37ページ てびき

❶ (1)太陽は、朝、東の空へとのぼり、南の高い空を通って、西にしずみます。
(2)朝、西の空に見える月は、午前中に西の方へとしずんでいきます。
(3)朝、西の空に見える月が西の方へとしずむようすは、夕方西の空にしずむ太陽のようすとにています。

❷ (1)星は、時間がたつと、見える位置が変わります。西の空に見える星は太陽と同じように西の方へとしずんでいくので㋑が午後9時の記録だとわかります。

おうちのかたへ
地球の自転や星の1日の動きは中学校で学習します。北の星が、北極星を中心に動くなどの動きも中学校での学習となるため、無理に深入りはしないように注意してください。

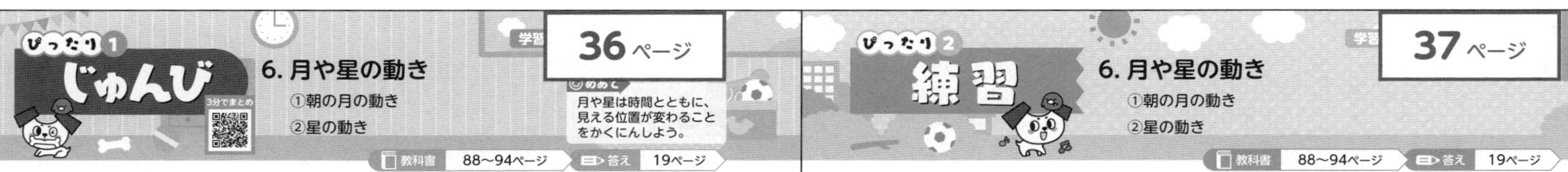

おうちのかたへ　6. 月や星の動き
月や星の動きについて学習します。1日のうちの月の動きを理解しているか、星は時刻とともに並び方を変えずに位置を変えることを理解しているか、などがポイントです。

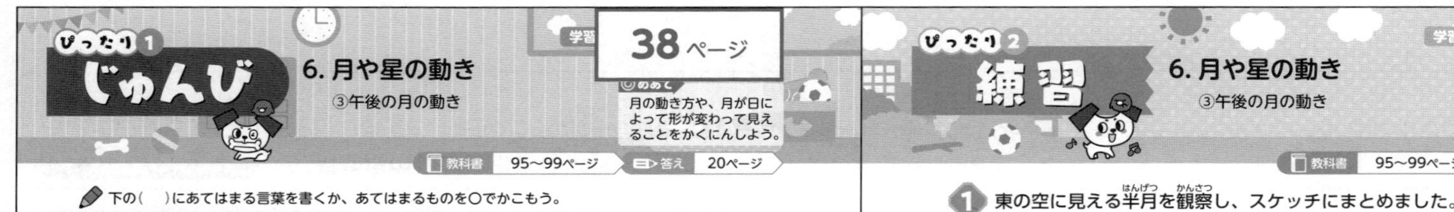

ぴったり1
じゅんび
学習 38ページ
めあて
月の動き方や、月が日によって形が変わって見えることをかくにんしよう。
教科書 95〜99ページ
答え 20ページ

6. 月や星の動き
③午後の月の動き

下の(　)にあてはまる言葉を書くか、あてはまるものを○でかこもう。

1 午後、東の空の半月はどのように動くだろうか。　教科書 95〜99ページ

▶午後２時すぎに東の空に見える月は、上の図の(① ア)の方で、月の形から(② 半月)とよばれている。

▶午後２時すぎに東の空に見えた月は、夕方にかけて(③ 南)の空へとのぼっていく。

●午後の月の動き方

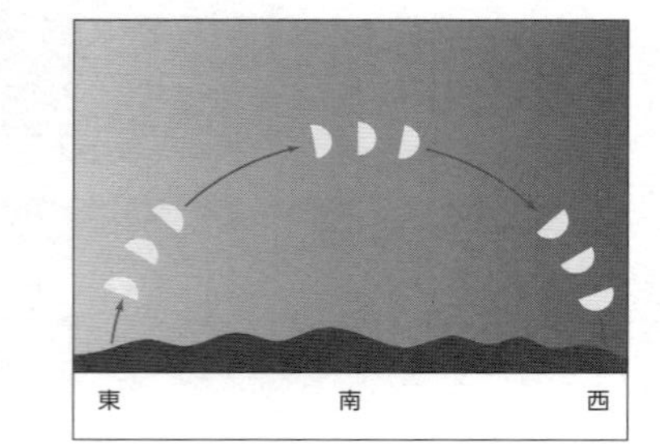

▶午後、(④ 東)の空に見えた半月は、時間とともに、南の空へのぼっていく。

▶午後６時ごろ南の空に見られた半月は、時間とともに、(⑤ 西)の空へとしずんでいく。

▶半月の１日の動き方をまとめると、太陽と(⑥ 同じような ・ ちがう)動き方をしていることがわかる。

▶月は、日によって、形が(⑦ 変わって)見える。

▶月の形には、欠けているところがない(⑧ 満月)や、半分欠けている(⑨ 半月)や、三日月などがある。

月にはいろいろな形があるんだね。

ここがだいじ!
①午後、東の空に見えた月は、南の空へのぼっていく。
②月は、太陽とにた動き方をし、また、日によって形が変わって見える。

月の形は毎日少しずつ変わり、およそ１か月でもとの形にもどります。

ぴったり2 練習　学習 39ページ

6. 月や星の動き
③午後の月の動き

教科書 95〜99ページ　答え 20ページ

1 東の空に見える半月を観察し、スケッチにまとめました。

(1) 月を観察するとき、いつも同じ場所で観察しますか、ちがう場所で観察しますか。　(同じ場所)

(2) 図の半月が見えたのは、いつごろですか。ア〜エのうち正しいものの(　)に○をつけましょう。

ア(　)午前６時ごろ
イ(　)午前９時ごろ
ウ(　)正午ごろ
エ(○)午後３時ごろ

(3) このあと、半月は、時間とともに、ア〜エのどの方向に動くでしょうか。　(イ)

2 半月の１日の動きを表しました。

(1) 図の半月は、図のア、イのどちらの方向に動くでしょうか。　(イ)

(2) 図の半月がしずむのは、いつごろですか。ア〜エのうち正しいものの(　)に○をつけましょう。

ア(　)朝
イ(　)昼間
ウ(　)夕方
エ(○)深夜

(3) 月の動き方は、太陽の動き方とにているといえるでしょうか。　(いえる。)

(4) 月の動き方をまとめます。①〜④の(　)にあてはまる言葉を書きましょう。

月は、(① 太陽)の動き方と同じように、(② 東)からのぼり、(③ 南)の高い空を通り、(④ 西)にしずむ。

39ページ　てびき

❶ (2)東の空で半月が観察できるのは、午後です。
(3)東の空にある半月は、南の空の高い方へと向かって、のぼっていきます。

❷ 午後東の空に見える半月は、夕方から夜にかけて南の空を通り、深夜に西の方へとしずみます。
朝見えるレモンににた形の月は、深夜に東からのぼり、南の空を通って、朝、西の方へとしずみます。
月は、日によって形が新月、三日月、半月、満月へと変わって見えます。しかし、見える形が変わっても、月の動き方は、太陽の動き方と同じで、東からのぼり、南の高い空を通って、西の方へとしずみます。

40ページ

6. 月や星の動き

/100
合格 70 点

教科書 88～99ページ　答え 21ページ

よく出る

1 午後に見える月と、午前中に見える月をそれぞれ観察し、記録しました。

1つ5点(20点)

(1) 右上の図のような月は、何とよばれるでしょうか。
（ 半月 ）

(2) 右上の図で、午後3時に見えた月は、時間とともに㋐～㋓のどの方向に動くでしょうか。（ ㋑ ）

(3) 右下の図のように、午前9時に見えた月は、時間とともに㋕～㋗のどの方向に動くでしょうか。
（ ㋗ ）

(4) 月の動き方について、ア～ウのうち正しいものの（ ）に○をつけましょう。
ア（ ○ ）月は、太陽とにたような動き方をする。
イ（ ）月は、その形によって動き方がちがっている。
ウ（ ）月は、同じ時こくにはいつも同じ場所に見える。

午後3時　㋐　㋑　㋒　㋓　東　南東　南
午前9時　㋕　㋖　㋗　西

2 夏の大三角を、午後8時と午後9時に観察します。

技能 1つ10点(30点)

(1) 夜に観察するとき、子どもだけで行ってもよいでしょうか。（ よくない。 ）

(2) 星の位置を記録するとき、目印にするとよいのは、電柱、さくのどちらでしょうか。
（ 電柱 ）

(3) 記述 午後8時と午後9時で、観察する場所はどのようにするでしょうか。
（同じ場所にする。(変えないようにする。)）

41ページ

学習

3 9月20日の午後8時と午後9時に南から西の空を観察しました。

1つ5点(20点)

(1) 右の図の3つの星は、夏の大三角です。デネブ、ベガと、もう1つの星は何というでしょうか。
（ アルタイル ）

(2) 午後9時に観察したときのスケッチは、㋐、㋑のどちらでしょうか。
（ ㋐ ）

(3) 夏の大三角の位置について、ア、イのうち正しいものの（ ）に○をつけましょう。
ア（ ○ ）時こくとともに変わる。
イ（ ）時こくとともに変わらない。

(4) 夏の大三角の形について、ア、イのうち正しいものの（ ）に○をつけましょう。
ア（ ）時こくとともに変わる。
イ（ ○ ）時こくとともに変わらない。

できたらスゴイ！

4 右の図はいろいろな月の形を表しています。

1つ10点、(1)は両方できて10点(30点)

(1) ㋐の月と㋕の月は、それぞれ何とよばれているでしょうか。
㋐の月（ 満月 ）
㋕の月（ 三日月 ）

(2) 月の形を観察すると、㋐の形からしだいに形が変わって、ふたたび㋐の形になるまでどのように変わっていきますか。㋑～㋕を順番にならべましょう。
思考・表現 (㋐→ ㋑ → ㋔ → ㋓ → ㋕ → ㋒ →㋐)

㋐　㋑　㋒　㋓(新月)　㋔　㋕

(3) 月の形が㋐から変わって元の㋐にもどるまでどのくらいの時間がかかりますか。ア～ウのうち正しいものの（ ）に○をつけましょう。
ア（ ）約2週間
イ（ ○ ）約1か月
ウ（ ）約2か月

ふりかえり ❸がわからないときは、36ページの❷にもどってかくにんしましょう。
❹がわからないときは、38ページの❶にもどってかくにんしましょう。

40～41ページ てびき

❶ (2)半月は、夕方から夜にかけて東から南の高い空へ動き、深夜、西にしずんでいきます。
(3)朝、西の空に見えるレモンににた形の月は、やがて西の方へとしずんでいきます。

❷ (2)夏の大三角は、空のとても高い位置に見えるので、電柱や電線などの高いものを目印にするとよいです。

❸ (2)午後8時よりあとの夏の大三角は、南から西へと動いていき、やがて西の方へしずみます。このため、午後9時の夏の大三角は、午後8時より西の少し低い位置に見えます。
(3)、(4)時こくとともに、星の位置は変わりますが、3つの星のならび方は変わりません。

❹ (2)月の形は毎日少しずつ変わります。満月からしだいに右側が欠けていき、まったく見えなくなった(新月)後、三日月になり、しだいに太くなり、元の満月にもどります。

めあて　すずしくなると、動物や植物のようすはどうなるかをかくにんしよう。

教科書 100～107ページ　答え 22ページ

下の(　)にあてはまる言葉を書こう。

1 すずしくなると、動物の活動のようすはどのように変わっただろうか。

教科書 101～106ページ

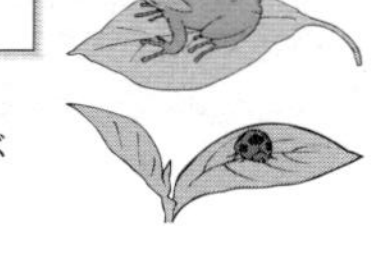

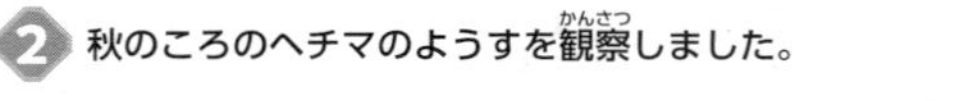

- 秋になると、夏のころとくらべて、気温が(① **低く**)なる。
- オオカマキリは、(② **たまご**)を産んでいた。
- ナナホシテントウやアマガエルなどは、夏にくらべて活動が(③ **にぶく**)なってくる。
- 動物の活動のようすを夏と秋でくらべると、(④ **夏**)の方が活発だった。
- 秋になると、気温が(⑤ **低く**)なるので、動物の活動がにぶくなり、見られる動物の数が(⑥ **少なくなる**(**へる**))。

2 ヘチマはどのくらい育っているだろうか。

教科書 104～106ページ

- 花がさいた後、花のもとの部分が大きくなり、(① **実**)になる。
- 実の色は、緑色から(② **黄(茶)**)色になり、実の中には、黒い(③ **たね**)ができる。
- 下の方の緑色だった葉やくきは(④ **黄(茶)**)色っぽくなりかれていった。

ここがだいじ!
①秋になると、動物の活動はにぶくなり、見られる数も少なくなる。
②植物は秋になると成長が止まり、実をつけるものもある。

ぴたトリビア　アゲハのさなぎは、緑色だったり茶色だったりします。これは、さなぎになるときの場所の表面のようす(ざらざらかつるつるか)や、明るさなどによって変わると考えられています。

教科書 100～107ページ　答え 22ページ

1 秋のころのこん虫のようすを調べます。

(1) 秋になると、夏とくらべて気温はどうなりますか。
(**低くなる。**)

(2) 写真のあは何というこん虫でしょうか。
(**オオカマキリ**)

(3) あのこん虫は、何をしているのでしょうか。
(**たまごを産んでいる。**)

(4) あのこん虫は、(3)のあと、どうなりますか。ア～ウのうち正しいものの(　)に○をつけましょう。
ア(　)さかんに活動する。
イ(　)さなぎになる。
ウ(○)やがて死んでしまう。

2 秋のころのヘチマのようすを観察しました。

このごろのヘチマ
10月22日　くもり　中川ゆう太
気温15℃（午前10時）
・くきはあまりのびていない。
・実がなっているのが見られる。
・このままかれるのかな？

(1) 夏のころとくらべて葉のようすはどうなっていますか。ア、イのうち正しいものの(　)に○をつけましょう。
ア(　)緑色の葉がふえている。
イ(○)下の方の葉がかれている。

(2) 実がじゅくすとどうなりますか。ア～ウのうち正しいものの(　)に○をつけましょう。
ア(　)小さく緑色になる。
イ(　)大きく育ち、緑色になる。
ウ(○)茶色になる。

(3) ヘチマの実の中には、何が入っていますか。
(**たね**)

(4) 秋になると、ヘチマの成長はどうなりますか。
(**(成長が)止まる。**)

ヒント　1 (4)冬には、このこん虫の成虫は見られないことから考えましょう。

43ページ　てびき

1 (1)秋は、夏にくらべて、気温が低くなっていきます。
(2)～(4)あのこん虫はオオカマキリで、たまごを産んでいます。オオカマキリの成虫は、たまごを産んだ後、寒くなるころには死んでしまい、冬には成虫は見られません。

2 (1)秋になると、夏のように葉がふえず、下の方からかれてきます。
(2)秋になると、ヘチマの実は緑色から茶色に変わってきます。
(4)秋になると、ヘチマの成長は止まり、やがてかれていきます。

おうちのかたへ
ヘチマやカキなどは、実(果実)とたね(種子)はわかりやすいです。ヒマワリやイネは一般にたねといっている部分は実(果実)のことなので注意が必要です。中学校で詳しく学習します。

おうちのかたへ　1-3. すずしくなると
「1. 季節と生き物　あたたかくなって」「1-2. 暑い季節」に続いて、身の回りの生き物を観察して、動物の活動や植物の成長が季節によって違うことを学習します。ここでは秋の生き物を扱います。

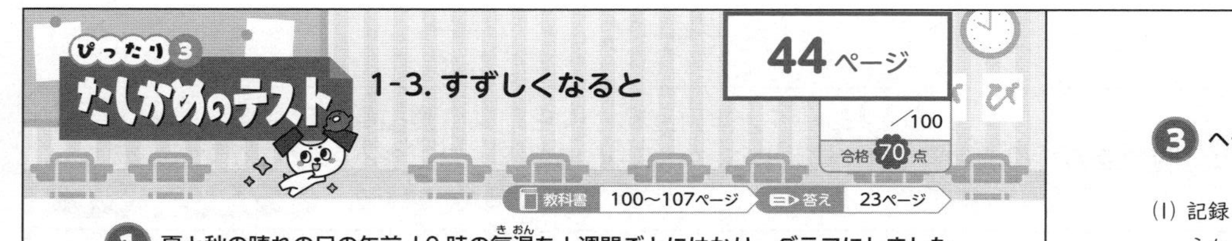

44ページ

1-3. すずしくなると

／100
合格70点

教科書 100〜107ページ　答え 23ページ

1 夏と秋の晴れの日の午前10時の気温を1週間ごとにはかり、グラフにしました。

1つ10点(20点)

(1) 右のグラフは、夏と秋の気温を表しています。秋の気温は㋐、㋑のどちらでしょうか。

（ ㋑ ）

㋐ このごろの気温（℃）午前10時 小林 あい　25日 2日 9日 16日

㋑ このごろの気温（℃）午前10時 小林 あい　1日 8日 15日 22日

(2) 秋は、夏のころとくらべて、植物の成長のようすはどのように変化しますか。次のア〜ウのうち正しいものの（ ）に○をつけましょう。

ア（ ）夏のころよりよく成長する。
イ（○）夏のころとちがって成長が止まる。
ウ（ ）夏のころと同じように成長する。

よく出る

2 秋のころの生き物のようすを調べました。

1つ5点(20点)

(1) 次のア〜オのうち秋のようすを2つ選んで、（ ）に○をつけましょう。

ア（ ）オオカマキリのよう虫がたくさん見られる。
イ（○）オオカマキリが、あわでつつまれたたまごを産んでいる。
ウ（ ）ツバメが、巣をつくって、ひなを育てている。
エ（ ）池や田では、カエルがさかんに鳴いている。
オ（○）ナナホシテントウが葉にいたが、活動がにぶかった。

(2) 次のア〜オのうち正しいものを2つ選んで、（ ）に○をつけましょう。

ア（ ）夏にくらべて、秋は気温がより高い日が多い。
イ（○）夏にくらべて、秋は気温がより低い日が多い。
ウ（ ）夏にくらべて、秋はこん虫の活動がさかんである。
エ（○）夏にくらべて、秋はこん虫の活動がにぶくなってきている。
オ（ ）秋は、こん虫のほとんどが土の中や葉の下にいてじっとしている。

44

45ページ

学習

3 ヘチマを観察し、記録しました。

1つ10点(40点)

(1) 記録したころは、夏にくらべて気温はどうなったでしょうか。　（ 低くなった。 ）

(2) 右の記録用紙の絵には、まだ色をぬっていません。記録用紙に書かれた文の（ ）にあてはまる色は何色ですか。ア〜エのうち正しいものの（ ）に○をつけましょう。

ア（ ）緑色　イ（ ）赤色
ウ（○）茶色　エ（ ）青色

かれたヘチマ
10月22日　くもり　中川ゆう太
気温15℃（午前10時）
ヘチマはすっかりかれてきました。実は（ ）になっています。葉をにぎるとパリパリくだけてしまいます。

(3) よくじゅくした実を2つに切って中を観察したときの図は、㋐〜㋒のどれでしょうか。

（ ㋑ ）

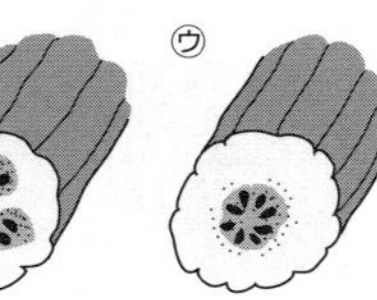
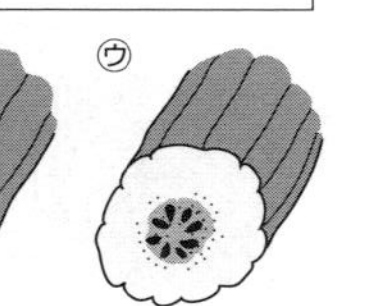

(4) 実の中には、何が入っているでしょうか。（ たね ）

できたらスゴイ！

4 秋のサクラのようすを調べます。

1つ10点(20点)

(1) 秋のころのサクラのようすについて、ア〜ウのうち正しいものの（ ）に○をつけましょう。

サクラの葉は、色が変わって、落ちるものも出てきたね。
すっかり葉が落ちて、ヘチマのように木がかれているよ。
緑色の葉がたくさんついているね。

ア（○）　イ（ ）　ウ（ ）

(2) 記述 サクラが(1)のようになるのは、何の変化と関係がありますか。何がどう変わったからか、書きましょう。　思考・表現

（ 気温が低くなってきたから。 ）

ふりかえり　❷がわからないときは、42ページの❶にもどってかくにんしましょう。❸がわからないときは、42ページの❷にもどってかくにんしましょう。

45

44〜45ページ てびき

1 (1)夏は気温が30℃くらいあり暑かったですが、秋は気温が15℃くらいまで下がり、すずしくなっています。
(2)気温が低くなると、夏のころとちがって、植物の成長が止まります。

2 (1)ア、ウは春、エは夏のようすです。
(2)夏にくらべて、秋は気温が低くなっていき、こん虫の活動もにぶくなってきます。冬になってさらに気温が下がると、土の中や葉の下でじっとして冬をこすこん虫もいます。

3 (2)秋になると、ヘチマの実は、黄色から茶色になってじゅくしてきます。
(3)、(4)ヘチマのたねは、実の中の4つのあなのようになったところに分かれて入っています。

4 (1)秋のころのサクラは、葉の色が変わり、葉の根元に芽のようなものができています。葉が落ちてもヘチマのようにかれてはいません。ウの緑色の葉がたくさんつくのは夏のようすです。

7. 自然の中の水

①水のゆくえ
②空気中の水じょう気

学習 **46ページ**

めあて 水は水面などからじょう発し、空気中には水じょう気があることをかくにんしよう。

教科書 108～117ページ　答え 24ページ

下の(　)にあてはまる言葉を書こう。

1 水はどこへいったのだろうか。　教科書 110～113ページ

▶よう器に同じ量の水を入れて日なたと日かげに2日間置くと下の写真のようになった。

日なたと日かげでは水のへり方はちがうかな。

▶2日後、最も水の量がへっているのは、(① ㋐)のよう器である。
▶㋑のラップの内側に(② **水てき**)がついている。
▶水は、空気中に(③ **水じょう気**)となって出ていく。このことを、水の(④ **じょう発**)という。

2 空気中には水じょう気があるのだろうか。　教科書 114～116ページ

▶図のように、ふたのついたよう器に氷と水を入れて、いろいろな場所に持っていくと、よう器の表面に水てきがつく。この水てきは空気中の、(①**水じょう気**)が冷たいよう器の表面にふれて冷やされ、水てきとなってついたものである。

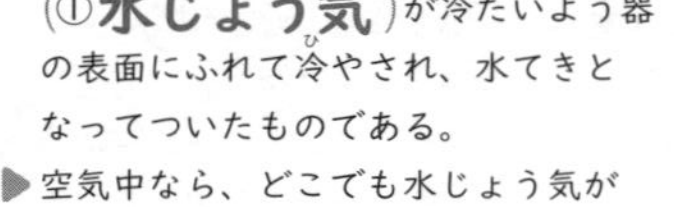

▶空気中なら、どこでも水じょう気が(② **ある**)といえる。
▶空気中の水じょう気は、氷水などで冷やすとふたたび(③ **水**)にすがたを変える。

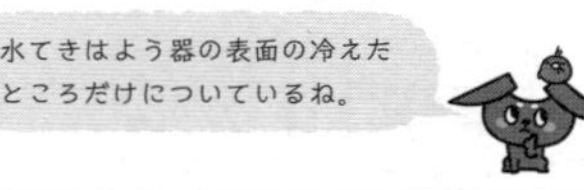

水てきはよう器の表面の冷えたところだけについているね。

ここがだいじ! ①水が水じょう気となって空気中に出ていくことを、水のじょう発という。
②空気中には水じょう気があり、冷やすとふたたび水になる。

ぴたトリビア 自然の中では、水はたえずじょう発しています。水じょう気は、空の高いところで冷えて、小さな水や氷のつぶになります。これが雲の正体です。

ぴったり2 **練習**

7. 自然の中の水

①水のゆくえ
②空気中の水じょう気

学習 **47ページ**

教科書 108～117ページ　答え 24ページ

1 下の図のようにビーカーに水を入れ、同じ場所に2日間置きました。

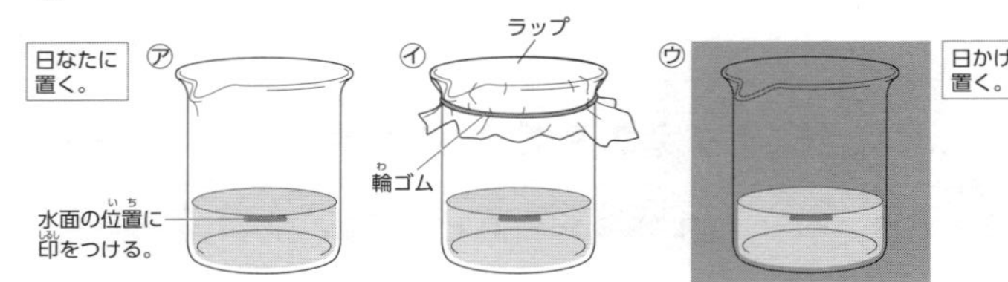

日なたに置く。
ア
イ
ラップ
ウ
日かげに置く。
輪ゴム
水面の位置に印をつける。

(1) ㋐と㋑をくらべると、水の量が多くへっているのはどちらでしょうか。　(㋐)
(2) ㋐と㋒をくらべると、水の量が多くへっているのはどちらでしょうか。　(㋐)
(3) ビーカーの水がへるのはなぜですか。(　)にあてはまる言葉を書きましょう。
　水がへるのは、水が(① **水じょう気**)になって、水面から空気中に出ていくためである。①は(② **水**)がすがたを変えたものである。
(4) ㋑の変化について、ア～ウのうち正しいものの(　)に○をつけましょう。
ア(○)ラップの内側に水てきがついていた。
イ(　)ビーカーの外側に水てきがついていた。
ウ(　)ラップやビーカーに何も変化が起こらなかった。

2 よう器に氷と水を半分くらい入れました。

(1) よう器に水てきがつきました。どこについたか、ア～ウのうち正しいものの(　)に○をつけましょう。
ア(　)よう器の外側全体
イ(　)よう器のふたの内側
ウ(○)よう器の氷水が入った部分の外側
(2) よう器のまわりをよくふき、ほかの場所に持っていくと、水てきはどこでもつきますか、つきませんか。
(**どこでもつく。**)
(3) よう器についた水てきはどこからきたものですか。(　)にあてはまる言葉を書きましょう。
空気中の(① **水じょう気**)が氷水に冷やされて(② **水**)になった。

47ページ てびき

❶ (1)、(2)水が水じょう気になって空気中に出ていくので、㋑より㋐のビーカーの水が多くへります。じょう発は日なたのほうがさかんなので、㋒より㋐の水が多くへります。
(4)㋑のビーカーでは水がじょう発して、水じょう気がラップの内側につきます。水の量はほとんど変わりません。

❷ (1)水てきは、氷水で冷えていないところにはつきません。
(2)空気中には水じょう気があるので、よう器をどこに持っていっても、水てきがつきます。

おうちのかたへ
コップに入れた水が自然に減っていくことや洗濯物が自然に乾くことから、水は自然に蒸発することを理解させるように指導してください。

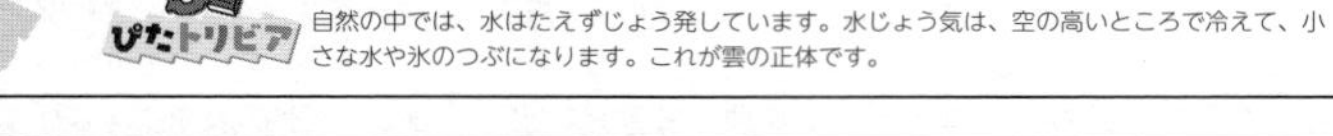

おうちのかたへ　7. 自然の中の水
水が水面などから蒸発すること、水蒸気が結露して水に変わることを学習します。熱しなくても水が蒸発して水蒸気になること、空気中の水蒸気が結露して水に変わることを理解しているか、などがポイントです。

7. 自然の中の水

48ページ

/100　合格70点

教科書 108～117ページ　答え 25ページ

よく出る

1 2つのコップに同じ量の水を入れ、一方にはラップでふたをしました。これらの2つのコップを日なたに2日間置いておきます。　1つ5点(35点)

(1) 水のへる量が多いのは、㋐、㋑のどちらでしょうか。　（ ㋑ ）

(2) 水のへる量が多いコップの水は、何になって、どこへいくのでしょうか。
何（ 水じょう気 ）
どこ（ 空気中 ）

(3) 水が、(2)のようになることを、水の何というでしょうか。　（ じょう発 ）

(4) ㋐のラップのふたの内側には、何がつくでしょうか。　（ 水てき ）

(5) ㋐のコップの中の水の変化のようすをまとめます。次の文の（ ）にあてはまる言葉を書きましょう。
㋐のコップの中の水も（ 水じょう気 ）になっているが、ラップでふたをしてあるので、㋑のコップと同じような水の量の変化はない。

(6) ㋑のコップを日かげに置いたとき、水がへる量は日なたに置いたときとくらべてどうなりますか。　（ 少なくなる。 ）

2 晴れた日に、とう明なよう器を地面にふせて置きました。　1つ5点(15点)

(1) 1時間後によう器を見ると、どのように変化していますか。ア～ウのうち正しいものの（ ）に○をつけましょう。
ア（ ○ ）内側に水てきがついている。
イ（ 　 ）外側に水てきがついている。
ウ（ 　 ）何も変化は起こらなかった。

(2) (1)のようになったのはなぜですか。（ ）にあてはまる言葉を［ ］から選んで書きましょう。
土の中の水が（① じょう発 ）してできた（② 水じょう気 ）がふたたび水になってよう器についたから。

［ ふっとう　じょう発　氷　水　水じょう気 ］

学習日

49ページ

3 ふたのついたよう器に氷水を入れ、校内のいろいろな場所に持っていきます。　1つ5点(20点)

(1) 右の図のように、よう器の外側に水てきがつきました。この水てきはどこからきたものですか。ア～ウのうち正しいものの（ ）に○をつけましょう。
ア（ 　 ）よう器の中の水がしみ出したもの。
イ（ ○ ）よう器のまわりの空気中の水じょう気が冷やされて、水てきになったもの。
ウ（ 　 ）よう器の中の水が冷やされて、氷となってつき、その氷がとけたもの。

(2) 次の①、②の｛ ｝の中のア、イのうち正しいものの（ ）に○をつけましょう。
氷水を入れたふたのついたよう器を校内のいろいろな場所に持っていくと、どの場所でもよう器の外側に水てきが①｛ア（ ○ ）つく　イ（ 　 ）つかない｝。このことから、空気中ならばどこでも水じょう気が②｛ア（ ○ ）ある　イ（ 　 ）ない｝といえる。

(3) 自然の中には、空気中の水じょう気が水にすがたを変えることで起こるものがあります。ア～ウのうち正しいものの（ ）に○をつけましょう。
ア（ 　 ）水たまりの水がなくなる。
イ（ ○ ）きりが出る。
ウ（ 　 ）水そうの水がへっていた。

できたらスゴイ！

4 自然の中の水についてまとめます。　1つ10点、(3)は両方できて10点(30点)

(1) 外が寒いとき、部屋のまどガラスがぬれていました。ぬれているのは、まどガラスの内側ですか、外側ですか。　（ 内側 ）

(2) 記述 まどガラスがぬれているのは、なぜですか。「水じょう気」という言葉を使って説明しましょう。　思考・表現
（ 空気中の水じょう気がまどガラスの外の冷たい空気で冷やされて水てきになったから。 ）

(3) せんたく物をほすと、ほす前よりも軽くなりました。このことについて、（ ）にあてはまる言葉を書きましょう。　思考・表現
せんたく物にふくまれていた（① 水 ）が（② 水じょう気 ）になって空気中に出たから。

ふりかえり
❶がわからないときは、46ページの1にもどってかくにんしましょう。
❹がわからないときは、46ページの2にもどってかくにんしましょう。

48～49ページ　てびき

❶ (1)～(3)㋑は、水が水じょう気になって空気中に出ていくので、コップの中の水の量はへります。
(4)、(5)㋐は、ラップでふたをしているので、水は水じょう気になっても、空気中に出ていかないので、コップの中の水の量はほとんど変わりません。

❷ (1)土の中の水が水じょう気になり、ふたたび水にすがたを変えてよう器の内側につきます。
(2)地面にしみこんでいる水は、地面の表面からじょう発しています。

❸ (1)水てきは、空気中の水じょう気が氷水に冷やされて水になり、よう器についたものです。
(3)アとウは、水が水じょう気になって起こります。

❹ (1)、(2)部屋の外が寒く、内があたたかいとき、部屋の空気の中の水じょう気が外の冷たい空気に冷やされて水てきになり、まどガラスの内側につきます。
(3)せんたく物がかわくと、ふくまれていた水の分だけせんたく物は軽くなります。

ぴったり1 じゅんび

8. 水の3つのすがた
①水を熱したときのようす

50ページ

めあて 水を熱するとふっとうし、出てくるあわは水じょう気であることをかくにんしよう。

教科書 118～124ページ　答え 26ページ

下の( )にあてはまる言葉を書くか、あてはまるものを○でかこもう。

1 水を熱すると、温度はどのように変化するだろうか。　教科書 120～122ページ

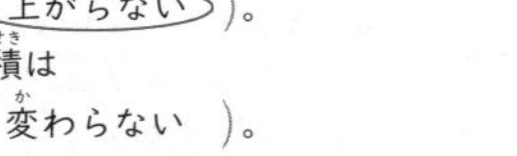

- 水を熱するときは、水が急にわき立たないように、丸底フラスコに(① ふっとう石)を入れる。
- 水を熱すると、水の中から小さな(② あわ)が出るようになる。
- 水の温度が(③ 100)℃に近づくと、水の中からさかんに大きなあわが出てわき立つようになる。このことを水の(④ ふっとう)という。
- 水の中から出てくるあわは(⑤水じょう気)である。
- 水の温度は100℃に近づくと、熱し続けても温度が(⑥ さらに高くなる ・ (上がらない))。
- 水がふっとうした後、水の体積は(⑦ ふえる ・ (へる) ・ 変わらない)。

2 ふっとうした水から出てくるあわは何だろうか。　教科書 123～124ページ

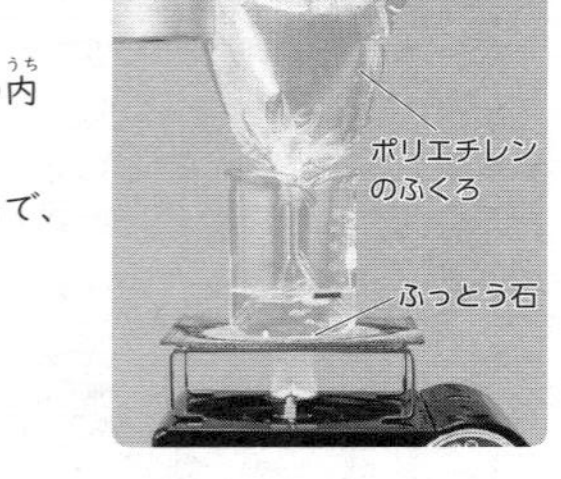

- 水を熱して、空気をぬいたふくろにあわを集めると、ふくろは(① ふくらむ)。
- 火を消すと、ふくろは(② しぼむ)。ふくろの内側には(③ 水てき)がついている。
- 水の中から出てくるあわは(④ 水じょう気)で、冷えると(⑤ 水)にもどることがわかる。

水じょう気は見えないけれど、水にもどると見えるね。

ここがだいじ！
①水は100℃に近づくと、ふっとうして、水じょう気に変わり、目に見えない。
②ふっとうした水の中から出てくるあわは水じょう気で、冷えると水になる。

ぴたトリビア 水は約100℃まで温めると水じょう気になりますが、このとき、体積は約1700倍になります。

ぴったり2 練習

8. 水の3つのすがた
①水を熱したときのようす

51ページ

教科書 118～124ページ　答え 26ページ

1 水を熱して、温度の変化をグラフにまとめました。

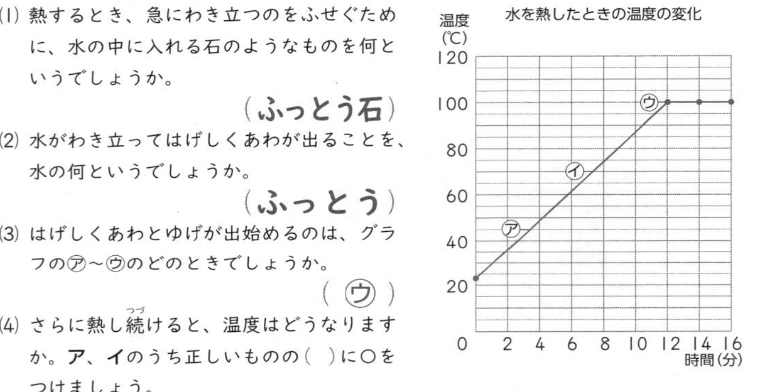

(1) 熱するとき、急にわき立つのをふせぐために、水の中に入れる石のようなものを何というでしょうか。
(ふっとう石)

(2) 水がわき立ってはげしくあわが出ることを、水の何というでしょうか。
(ふっとう)

(3) はげしくあわとゆげが出始めるのは、グラフのア～ウのどのときでしょうか。
(ウ)

(4) さらに熱し続けると、温度はどうなりますか。ア、イのうち正しいものの( )に○をつけましょう。
ア(○)そのまま変わらない。　イ( )だんだん上がっていく。

(5) 熱し続けると、水の量はどうなりますか。ア～ウのうち正しいものの( )に○をつけましょう。
ア( )ふえる。　イ(○)へる。　ウ( )変わらない。

2 右の図のように、ふっとうした水から出るあわを、ふくろに集めました。

スタンドのクリップ
空気をぬいたふくろ
ふっとう石

(1) 熱し続けると、ふくろはどうなるでしょうか。ア～ウのうち正しいものの( )に○をつけましょう。
ア(○)ふくらむ。　イ( )しぼむ。
ウ( )変わらない。

(2) 火を消すと、(1)とくらべて、ふくろはどうなるでしょうか。
(しぼむ。)

(3) 水を熱したときに出てくるあわは、水が目に見えないすがたになったものです。これを何というでしょうか。
(水じょう気)

ヒント 2 (3)水の中から出てくるあわは、水がすがたを変えたものであることから考えましょう。

51ページ てびき

1 (1)ふっとう石を入れるのは、水が急にわき立ってあふれ出すのをふせぐためです。
(2)水を熱したとき、水の中からはげしくあわが出ることを、ふっとうといいます。
(4)水がふっとうしている間は、熱し続けても、温度は100℃くらいで変わりません。
(5)水が水じょう気になって空気中に出ていくので、熱する前よりも水の量はへります。

2 (1)、(2)水の中から出てくるあわを集めると、ふくろはふくらみます。火を消すと、水じょう気が水にもどり、ふくろはしぼみます。

おうちのかたへ　8. 水の3つのすがた
実験を通して、水が温度によって水蒸気や氷になることを学習します。水を熱すると約100℃で沸騰して水蒸気になること、冷やすと0℃で氷になることを理解しているか、水の状態変化(固体・液体・気体)を考えることができるか、などがポイントです。

8. 水の3つのすがた

②水がこおるときのようす

学習 **52ページ**

めあて 水を冷やし続けたときの変化や、水の3つのすがたをかくにんしよう。

教科書 125～131ページ　答え 27ページ

下の(　)にあてはまる言葉を書こう。

1 水がこおるとき、温度や水のようすはどのように変わるだろうか。 教科書 125～129ページ

- 水は冷やすとかたい（① **氷** ）になる。
- ビーカーの中の細かくくだいた氷に、水と（② **食塩** ）を加えて、水を入れた試験管を冷やすと、（③ **0** ）℃で水はこおり始め、すべて氷になるまで温度は（④ **変わらない** ）。
- 右下の図のように、水は氷になると、体積が（⑤**ふえる(大きくなる)**）。
- 水は、温度が変わると、水のように形を自由に変えられるすがたの（⑥ **えき体** ）、氷のように形のはっきりしたすがたの（⑦ **固体** ）、水じょう気のように目に見えないすがたの（⑧ **気体** ）に変化する。

● 0℃より低い温度の表し方

- 0℃より低い温度は、温度計の0から下へ目もりを数え、「れい下何℃」、または、「（⑨ **マイナス** ）何℃」という。
- 右の図のようなときは、0から下へ目もりを数え、「れい下（⑩ **7** ）℃」、または、「マイナス（⑪ **7** ）℃」と読む。書くときは、『－』を使う。

（⑫ **-7** ）℃

ここがだいじ！ ①水は0℃でこおり始める。水が全部氷になるまで、その温度は変わらない。
②温度が変化すると、水は、えき体から、気体、固体にすがたを変える。

ぴたトリビア 水は温度が4℃のとき、いちばん体積が小さくなります。

ぴったり2 練習

8. 水の3つのすがた

②水がこおるときのようす

学習 **53ページ**

教科書 125～131ページ　答え 27ページ

1 次の㋐の図のような実験そう置で、試験管の水を冷やし、水が氷になるときの温度を調べ、㋑の図のようなグラフに表しました。

(1) より温度を下げるために、ビーカーの氷と水に加えるものは、何でしょうか。
（ **食塩** ）

(2) 温度計にゴム管をつけるのはなぜでしょうか。
（ **温度計がわれないようにするため。** ）

(3) 試験管の水がこおり始めるのは、何℃でしょうか。
（ **0℃** ）

(4) 試験管の水がこおり始めたのは、実験を始めてから何分後でしょうか。
（ **6分後** ）

(5) 水がこおり始めてからすべて氷になるまでに、試験管の中の水の温度は、変わるでしょうか、変わらないでしょうか。
（ **変わらない。** ）

(6) 水が氷になると、その体積はどうなるでしょうか。
（ **ふえる。** ）

2 温度計のしめしている温度を読みます。

(1) この温度計のえきの先は、0℃より何目もり下になっているでしょうか。
（ **11** 目もり）

(2) この温度計は、何度を表していますか。0℃より低い温度の書き方にしたがって書きましょう。
（ **-11℃** ）

53ページ てびき

1 (1)くだいた氷に、冷たい水と食塩をまぜたえきを加えると、約－20℃まで温度を下げることができます。
(3)、(4)水は0℃でこおり始めます。折れ線グラフを見ると、0℃になったのは6分後くらいからです。
(5)水がすべて氷になるまでは、温度は0℃のままです。

2 (1)温度計のえきの先は、0の目もりよりも、11目もり下になっています。
(2)「れい下11度」、または、「マイナス11度」と読み、『－』を使って、「－11℃」と書きます。

おうちのかたへ
小学校の算数では負(マイナス)の数は学習しません。0℃より低い温度の学習では、0℃の目盛りからいくつ下かを数えて、－の記号をつけて表す、ということを意識づけさせてください。

8. 水の3つのすがた

54ページ

/100　合格 70 点

教科書 118～131ページ　答え 28ページ

よく出る

1 図のようなそう置で、水をふっとうさせました。

1つ6点(30点)

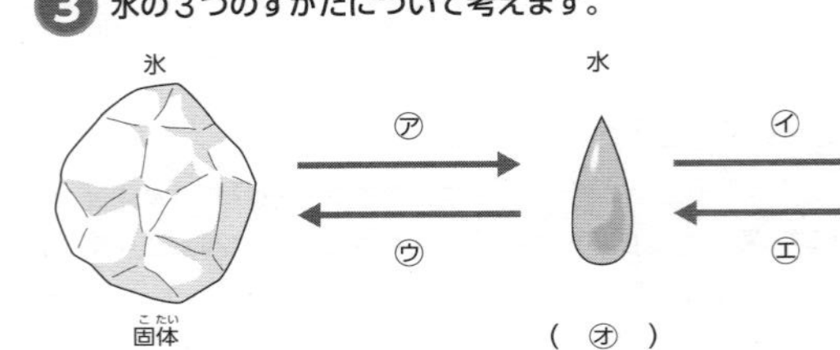

(1) 水をふっとうさせるときに、急にわき立つことをふせぐために、丸底フラスコに入れる㋐は何でしょうか。
（ ふっとう石 ）

(2) 図の㋑と㋒の場所で、それぞれ冷たい水を入れた試験管に、ガラス管から出てきたものを当てました。試験管の外側には、それぞれ何がつくでしょうか。
㋑（ 水てき ）㋒（ 水てき ）

(3) 図の㋑の何も見えないところには、ガラス管から出た、何があるでしょうか。
（ 水じょう気 ）

(4) ㋑は、水のすがたのうち、固体、えき体、気体のどれでしょうか。（ 気体 ）

2 図のように、水と氷を入れたビーカーに、水を入れた試験管を入れます。

1つ6点(30点)

印　水　細かくくだいた氷

(1) 気温 20 ℃の部屋に置いておくと、ビーカーの中の氷はどうなっていくでしょうか。
（ とけていく。 ）

(2) 試験管の中の水をこおらせるためには、どうすればよいですか。ア～ウのうち正しいものの（ ）に○をつけましょう。 技能
ア（ ）ビーカーの氷に水をさらに加える。
イ（ ○ ）ビーカーの氷と水に食塩をまぜる。
ウ（ ）試験管の中の水に食塩をとかす。

(3) 試験管の中の水がこおり始めるのは何℃でしょうか。（ 0℃ ）

55ページ

学習

(4) 試験管の中の水がすべて氷になったとき、温度は何℃になっているでしょうか。
（ 0℃ ）

(5) 水がすべてこおったとき、水のときとくらべて、体積はどうなっているでしょうか。
（ ふえている。 ）

3 水の3つのすがたについて考えます。

1つ5点(30点)

氷　㋐→　←㋒　水　㋑→　←㋓　水じょう気
固体　（ ㋔ ）　気体

(1) 上の図の㋔の（ ）にあう言葉を書きましょう。（ えき体 ）

(2) 冷やしたときの変化を表している矢印は、㋐～㋓のどれとどれでしょうか。
（ ㋒ ）（ ㋓ ）

(3) 次の①～③の変化は、それぞれ上の図の㋐～㋓のどの変化でしょうか。 思考・表現
①水たまりの水がしばらくするとなくなっていた。（ ㋑ ）
②寒い日、家のまどの内側に水てきがついていた。（ ㋓ ）
③寒い朝、池に氷がはっていた。（ ㋒ ）

てきたらスゴイ!

4 水を熱したときの温度の変化を調べ、グラフに表しました。

思考・表現　1つ5点(10点)

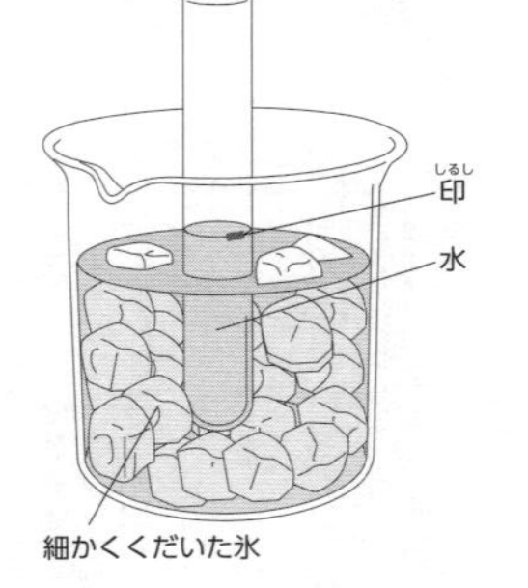

(1) グラフの㋐のとき、水のようすはどうなっていますか。ア～ウのうち正しいものの（ ）に○をつけましょう。
ア（ ）細かいあわが出始める。
イ（ ○ ）はげしくあわとゆげが出る。
ウ（ ）水のようすに変化はない。

(2) 記述 ㋐のときからさらに熱し続けると、水の温度はどうなるでしょうか。
（ 100℃のまま水の温度は変化しない。 ）

ふりかえり
②がわからないときは、52ページの①にもどってかくにんしましょう。
④がわからないときは、50ページの①にもどってかくにんしましょう。

54～55ページ てびき

1 (2)～(4)㋑の場所には何も見えませんが、ガラス管から出てきた水じょう気があります。水じょう気は、気体です。白く見える㋒の部分では、水じょう気が冷やされて、ゆげになっています。ゆげは、細かい水のつぶで、えき体です。

2 (1)氷は、温度が0℃より高いと、とけていきます。
(2)、(3)冷たい水と食塩をまぜたえきを氷に加えると、0℃より低い温度になります。
(4)水がすべて氷になるまでは0℃のままです。

3 (2)気体の水じょう気を冷やすと、えき体の水になります。えき体の水を冷やすと、固体の氷になります。
(3)①水たまりの水（えき体）は、水面から水じょう気(気体)になり見えなくなります。

4 (1)水を熱していき、100℃近くになると、はげしくあわとゆげが出始めます。
(2)水は、100℃でふっとうします。ふっとうしている間は、100℃のままで変わりません。ですから、10～16分のところは、温度が100℃のままで、グラフが水平になっているのです。

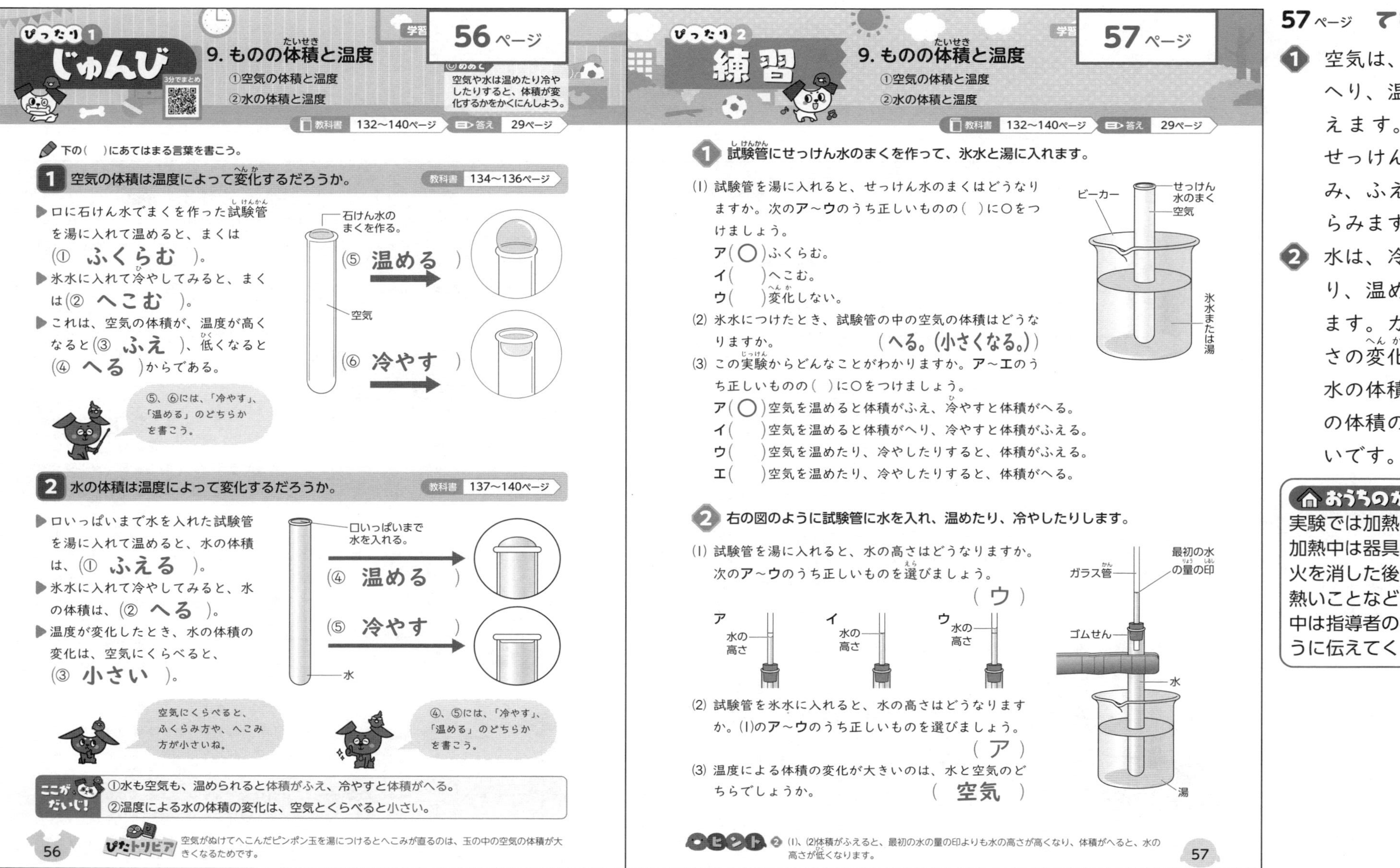

ぴったり1 じゅんび

9. ものの体積と温度

①空気の体積と温度
②水の体積と温度

56ページ

めあて：空気や水は温めたり冷やしたりすると、体積が変化するかをかくにんしよう。

教科書 132～140ページ　答え 29ページ

下の(　)にあてはまる言葉を書こう。

1 空気の体積は温度によって変化するだろうか。　教科書 134～136ページ

- 口に石けん水でまくを作った試験管を湯に入れて温めると、まくは(① ふくらむ)。
- 氷水に入れて冷やしてみると、まくは(② へこむ)。
- これは、空気の体積が、温度が高くなると(③ ふえ)、低くなると(④ へる)からである。

石けん水のまくを作る。　空気

(⑤ 温める)　(⑥ 冷やす)

⑤、⑥には、「冷やす」、「温める」のどちらかを書こう。

2 水の体積は温度によって変化するだろうか。　教科書 137～140ページ

- 口いっぱいまで水を入れた試験管を湯に入れて温めると、水の体積は、(① ふえる)。
- 氷水に入れて冷やしてみると、水の体積は、(② へる)。
- 温度が変化したとき、水の体積の変化は、空気にくらべると、(③ 小さい)。

口いっぱいまで水を入れる。　水

(④ 温める)　(⑤ 冷やす)

空気にくらべると、ふくらみ方や、へこみ方が小さいね。

④、⑤には、「冷やす」、「温める」のどちらかを書こう。

ここがだいじ！
①水も空気も、温められると体積がふえ、冷やすと体積がへる。
②温度による水の体積の変化は、空気とくらべると小さい。

ぴたトリビア　空気がぬけてへこんだピンポン玉を湯につけるとへこみが直るのは、玉の中の空気の体積が大きくなるためです。

56

ぴったり2 練習

9. ものの体積と温度

①空気の体積と温度
②水の体積と温度

57ページ

教科書 132～140ページ　答え 29ページ

1 試験管にせっけん水のまくを作って、氷水と湯に入れます。

(1) 試験管を湯に入れると、せっけん水のまくはどうなりますか。次のア～ウのうち正しいものの(　)に○をつけましょう。

ア(○)ふくらむ。
イ(　)へこむ。
ウ(　)変化しない。

(2) 氷水につけたとき、試験管の中の空気の体積はどうなりますか。　(へる。(小さくなる。))

(3) この実験からどんなことがわかりますか。ア～エのうち正しいものの(　)に○をつけましょう。

ア(○)空気を温めると体積がふえ、冷やすと体積がへる。
イ(　)空気を温めると体積がへり、冷やすと体積がふえる。
ウ(　)空気を温めたり、冷やしたりすると、体積がふえる。
エ(　)空気を温めたり、冷やしたりすると、体積がへる。

ビーカー　せっけん水のまく　空気　氷水または湯

2 右の図のように試験管に水を入れ、温めたり、冷やしたりします。

(1) 試験管を湯に入れると、水の高さはどうなりますか。次のア～ウのうち正しいものを選びましょう。　(ウ)

ア 水の高さ　イ 水の高さ　ウ 水の高さ

(2) 試験管を氷水に入れると、水の高さはどうなりますか。(1)のア～ウのうち正しいものを選びましょう。　(ア)

(3) 温度による体積の変化が大きいのは、水と空気のどちらでしょうか。　(空気)

ガラス管　最初の水の量の印　ゴムせん　水　湯

ヒント 2 (1)、(2)体積がふえると、最初の水の量の印よりも水の高さが高くなり、体積がへると、水の高さが低くなります。

57

57ページ てびき

1. 空気は、冷やすと体積がへり、温めると体積がふえます。体積がへるとせっけん水のまくがへこみ、ふえるとまくがふくらみます。
2. 水は、冷やすと体積がへり、温めると体積がふえます。ガラス管の水の高さの変化でわかります。水の体積の変化は、空気の体積の変化より、小さいです。

おうちのかたへ
実験では加熱器具を使用します。加熱中は器具が熱くなること、火を消した後も器具はしばらく熱いことなどに注意して、実験中は指導者の指示をよく聞くように伝えてください。

おうちのかたへ　9. ものの体積と温度
実験を通して、水、空気、金属を温めたときの体積の変化について学習します。どれも温める(冷やす)と体積が増える(減る)が、変化の程度は異なることを理解しているかがポイントです。

ぴったり1 じゅんび

9. ものの体積(たいせき)と温度

③金ぞくの体積と温度

めあて 金ぞくを温めたり冷やしたりすると体積が変化するかをかくにんしよう。

教科書 141〜145ページ　答え 30ページ

下の(　)にあてはまる言葉を書こう。

1 金ぞくの体積は温度によって変化(へんか)するだろうか。　教科書 141〜143ページ

▶輪(わ)をぎりぎりで通りぬけることができる金ぞく球を、湯で温めると、球は輪を通り(① **ぬける**)。

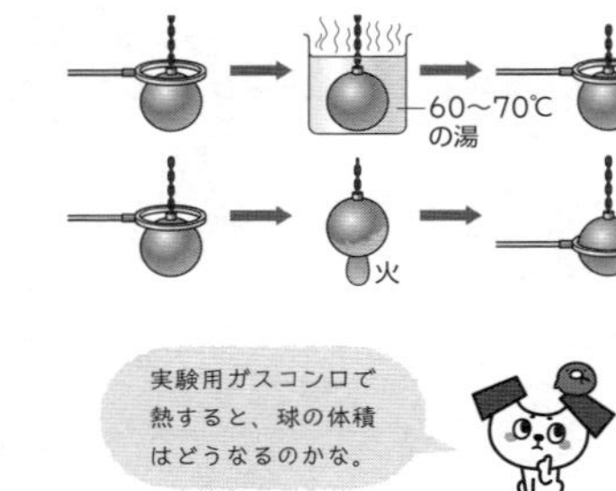

▶同じ金ぞく球を、実験用(じっけんよう)ガスコンロでじゅうぶんに熱(ねっ)すると、球は輪を通り(② **ぬけなく**)なる。

▶金ぞく球がじゅうぶんに冷(ひ)えるのを待ち、もう一度輪を通りぬけるか調べると、球は輪を通り(③ **ぬける**)ようになった。

実験用ガスコンロで熱すると、球の体積はどうなるのかな。

▶金ぞくも、空気や水と同じように、温めると体積が(④ **ふえ**)、冷やされると体積が(⑤ **へる**)。

▶温度の変化による金ぞくの体積の変(か)わり方は、空気や水にくらべると、とても(⑥ **小さい**)。

●ものの体積と温度の関係

▶空気や水、金ぞくは、どれも温度を高くすると体積が(⑦ **ふえる**)。

▶空気や水、金ぞくは、どれも温度を低(ひく)くすると体積が(⑧ **へる**)。

▶空気や水、金ぞくの温度による体積の変わり方は、大きい順(じゅん)に(⑨ **空気**)→(⑩ **水**)→(⑪ **金ぞく**)となる。

ここがだいじ！
①金ぞくも、温度が高くなると体積がふえ、低くなると体積がへる。
②金ぞくの体積の変わり方は、空気や水よりも、とても小さい。

ぴたトリビア　寒い冬より暑い夏の方が電線の体積が大きいため、夏の方が電線がたるんでいます。

ぴったり2 練習

9. ものの体積(たいせき)と温度

③金ぞくの体積と温度

教科書 141〜145ページ　答え 30ページ

1 輪(わ)をぎりぎりで通りぬけることができる金ぞく球を、じゅうぶんに熱(ねっ)しました。

(1) 金ぞく球を熱するのに、写真の加熱器具(かねつきぐ)を使いました。名前を書きましょう。
(**実験用ガスコンロ**)

(2) 熱した金ぞく球は、輪を通りぬけることができるでしょうか。
(**できない。**)

(3) (2)のようになるのはどうしてでしょうか。
(**熱した金ぞく球の体積がふえたから。**)

輪
金ぞく球

(4) 金ぞく球がふたたび輪を通りぬけるようにするためには、どのようなことをすればよいですか。ア〜ウのうち正しいものの(　)に○をつけましょう。

ア(○)金ぞく球がじゅうぶん冷(ひ)えるまで待つ。
イ(　)金ぞく球をさらにじゅうぶんに熱し続(つづ)ける。
ウ(　)一度輪を通りぬけることができなくなってしまった金ぞく球は、元にもどらないので、輪の方を冷やす。

(5) 温度による金ぞくの体積の変化(へんか)として、ア〜エのうち正しいものの(　)に○をつけましょう。

ア(○)金ぞくを温めると体積がふえ、冷やすと体積がへる。
イ(　)金ぞくを温めると体積がへり、冷やすと体積がふえる。
ウ(　)金ぞくを温めたり冷やしたりすると、体積がふえる。
エ(　)金ぞくを温めたり冷やしたりすると、体積がへる。

2 空気、水、金ぞくを温めたときの体積の変化について、まとめました。

(1) 温めると体積が大きくなるものすべての(　)に○をつけましょう。
①(○)空気　②(○)水　③(○)金ぞく

(2) 同じように温めたとき、体積の変化が大きい方から順(じゅん)に、(　)に1、2、3を書きましょう。
①(**1**)空気　②(**2**)水　③(**3**)金ぞく

ヒント 1 (4)金ぞくも水や空気のように温度によって体積が変わります。体積が小さくなるときはどのようなときか、考えてみましょう。

59ページ　てびき

1 (2)、(3)金ぞくは、熱(ねっ)すると体積(たいせき)がふえます。このため、熱する前は輪(わ)を通りぬけても、熱すると体積がふえるので輪を通りぬけなくなります。
(4)金ぞくは冷(ひ)やすと体積が小さくなります。

2 (1)空気、水、金ぞくは、どれも温めると体積が大きくなり、冷やすと体積が小さくなります。
(2)温度による体積の変化(へんか)は、空気が最(もっと)も大きく、金ぞくが最も小さくなります。

9. ものの体積と温度

60ページ

/100 合格70点

教科書 132~145ページ　答え 31ページ

よく出る

1 試験管に空気を入れ、口に石けん水のまくを作ったものを2本と、水を口いっぱいまで入れたものを2本用意して、温めたり冷やしたりしました。　1つ5点(20点)

ア　イ　ウ　エ

試験管の口

(1) 空気を入れた試験管を温めたときの、石けん水のまくのようすは、ア~エのどれでしょうか。　(エ)

(2) 水を入れた試験管を温めたときの、水面のようすは、ア~エのどれでしょうか。　(イ)

(3) 空気を入れた試験管を冷やしたときの、石けん水のまくのようすは、ア~エのどれでしょうか。　(ウ)

(4) 温度と空気や水の体積で、ア~ウのうち正しいものの( )に○をつけましょう。

ア(○)温度によって、空気も水も体積が変化し、その変わり方は空気の方が大きい。
イ(　)温度によって、空気も水も体積が変化し、その変わり方は水の方が大きい。
ウ(　)温度によって、空気も水も体積は変化しない。

2 鉄でできた電車のレールのつなぎ目の夏と冬のようすを調べます。　1つ10点、(1)は両方できて10点(20点)

(1) 右の図のアとイは、どちらが夏で、どちらが冬のようすでしょうか。　夏(イ)　冬(ア)

(2) レールのつなぎ目に、すき間をあけてあるのはどうしてですか。ア~ウのうち正しいものの( )に○をつけましょう。

ア(○)暑いときは、レールがのびるから。
イ(　)暑いときは、レールがちぢむから。
ウ(　)材料の鉄を節約するため。

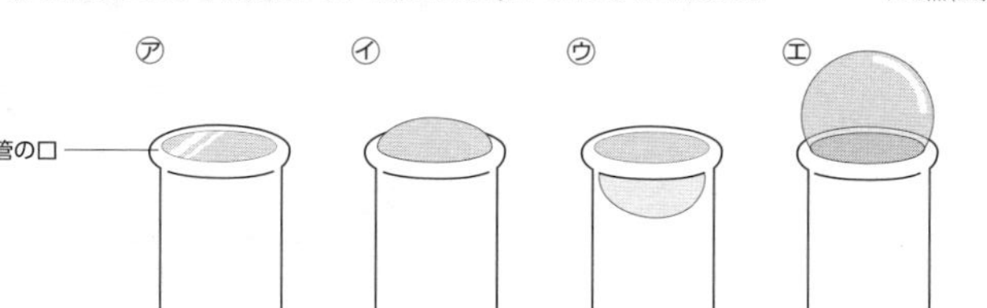

学習　61ページ

3 右の写真の金ぞく球実験器で、金ぞく球が輪を通りぬけることをたしかめました。これを使って、金ぞく球の体積の変化を調べます。　1つ5点(20点)

(1) 次のとき、球は輪を通りぬけるでしょうか。

①球を実験用ガスコンロでじゅうぶんに熱したとき　(通りぬけない。)

②球を氷水につけて冷やしたとき　(通りぬける。)

(2) (1)のことから、金ぞくはどんなときに体積がふえるといえるでしょうか。　((じゅうぶん)熱したとき)

(3) いったんふえた金ぞくの体積を元にもどすには、どうすればよいでしょうか。　(冷やす。)

輪　金ぞく球

この本の終わりにある「冬のチャレンジテスト」をやってみよう!

4 空気を温めたり冷やしたりする実験をします。　1つ10点(20点)

(1) よう器の口にせんをして、右のような実験をします。ア、イのうちせんが飛ぶものの( )に○をつけましょう。

ア(○)　イ(　)

空気　湯　氷水

(2) この実験で、せんが飛んだ理由として、ア~ウのうち正しいものの( )に○をつけましょう。　思考・表現

ア(　)よう器の中の空気が上に動いて、せんをおしたから。
イ(○)よう器の中の空気の体積がふえて、せんをおしたから。
ウ(　)よう器がちぢんで、せんをおしたから。

できたらスゴイ!

5 記述　下の写真の温度計には、赤く色をつけた灯油というえき体が入っています。この温度計は、温度をはかるために、灯油というえき体のどのようなせいしつを利用しているでしょうか。　思考・表現(20点)

(温度の変化によって、灯油の体積が変化するせいしつを利用している。)

ふりかえり
3がわからないときは、58ページの1にもどってかくにんしましょう。
5がわからないときは、56ページの2にもどってかくにんしましょう。

60~61ページ　てびき

1 空気や水は、温めると体積がふえ、冷やすと体積がへります。温度による体積の変化が大きいのは、水よりも、空気の方です。温めると体積がふえるので、イとエが温めた場合であり、大きくふくらんでいるエが空気なので、イが水となります。

2 夏は暑く、温めていることと同じなので、鉄は体積がふえ、レールのつなぎ目のすき間が小さくなります。冬は寒く、冷やしていることと同じなので、鉄は体積がへり、レールのつなぎ目のすき間が大きくなります。

3 (1)、(2)金ぞくは体積の変化が小さく、湯で温めただけではあまり変化しませんが、実験用ガスコンロなどでじゅうぶんに加熱すると体積がふえます。
(3)金ぞくも冷やすと体積がへります。

4 (1)アは、空気を湯で温めているので、空気の体積がふえるため、せんは飛びます。
(2)せんが飛ぶのは、よう器の中の空気の体積がふえて、せんをおすからです。

5 灯油というえき体は、水と同じように、温めると体積がふえ、冷やすと体積がへります。この体積の変化を利用して、温度計は作られています。

★ 冬の星

62ページ

めあて 冬の星も時間とともに見える位置が変わることをかくにんしよう。

教科書 146～151ページ　答え 32ページ

下の(　)にあてはまる言葉を書こう。

1 冬の星も時間とともに、見える位置が変わるだろうか。 教科書 146～151ページ

▶冬の夜空にも、夏の夜空と同じように、いろいろな(① **色**)や明るさの星がある。

▶冬の南の空に見える右の図の星ざ㋐を(② **オリオンざ**)という。

▶右の図のように、冬の南の空に見える3つの明るい星を結んだ三角形を(③ **冬の大三角**)という。

▶南の空に見える星ざは、冬と夏とでは、(④ **ちがう**)。

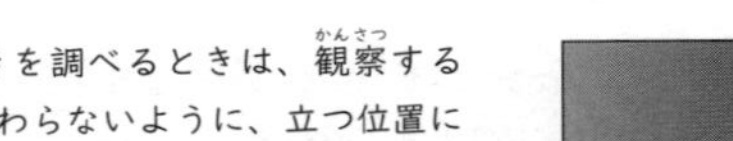

▶時間による星の動きを調べるときは、観察する(⑤**場所(位置)**)が変わらないように、立つ位置に(⑥ **印**)をつけておく。

▶星は動いているため、時間がたつと、見える位置が(⑦ **変わる**)。

▶星は動いても、星どうしのならび方は(⑧ **変わらない**)。

▶東から南の空に見えるオリオンざは、その後、(⑨ **西**)の方向に動いていく。

ここがだいじ!
①冬の夜空にも、いろいろな色や明るさの星が見られる。
②星は動いていて、時間がたつと見える位置が変わるが、ならび方は変わらない。

ぴたトリビア　ギリシャ神話で、オリオンはさそりにさされて死んだので、さそりをおそれ、オリオンざはさそりざと同時に空にのぼらないといわれています。

★ 冬の星

63ページ

教科書 146～151ページ　答え 32ページ

1 夜空の星について調べます。

(1) 右の図のように、冬の南の空に見える明るい3つの星を結んだ三角形を何といいますか。
(**冬の大三角**)

(2) 冬の夜空の星について、①～④の(　)に、正しいものには○を、まちがっているものには×をつけましょう。
①(**×**)星は時間がたっても、いつも同じ場所に見えて動かない。
②(**○**)星は時間がたつと、見える位置が変わる。
③(**×**)冬の夜空に見える星の明るさはいろいろあるが、色はどれも同じである。
④(**○**)冬の夜空に見える星と夏の夜空に見える星とはちがう。

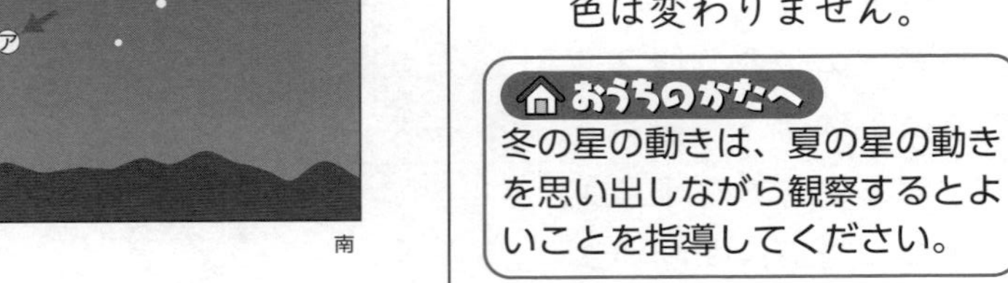

2 冬の夜空の星ざを観察し、スケッチしました。

(1) 右の図の星ざの名前を書きましょう。
(**オリオンざ**)

(2) 右の図の星ざの星の色はどの星も同じでしょうか。ちがうでしょうか。
(**ちがう。**)

(3) 時間がたつと、右の図の星ざは、㋐、㋑のどちらの向きに動いていくでしょうか。
(**㋑**)

(4) 動いていく星ざについて、ア～ウのうち正しいものの(　)に○をつけましょう。
ア(　)星どうしのならび方は変わらないが、星の色は変わる。
イ(**○**)星どうしのならび方は変わらず、星の色も変わらない。
ウ(　)星どうしのならび方は変わるが、星の色は変わらない。

東　南

63ページ　てびき

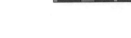

1 (1)オリオンざのベテルギウス、おおいぬざのシリウス、こいぬざのプロキオンという3つの星を結んだものを冬の大三角といいます。

2 (2)オリオンざには白っぽい星が多いですが、かたの位置にあるベテルギウスは、だいだい色です。
(3)オリオンざは、東から南の空を通って西にしずみます。
(4)星ざは、時間がたつと、見える位置が変わります。しかし、星のならび方や色は変わりません。

おうちのかたへ
冬の星の動きは、夏の星の動きを思い出しながら観察するとよいことを指導してください。

おうちのかたへ　★ 冬の星
「★ 夏の星」「6. 月や星の動き」に続いて、星の色や明るさ、星の動きを学習します。ここでは冬に見られるオリオンざ、冬の大三角を扱います。

★ 冬の星

64ページ

100
合格 70 点

教科書 146〜151ページ　答え 33ページ

よく出る

1 図は、ある日の午後7時ごろに見られた星ざです。

1つ10点(40点)

(1) 右の図の星ざの名前を書きましょう。
(オリオンざ)

(2) この星ざが南の夜空に見られる季節は、春・夏・秋・冬のいつでしょうか。
(冬)

(3) この星ざは、時間がたつと、㋐〜㋓のどの方向に動くでしょうか。
(㋓)

(4) この星ざについて、ア〜ウのうち正しいものの( )に○をつけましょう。

ア( )星の明るさや色は、どれも同じである。
イ( )時間がたつと、星ざの形も変化する。
ウ(○)時間がたっても、星のならび方は変わらない。

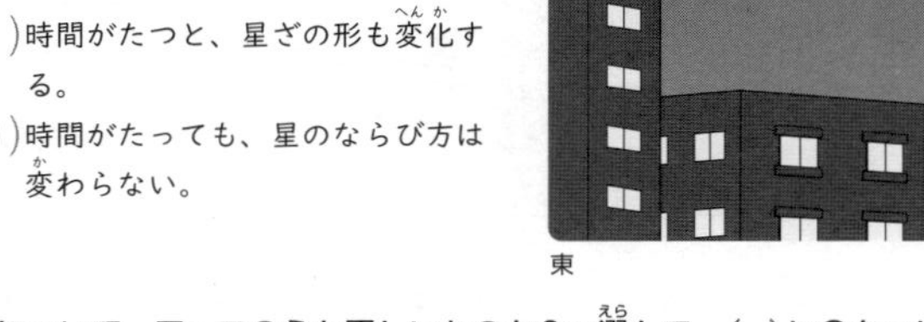

2 星ざについて、ア〜エのうち正しいものを2つ選んで、( )に○をつけましょう。

1つ5点(10点)

ア(○)はくちょうざは、夏の午後8時に見ることができるが、冬の午後8時には見ることができない。
イ( )さそりざは、冬の午後8時に南の空に見える。
ウ(○)星ざをつくっている星どうしのならび方は、時間がたっても同じである。
エ( )星ざの中には、時間がたっても見える位置がまったく変わらないものがある。

学習

65ページ

3 冬の星の動くようすを観察します。

1つ6点(30点)

(1) 星ざの動くようすを観察するときのしかたについて、ア〜エの( )に、正しいものには○を、まちがっているものには×をつけましょう。 技能

ア(○)星ざの見える位置を調べるときには、星ざ早見を使う。
イ(○)1回目と2回目では、観察する場所は同じにする。
ウ(×)1回目を午後7時に観察したら、2回目は1か月後の午後8時に観察する。
エ(×)観察記録には、星ざの位置だけを記録し、まわりの木や建物などはかかないようにする。

(2) 作図 右の図は、午後7時のある星ざの位置をスケッチしたものです。1時間後の午後8時のこの星ざの位置を、右の図にかき入れましょう。

できたらスゴイ!

4 右の図の㋐、㋑の星ざについて考えます。

1つ5点(20点)

(1) ㋑の星ざの名前を書きましょう。
(はくちょうざ)

(2) ㋐、㋑の星ざは、おもに夏と冬のいつ見られますか。ア〜エのうち正しいものの( )に○をつけましょう。

ア( )㋐は夏、㋑は冬
イ(○)㋐は冬、㋑は夏
ウ( )㋐も㋑も夏
エ( )㋐も㋑も冬

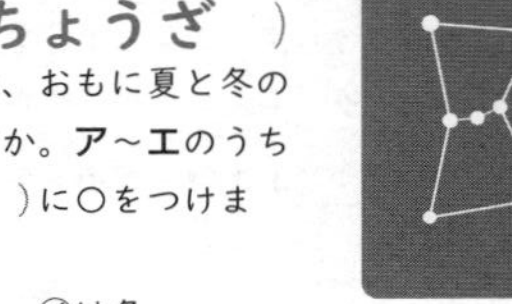

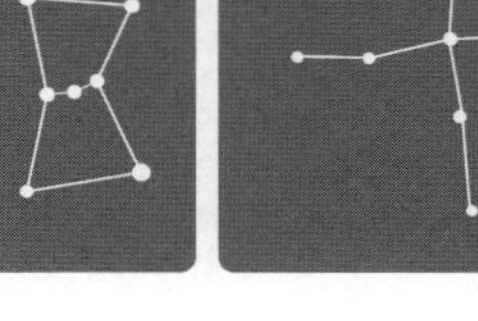

(3) 夏と冬に見られる星ざは、時間がたつとともにそれぞれの星のならび方は変化するでしょうか。
(変化しない。)

(4) 記述 夏と冬の夜空の星の色や明るさは、どうなっているでしょうか。 思考・表現
(どちらも、いろいろな色や明るさをしている。)

ふりかえり
1がわからないときは、62ページの1にもどってかくにんしましょう。
4がわからないときは、62ページの1にもどってかくにんしましょう。

4 (4)星には、だいだい色、青白い色などがあり、明るさも明るいものや暗いものがあります。夏に見られる星、冬に見られる星とも同じことがいえます。

64〜65ページ てびき

1 (1)、(2)オリオンざは、冬に見られる星ざです。
(3)問題の図では、東と南東の間の位置にあるので、時間がたつと、南の方へとのぼっていきます。このため、㋓の方向になります。
(4)星ざは、時間がたっても、星のならび方は変わりません。

2 はくちょうざやさそりざは、夏に見ることのできる星ざで、冬には見られません。

3 (1)星ざをさがすには、星ざ早見を使います。
1日の星ざの動くようすを調べるときは、同じ場所で、ちがう時こくに観察します。

4 (1)、(2)デネブは、夏の大三角をつくる星の1つで、はくちょうざの星です。
(3)星ざをつくる星のならび方は、変化しません。

ぴったり1 じゅんび　1-4. 寒さの中でも
寒さの中でも①

3分でまとめ

66ページ

めあて：寒くなると、動物の活動のようすはどのようになるかをかくにんしよう。

教科書 152〜155ページ　答え 34ページ

下の(　)にあてはまる言葉を書くか、あてはまるものを○でかこもう。

1 動物の活動のようすはどのように変わってきただろうか。　教科書 153〜155ページ

▶冬は、秋にくらべて、気温は(① **低く**)なっている。

▶気温が(② **低く**)なる冬では、動物の活動は(③ **にぶく**)なる。

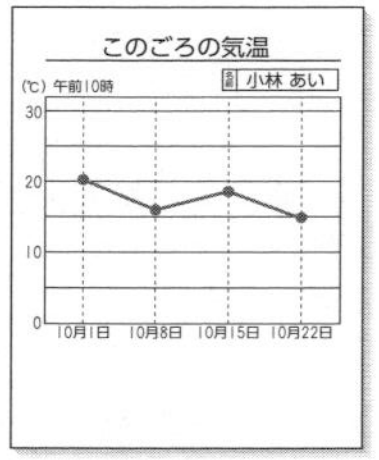

このごろの気温　(℃) 午前10時　小林 あい　30 20 10 0　10月1日 10月8日 10月15日 10月22日

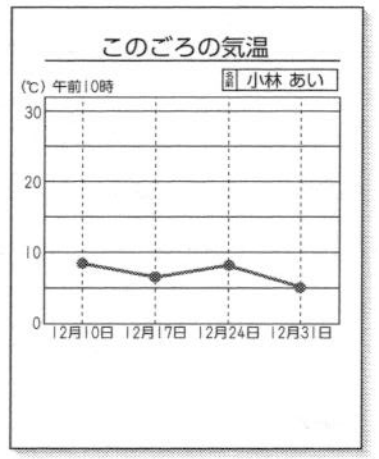

このごろの気温　(℃) 午前10時　小林 あい　30 20 10 0　12月10日 12月17日 12月24日 12月31日

秋のころとは、気温がかなりちがうね。

▶冬になると、動物のすがたは(④ 多く見られる ・ (あまり見られない))ようになる。

見えない場所で冬をこす動物が多いんだね。

●冬の動物のようす

▶カエルや、カブトムシのよう虫は、(⑤ **土**)の中で冬をこす。

▶ナナホシテントウの成虫は、(⑥ **かれ葉**)の下などで冬をこす。

▶アゲハは(⑦ **さなぎ**)のすがたで冬をこす。

▶オオカマキリはらんのうの中で(⑧ **たまご**)のすがたで冬をこす。

▶ツバメの巣にはツバメはいなくなった。ツバメは(⑨ **南**)の方へわたっていった。

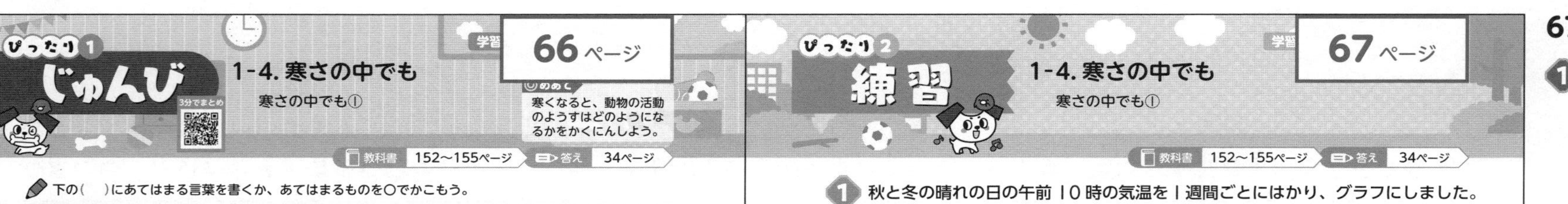

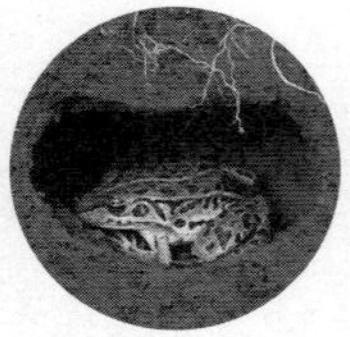

▲土の中のカエル　▲かれ葉の下のナナホシテントウ　▲オオカマキリのらんのう

ここがだいじ！　①冬になると、気温が下がり、こん虫はさなぎやたまごなどいろいろなすがたで冬をこし、カエルなどは土の中で冬をこす。

ぴたトリビア　動物が長い間じっとして冬ごしをする理由は、冬はじゅうぶんな食べ物がないことや、動物によっては体温が下がって活動しにくくなることが考えられます。

66

ぴったり2 練習　1-4. 寒さの中でも
寒さの中でも①

67ページ

教科書 152〜155ページ　答え 34ページ

1 秋と冬の晴れの日の午前10時の気温を1週間ごとにはかり、グラフにしました。

(1) 冬の日の気温を表しているのは、㋐、㋑のどちらでしょうか。
(㋑)

㋐ このごろの気温　(℃) 午前10時　小林 あい　30 20 10 0　1日 8日 15日 22日

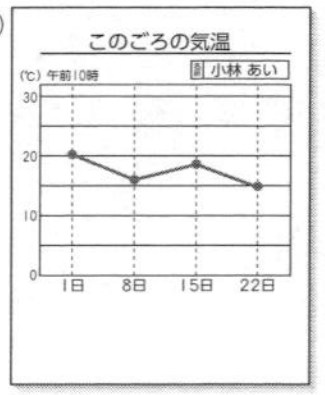

㋑ このごろの気温　(℃) 午前10時　小林 あい　30 20 10 0　10日 17日 24日 31日

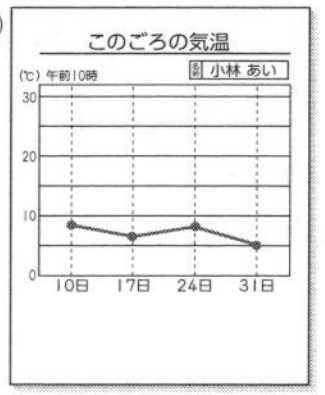

(2) 秋から冬にかけて、生き物のようすはどのように変わってきましたか。ア〜ウのうち正しいものの(　)に○をつけましょう。

ア(　)活発に活動し、見られる数も多くなる。

イ(　)秋のころと同じように活動する。

ウ(○)あまり活動せず、すがたも見られなくなる。

2 冬の動物のようすをまとめます。

(1) 右の図は、ナナホシテントウです。ナナホシテントウは、冬をどのようにこすでしょうか。
(**かれ葉などの下で冬をこす。**)

(2) アゲハはどのようなすがたで冬をこしますか。ア〜エのうち正しいものの(　)に○をつけましょう。

ア(　)成虫　イ(　)よう虫

ウ(○)さなぎ　エ(　)たまご

(3) オオカマキリは、右の図のようなものの中で、冬をこします。どのようなすがたでいるでしょうか。
(**たまご(のすがた)**)

(4) 冬にカエルを見かけません。カエルはどこで冬をこすのでしょうか。
(**土の中(で冬をこす。)**)

(5) 冬にはツバメの巣はからになっていました。ツバメはどうしたのでしょうか。
(**南の方へわたっていった。**)

67

67ページ　てびき

❶ (1)冬は、秋にくらべて、気温が低くなっています。

(2)気温が低くなると、土やかれ葉の下などで冬をこす動物や、たまごやさなぎで冬をこす動物もいて、こん虫などの動物を見かけなくなります。

❷ (1)〜(3)ナナホシテントウは成虫、アゲハはさなぎ、オオカマキリはたまごと、冬をこすすがたはそれぞれちがっています。

(4)土の中で冬をこしたカエルは、春になると土の中から出て活動を始めます。

おうちのかたへ
冬の生き物のようすを調べますが、すでに学習している春、夏、秋の季節での生き物のようすと関連付けて理解するよう指導してください。

おうちのかたへ　1-4. 寒さの中でも
「1. 季節と生き物　あたたかくなって」「1-2. 暑い季節」「1-3. すずしくなると」に続いて、身の回りの生き物を観察して、動物の活動や植物の成長が季節によって違うことを学習します。ここでは冬の生き物を扱います。

1-4. 寒さの中でも

寒さの中でも②

めあて 寒くなると、植物の成長のようすはどのようになるかをかくにんしよう。

教科書 156~159ページ　答え 35ページ

下の(　)にあてはまる言葉を書こう。

1 冬には、植物はどうなっているだろうか。 教科書 156~157ページ

▶冬になると、サクラの葉はすっかり(①散っ(落ち))てしまった。

▶木のえだの先には(② 芽)があり、かたいうろこのようなものでおおわれていた。これを、冬芽(ふゆめ)といい、このすがたで、冬をこす。

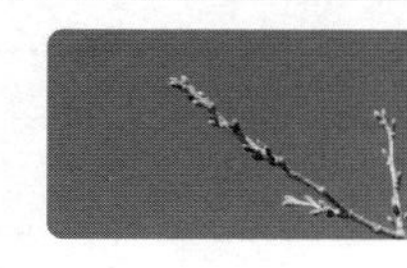

●1年間の気温の変化(へんか)

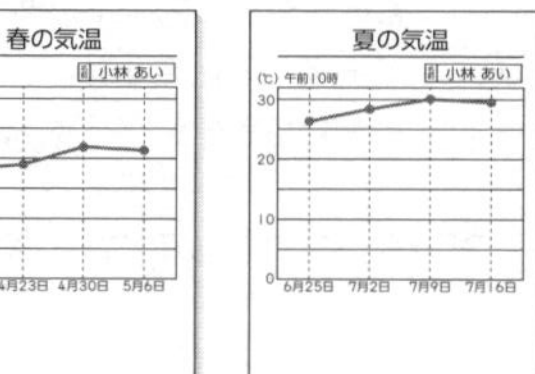

▶気温は、(③ 夏)に高くなり、(④ 冬)に低(ひく)くなる。

●サクラの1年間のようす

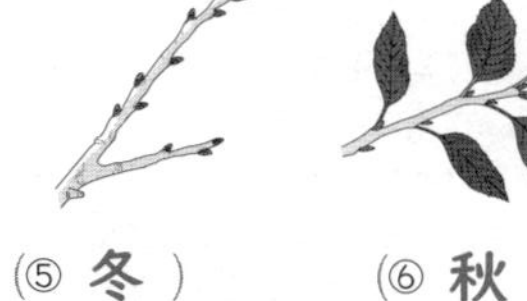

(⑤ 冬)　(⑥ 秋)　(⑦ 春)　(⑧ 夏)

上の図は、サクラの春・夏・秋・冬のいつのようすかな。

▶サクラは、春には(⑨ 花)がさき、夏には(⑩ 葉)がしげり、秋には(⑪ 葉)の色が変化(へんか)し、冬には(⑫ 葉)が落ちてしまうがえだにはかたい(⑬ 芽)をつけている。

ここが だいじ! ①1年間の気温の変化によって、植物の成長(せいちょう)のようすや動物の活動のようすはちがっている。

ぴたトリビア タンポポは、地面にはりつくようにして、冬をこします。長いもので10年以上生き続(つづ)けることができます。

ぴったり2 練習

1-4. 寒さの中でも

寒さの中でも②

教科書 156~159ページ　答え 35ページ

1 右のグラフは、1年間の気温の変化(へんか)を表しています。

(1) 気温の一番高い季節(きせつ)はいつですか。春・夏・秋・冬で答えましょう。
(夏)

(2) 気温の一番低(ひく)い季節はいつですか。春・夏・秋・冬で答えましょう。
(冬)

(3) (1)と(2)について、右のグラフから、この2つの季節の気温は、およそ何℃ちがうでしょうか。
(20)℃

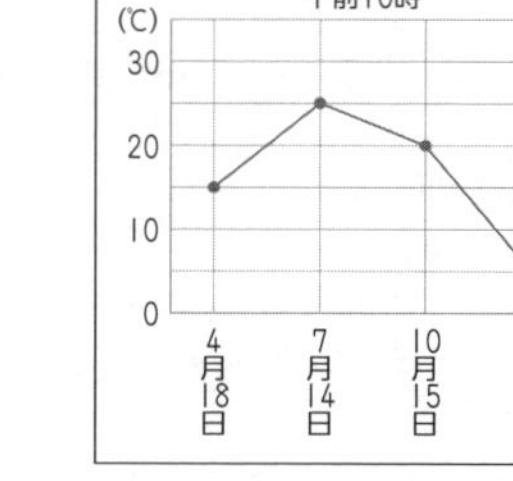

(4) 1年間の木や草花の成長(せいちょう)のようすは、何と関係(かんけい)があるでしょうか。
(気温の変化と関係がある。)

2 1年間にわたって調べてきた植物のようすをまとめます。

(1) ヘチマのようすが右の写真のようなときの季節はいつですか。春・夏・秋・冬で答えましょう。
(秋)

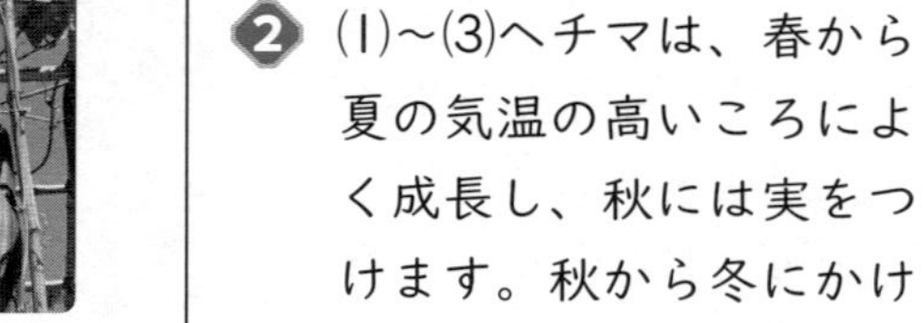

(2) 右の写真の実の中には何があるでしょうか。
(たね)

(3) 1年を通してヘチマの成長のようすが変(か)わるのは、何が大きく関係していますか。ア~エのうち正しいものの( )に○をつけましょう。

ア(　)雨のふった日にち
イ(　)雨の強さ
ウ(　)風の強さ
エ(○)気温

(4) 冬になると、サクラは葉が落ちてしまいました。サクラはヘチマと同じようにかれていますか、かれていませんか。
(かれていない。)

69ページ てびき

1 (1)折(お)れ線グラフで、一番高い気温(きおん)は、7月14日の約(やく)25℃です。7月は夏です。

(2)一番低(ひく)い気温は、1月10日の約5℃です。1月は冬です。

(3)夏と冬の気温の差(さ)をもとめると、25－5＝20(℃)となります。

(4)木や草花は、気温が高いとよく成長(せいちょう)します。反対に、気温が低いと成長は止まり、かれてしまったりします。

2 (1)~(3)ヘチマは、春から夏の気温の高いころによく成長し、秋には実をつけます。秋から冬にかけて、ヘチマはかれてしまいますが、実の中のたねは残(のこ)ります。

(4)サクラの木は冬になってもかれません。

1-4. 寒さの中でも

/100 合格 70 点

教科書 152～159ページ　答え 36ページ

よく出る

1 生き物の冬のすごし方について考えます。

1つ6点(30点)

(1) 右の図について答えましょう。

①右の図のようなすがたを何というでしょうか。
(さなぎ)

②右の図は、カマキリとアゲハのどちらのこん虫が冬をこすすがたでしょうか。 (アゲハ)

③このすがたになる前のすがたは、よう虫、成虫のどちらでしょうか。 (よう虫)

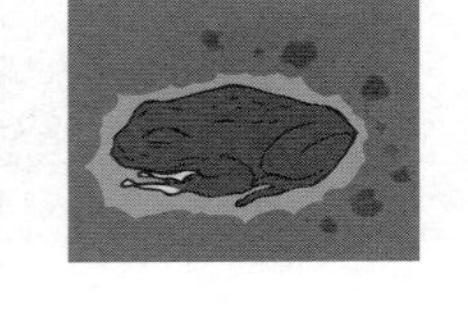

(2) 次の文は、カエルが冬をこすときのようすをまとめたものです。( )にあてはまる言葉を書きましょう。

カエルは、(土)の中で冬をこす。

(3) サクラの冬のようすとして、ア～ウのうち正しいものの( )に○をつけましょう。

ア(　)葉が、黄色や赤色になっている。
イ(　)かれて死んでしまっている。
ウ(○)すっかり葉が落ち、えだには新しい芽ができている。

2 次の表に、春・夏・秋・冬の気温と、ヘチマとオオカマキリのようすをまとめます。

1つ4点(40点)

(1) 作図 夏・秋・冬の気温は、下の〔 〕の中のどれでしたか。右の表の①～③の温度計を黒くぬって答えましょう。 技能

〔6℃　18℃　26℃〕

	春	夏	秋	冬
気温	(温度計)	① (温度計)	② (温度計)	③ (温度計)
ヘチマ	④(エ)	⑤(ウ)	⑥(イ)	ア
オオカマキリ	⑦(エ)	⑧(イ)	⑨(ウ)	ア

(2) 左のページの表のヘチマのようすでは、冬のところには下の図のアが入ります。表の④～⑥にあてはまるヘチマのようすを、イ～エのうちから選び、表に書き入れましょう。

ア　イ 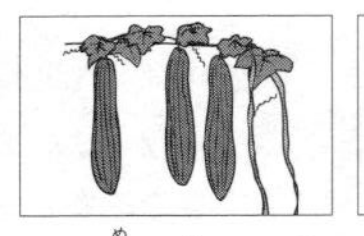　ウ 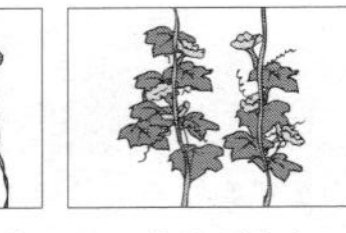　エ 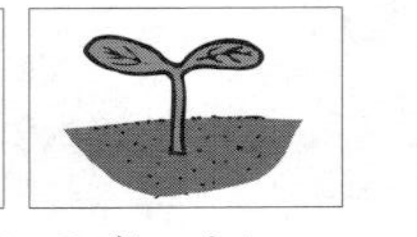 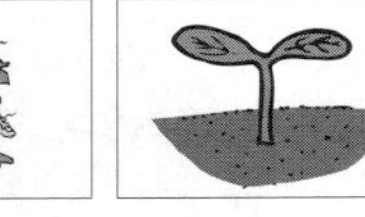

(3) 記述 春にたねをまいて芽が出たヘチマは、冬はどうなっているでしょうか。
(たねを残して、かれてしまう。)

(4) 左のページの表のオオカマキリのようすとして、冬のところにはアが入ります。表の⑦～⑨にあてはまるものを、イ～エのうちから選び、表に書き入れましょう。

ア　木のえだに産みつけられたたまごのまま、すごす。
イ　よう虫が育って大きくなり、やがて成虫になる。
ウ　成虫がたまごを産む。
エ　たまごから、よう虫がかえる。

できたらスゴイ!

3 1年間の生き物のようすをまとめます。

思考・表現 1つ10点(30点)

(1) 記述 春・夏・秋・冬を通して、季節によって、生き物の種類はどのように変化していきましたか。「生き物の種類は、春から夏にかけては～、秋から冬にかけては～」というように、説明しましょう。

(生き物の種類は、春から夏にかけてはふえ、秋から冬にかけてはへっていく。)

(2) 記述 カブトムシのすがたは、冬には見かけることがありません。カブトムシは、どのようなすがたで、どのような場所で冬をこすのでしょうか。

(よう虫のすがたで、土の中で冬をこす。)

(3) 記述 オオカマキリは、気温の高い春から夏によう虫が成長し、成虫になります。しかし、気温の低い冬には死んでしまっていて、すがたを見ることができません。成虫の親のオオカマキリがいないのに、どうして次の年もオオカマキリは活動できるのでしょうか。

(秋にたまごを産み、たまごで冬をこして、春にはよう虫がかえるから。)

ふりかえり
2がわからないときは、68ページの1にもどってかくにんしましょう。
3がわからないときは、66ページの1にもどってかくにんしましょう。

70～71ページ てびき

1 (1)アゲハは、さなぎのすがたで冬をこします。
(2)カエルは、土の中で冬をこします。
(3)冬のサクラは、葉が落ちてかれているように見えますが、えだ先には新しい芽をつけています。

2 (2)ヘチマは、春に芽を出し、夏に大きく成長し、秋には実をつけ、実の中にたねができます。
(4)オオカマキリは、春によう虫がかえり、夏から秋にかけ成虫になり、秋にはたまごを産みます。

3 (1)生き物は、気温が高くなると成長し、活動もさかんになります。このため、気温が高いと生き物の種類や数はふえます。反対に、気温が低いと成長しなくなり、活動もにぶくなります。また、生き物の種類や数はへります。

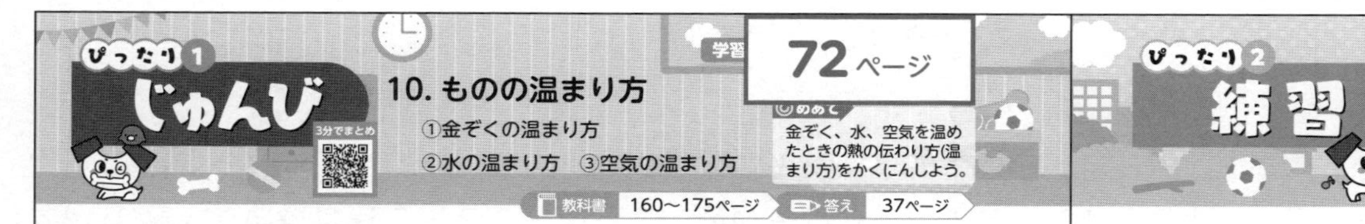

ぴったり1 じゅんび

10. ものの温まり方

①金ぞくの温まり方
②水の温まり方　③空気の温まり方

学習 72ページ

めあて　金ぞく、水、空気を温めたときの熱の伝わり方(温まり方)をかくにんしよう。

教科書 160～175ページ　答え 37ページ

下の(　)にあてはまる言葉を書こう。

1 金ぞくはどのように温まるだろうか。　教科書 162～164ページ

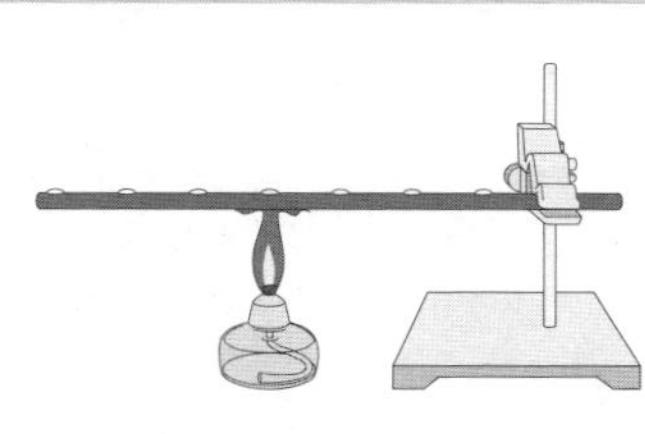

- ろうをぬった金ぞくのぼうの中央を熱すると、ろうは(① 中央)のところから順にとけていく。これは、ぼうをななめにしても(② 同じ)である。
- このことから、金ぞくは熱したところから(③ 熱)が伝わり、温まることがわかる。

2 水はどのように温まるだろうか。　教科書 164～168ページ

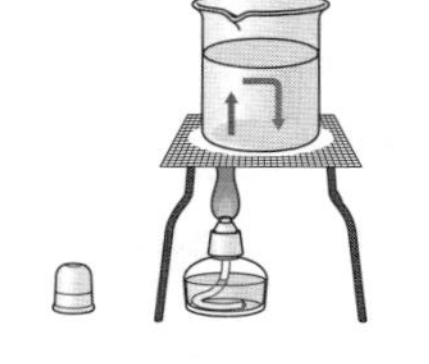

- 水を下から熱すると、温度が(① 高く)なった水は(② 上)にあがり、温度が(③ 低い)上の方の水が下へ動いていく。
- 水は、金ぞくとちがって、水が(④ 動く)ことによって、(⑤ 全体)が温まる。

3 空気はどのように温まるだろうか。　教科書 169～171ページ

- 部屋の中のいろいろな場所で空気の温度を調べてみると、上の方と下の方では、(① 上)の方の空気の温度が高い。
- 空気は、熱せられた部分が(② 上)にあがり、(③ 上)の方の冷たい空気が下にしずむ。このようにして、空気が(④ 動く)ことで、全体が温まる。

空気の温まり方は、水の温まり方とにているね。

ここがだいじ！
①金ぞくは、熱したところから熱が伝わり、順に温まっていく。
②水や空気は、水や空気が動くことで、全体が温まっていく。

ぴたトリビア　だんぼうをかけた部屋では上の方だけが温まったり、冷ぼうをかけた部屋では下の方だけがすずしくなったりすることがあります。

ぴったり2 練習

10. ものの温まり方

①金ぞくの温まり方
②水の温まり方　③空気の温まり方

学習 73ページ

教科書 160～175ページ　答え 37ページ

1 下の図のように、ろうをぬった金ぞくの板を熱します。ろうのとけていくようすで、㋐～㋒のうち正しいものを選びましょう。

(㋑)

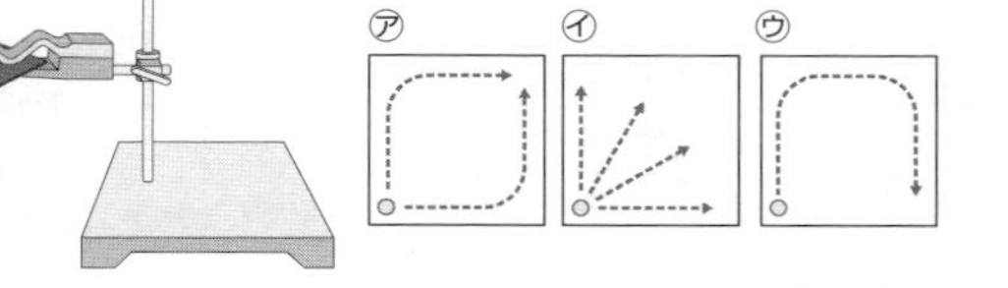

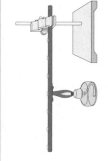

2 下の図のように、試験管に入れた水を熱して、温まり方を調べます。①と②のそれぞれについて正しく説明した文を、ア～ウから選びましょう。

ア　水は上の方だけ温まり、下の方は温まらない。
イ　水は下の方だけ温まり、上の方は温まらない。
ウ　水は全体が温まる。

①(ウ)
②(ア)

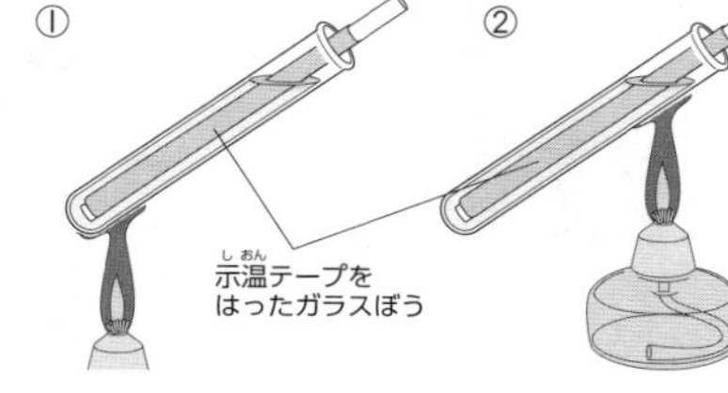
①
②
示温テープをはったガラスぼう

3 下の図のように、けむりをとじこめたビーカーのはしを熱し、けむりがどのように動くか観察します。けむりはどのような動き方をしますか。ア～ウのうち正しいものの(　)に○をつけましょう。

ア(○)熱した部分では、けむりが上にあがっていく。
イ(　)けむりは下の方にたまる。
ウ(　)けむりは上の方にたまる。

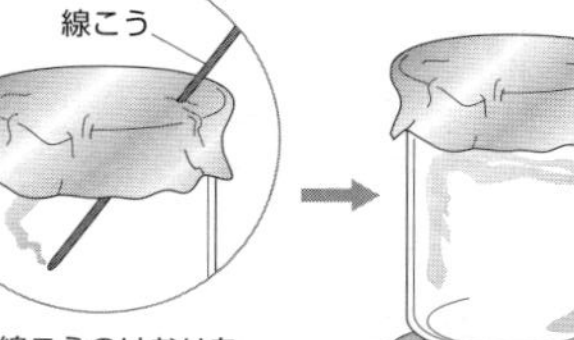
線こう
線こうのけむりを入れる。

ヒント ❷ 温度が高くなった水は上の方に動くことから考えましょう。

73ページ　てびき

❶ 金ぞくは、熱したところから熱が伝わり、順に温まっていきます。

❷ ②温まった水は上にあがったまま、下へは動かないので、上だけ熱しても、全体は温まりません。

❸ 温まった空気は上にあがるので、線こうのけむりも、熱したところでは上にあがります。

おうちのかたへ
この単元の学習内容は、金属の鍋の温まり方、風呂の水の温まり方、暖房による空気の温まり方など身の回りの事例にも多く見られます。このことに気づくよう指導してください。

おうちのかたへ　10. ものの温まり方
実験を通し、金属、水、空気を温めたときの熱の伝わり方(温まり方)を学習します。金属は熱せられた部分から順に温まること(熱伝導)、水と空気は熱せられた部分が移動して温まること(対流)を理解しているか、などがポイントです。

10. ものの温まり方

74ページ

/100　合格 70 点

教科書 160〜175ページ　答え 38ページ

1 図のように、ろうをぬった金ぞくのぼうを熱し、金ぞくの温まり方を調べる実験をします。　1つ10点(30点)

(1) ㋐〜㋓の4か所のろうのとける順を、早い方から書きましょう。
(㋑→㋒→㋐→㋓)

(2) ぼうのはしを、矢印の方にあげてななめにしたとき、(1)の順番は変わるでしょうか。
(　変わらない。　)

金ぞくのぼう　ろう

(3) この実験から、金ぞくはどのように温まるといえますか。ア〜ウのうち正しいものの(　)に○をつけましょう。

ア(　)金ぞくは、熱した部分から一番遠いところから順に温まっていく。
イ(○)金ぞくは、熱した部分から順に温まっていく。
ウ(　)金ぞくは、熱した部分しか温まらない。

よく出る

2 下の図のように、試験管に水を入れて熱します。　技能 1つ10点(30点)

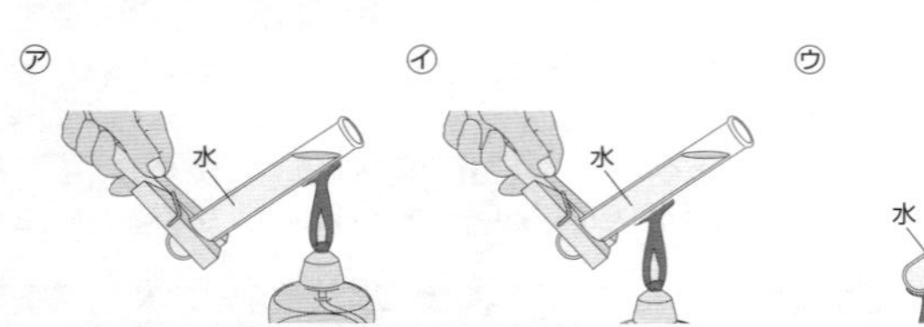

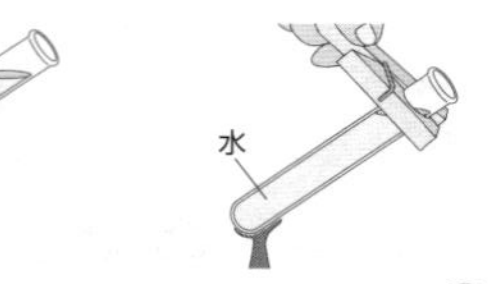

(1) 全体が一番早く温まるのは、㋐〜㋒のどれでしょうか。　(㋒)
(2) 全体が一番温まりにくいのは、㋐〜㋒のどれでしょうか。　(㋐)
(3) 水の温まり方として、ア〜ウのうち正しいものの(　)に○をつけましょう。

ア(　)水は、熱したところから上下に順に温かくなる。
イ(○)水は、熱したところから上の部分しか温まらない。
ウ(　)水は、熱したところから下の部分しか温まらない。

75ページ

3 水と空気の温まり方を調べます。　1つ10点(20点)

(1) 水を入れたビーカーの底の中央を熱します。あたためられた水の動きは、㋐〜㋒のどれでしょうか。　(㋒)

(2) ビーカーをアルミニウムはくでおおい、線こうのけむりを少し入れます。このビーカーの底の左側を熱します。けむりの動きは、㋕〜㋗のどれでしょうか。　(㋕)

できたらスゴイ！

4 金ぞくと空気の温まり方を調べます。　1つ10点(20点)

(1) 右上の図のような金ぞくの板を水平に固定して、×印のところを下から熱しました。温まるのが一番おそいのは、㋐〜㋓のどこでしょうか。　思考・表現 (㋐)

(2) 右下の図のような部屋でだんぼうをつけました。このときの空気の温まり方について、ア〜ウのうち、正しいものの(　)に○をつけましょう。

ア(○)㋕が先に温まる。
イ(　)㋖が先に温まる。
ウ(　)㋕と㋖はほぼ同時に温まる。

ふりかえり　3がわからないときは、72ページの2、3にもどってかくにんしましょう。4(1)がわからないときは、72ページの1にもどってかくにんしましょう。

4 (1)金ぞくの板は熱したところから右の図の矢印の順に温まっていきます。
(2)温められた空気は上にあがるので、㋕が先に温まります。

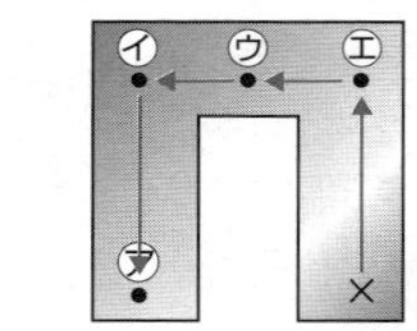
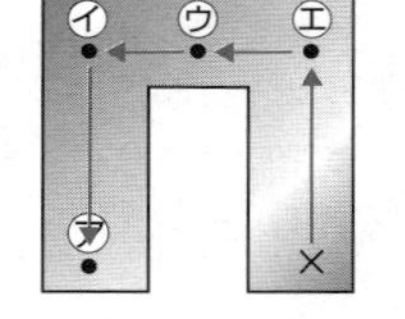

74〜75ページ　てびき

1 金ぞくは熱したところから順に温まるので、中央のろうからとけていき、最後にはしの方のろうがとけます。金ぞくのぼうをななめにしても、変わりません。

2 水は熱したところの上の部分しか温まらないので、㋐のように水の上の方を熱しても、下の方の水はなかなか温まりません。㋒のように水の下の方を温めると、水全体が早く温まります。

3 (1)ビーカー中央の温まった水が上にあがり、冷たい水が下にしずんできます。こうして、水全体が温まります。
(2)ビーカーの左側の温まった空気が上にあがり、冷たい空気が下にしずみます。空気の温まり方は水の温まり方とにています。

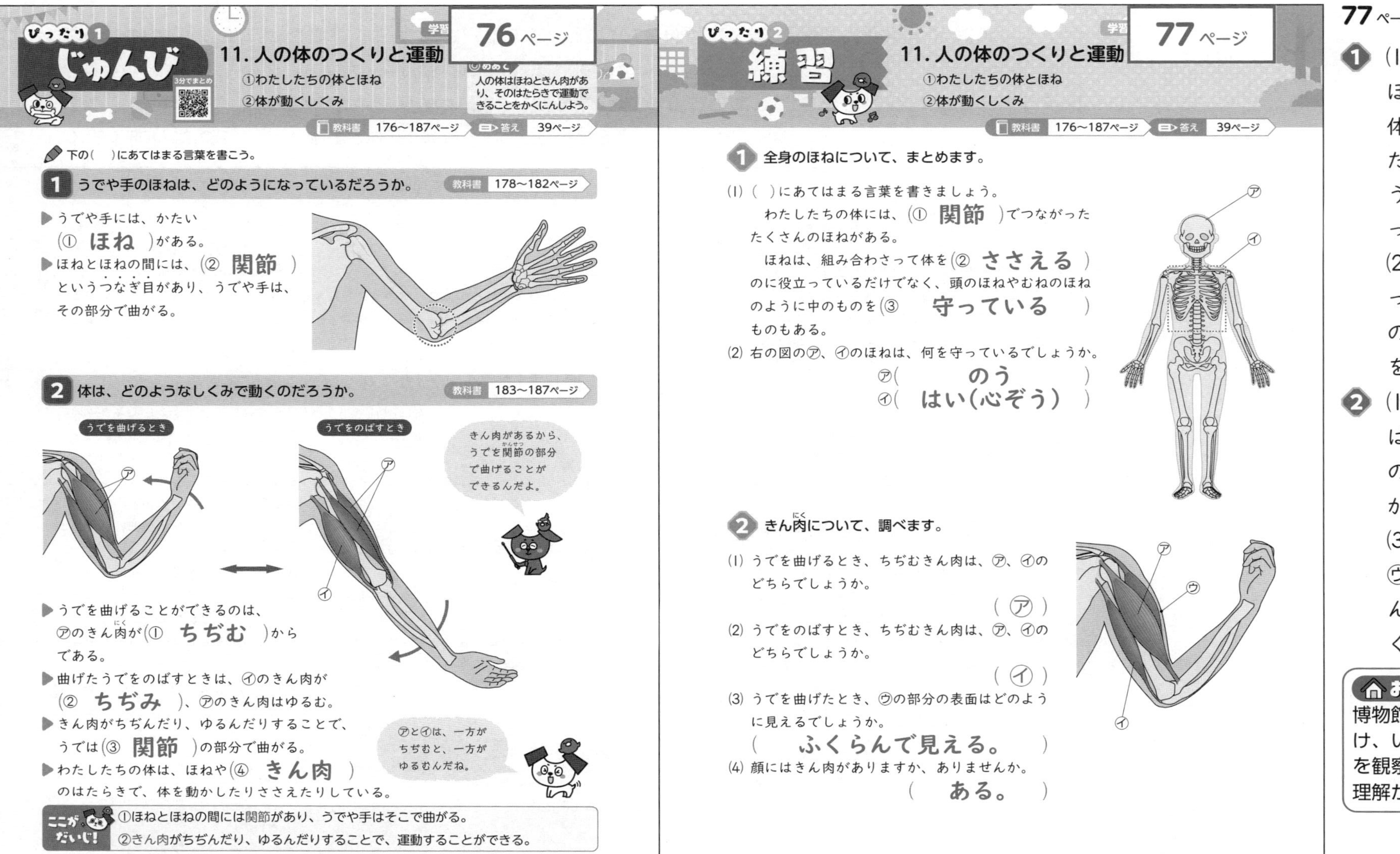

ぴったり1 じゅんび

11.人の体のつくりと運動
①わたしたちの体とほね
②体が動くしくみ

学習 76ページ

めあて 人の体はほねときん肉があり、そのはたらきで運動できることをかくにんしよう。

教科書 176~187ページ　答え 39ページ

下の(　)にあてはまる言葉を書こう。

1 うでや手のほねは、どのようになっているだろうか。　教科書 178~182ページ

▶うでや手には、かたい(① ほね)がある。
▶ほねとほねの間には、(② 関節)というつなぎ目があり、うでや手は、その部分で曲がる。

2 体は、どのようなしくみで動くのだろうか。　教科書 183~187ページ

うでを曲げるとき　うでをのばすとき

きん肉があるから、うでを関節の部分で曲げることができるんだよ。

▶うでを曲げることができるのは、㋐のきん肉が(① ちぢむ)からである。
▶曲げたうでをのばすときは、㋑のきん肉が(② ちぢみ)、㋐のきん肉はゆるむ。
▶きん肉がちぢんだり、ゆるんだりすることで、うでは(③ 関節)の部分で曲がる。
▶わたしたちの体は、ほねや(④ きん肉)のはたらきで、体を動かしたりささえたりしている。

㋐と㋑は、一方がちぢむと、一方がゆるむんだね。

ここがだいじ! ①ほねとほねの間には関節があり、うでや手はそこで曲がる。
②きん肉がちぢんだり、ゆるんだりすることで、運動することができる。

ぴたトリビア ほねにはカルシウムという成分が多くふくまれます。カルシウムが多くふくまれている食品には牛にゅう、にゅうせい品、小魚などがあります。

76

ぴったり2 練習

11.人の体のつくりと運動
①わたしたちの体とほね
②体が動くしくみ

学習 77ページ

教科書 176~187ページ　答え 39ページ

1 全身のほねについて、まとめます。

(1) (　)にあてはまる言葉を書きましょう。
わたしたちの体には、(① 関節)でつながったたくさんのほねがある。
ほねは、組み合わさって体を(② ささえる)のに役立っているだけでなく、頭のほねやむねのほねのように中のものを(③ 守っている)ものもある。

(2) 右の図の㋐、㋑のほねは、何を守っているでしょうか。
㋐(のう)
㋑(はい(心ぞう))

2 きん肉について、調べます。

(1) うでを曲げるとき、ちぢむきん肉は、㋐、㋑のどちらでしょうか。(㋐)
(2) うでをのばすとき、ちぢむきん肉は、㋐、㋑のどちらでしょうか。(㋑)
(3) うでを曲げたとき、㋒の部分の表面はどのように見えるでしょうか。
(ふくらんで見える。)
(4) 顔にはきん肉がありますか、ありませんか。
(ある。)

77

77ページ　てびき

❶ (1)人の体は、たくさんのほねが関節でつながり、体をささえています。また、頭やむねのほねのように、体の中のものを守っているほねもあります。
(2)頭のほねは、のうを守っています。また、むねのほねは、はいや心ぞうを守っています。

❷ (1)、(2)うでを曲げるときは㋐のきん肉が、うでをのばすときは㋑のきん肉がちぢみます。
(3)うでを曲げたときは、㋒の部分の表面はふくらんで見え、さわるとかたくなっています。

おうちのかたへ
博物館や動物園や水族館に出かけ、いろいろな動物の骨格標本を観察するとこの単元の内容の理解が深まります。

おうちのかたへ　11.人の体のつくりと運動
人の体には骨と筋肉があり、これらのはたらきで体を動かすことができることを学習します。かたい骨とやわらかい筋肉、曲げられる部分には関節があることを理解しているか、体を動かすしくみを考えることができるか、などがポイントです。

78ページ

ぴったり3 たしかめのテスト

11. 人の体のつくりと運動

／100 合格70点

教科書 176〜187ページ　答え 40〜41ページ

よく出る

1 右の図は、人のうでの中のつくりを表しています。

1つ5点(10点)

(1) 図の㋐の部分を何というでしょうか。
（ ほね ）

(2) 図の㋑の部分を何というでしょうか。
（ 関節 ）

2 手のつくりを調べます。

技能 1つ5点(15点)

(1) 手の中のかたいところを調べて記録するときの方法として、ア〜ウのうち正しいものの（ ）に○をつけましょう。

ア（ ）手の中のかたいところをさわってどこにあるか調べたら、消えないように油性マジックで手にかいて記録する。

イ（○）手の中のかたいところをさわってどこにあるか調べたら、紙に絵をかいて記録する。

ウ（ ）手の中のかたいところをさわってどこにあるか調べたら、さわっていた手をはなし、さわっていた方の手を写真にとって記録する。

(2) 手の曲がるところを調べて、紙にかいて記録しました。●で表したところが曲がるところです。曲がるところを正しく表している方を、㋐、㋑から選びましょう。
（ ㋑ ）

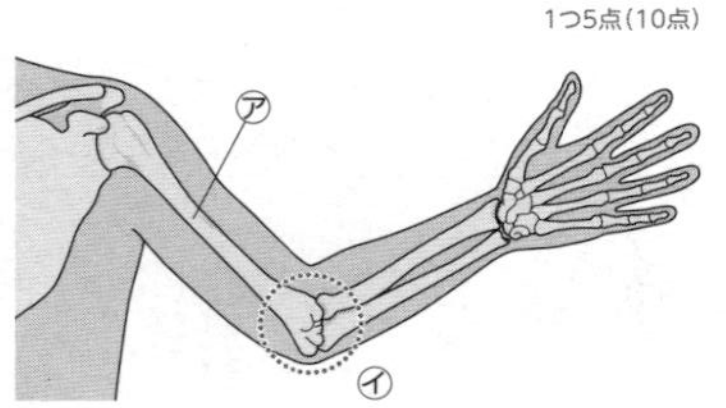

(3) 手の中のかたいところと、曲がるところを記録した結果をとっておくためには、何を使うとよいでしょうか。ア〜ウのうち正しいものの（ ）に○をつけましょう。

ア（ ）シールと油性マジック

イ（ ）シールと輪ゴム

ウ（○）シールとビニル手ぶくろ

79ページ

学習

よく出る

3 右の図は、うでを曲げたときのきん肉のようすを表しています。

1つ5点(20点)

(1) うでを曲げたとき、かたくなってふくらむのは、㋐、㋑のどちら側ですか。（ ㋐ ）

(2) うでを曲げたとき、㋒、㋓のきん肉はそれぞれ、どうなりますか。ア〜ウのうち正しいものの（ ）に○をつけましょう。

① ㋒のきん肉

ア（○）ちぢむ。　イ（ ）ゆるむ。

ウ（ ）変わらない。

② ㋓のきん肉

ア（ ）ちぢむ。　イ（○）ゆるむ。

ウ（ ）変わらない。

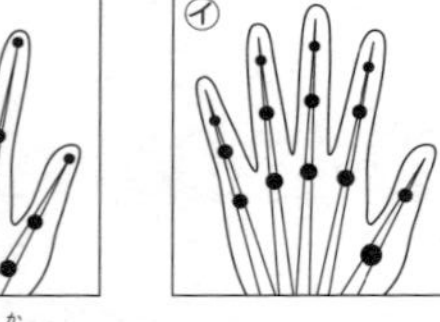

(3) 曲げていたうでをのばすと、うでを曲げたときにちぢんでいたきん肉はどうなりますか。ア〜ウのうち、正しいものの（ ）に○をつけましょう。

ア（ ）さらにちぢむ。

イ（○）ゆるむ。

ウ（ ）ちぢんだまま変わらない。

4 動物の体のつくりと運動について調べます。

技能 1つ5点(15点)

(1) 動物の体のつくりと運動について調べるときに、参考にするとよいものは何ですか。ア〜エのうち正しいものの（ ）2つに○をつけましょう。

ア（ ）動物のぬいぐるみ

イ（○）図かん

ウ（ ）テレビアニメ

エ（○）ほねのもけい

(2) 動物の体のつくりと運動を調べるために、動物の体にさわるとき、してはいけないことがあります。ア〜エのうちしてはいけないことの（ ）に○をつけましょう。

ア（ ）動物にさわる前には、必ず手をあらう。

イ（○）動物の口の中に、自分の手を入れて、口の中をさわる。

ウ（ ）動物の体をらんぼうにさわらない。

エ（ ）動物にさわったあとには、必ず手をあらう。

78〜79ページ てびき

1 わたしたちの体には、関節でつながったたくさんのほねがあります。

2 (1)手の中のかたいところ（ほね）は、さわればどこにあるかわかります。さわって場所がわかったら、紙に絵をかいて記録します。また、油性のマジックで手にほねのあるところをかくと、消えなくなってしまって、あらい落とすのが大変になります。
(2)曲がるところは、関節です。㋐は、関節でないところに●がついています。
(3)手にビニル手ぶくろをはめて、曲がるところにシールをはっておくと、結果を残しておくことができます。

3 (1)うでを曲げたとき、うでの㋐の側がかたくなっています。
(2)うでを曲げると、㋒のきん肉がちぢみます。㋒のきん肉がちぢむことで、きん肉についているほねが引っぱられて、うでが曲がります。このとき、㋓のきん肉はゆるんでいます。

4 (1)動物の体のつくりであるほねやきん肉は、図かんやほねのもけいなどで調べることができます。

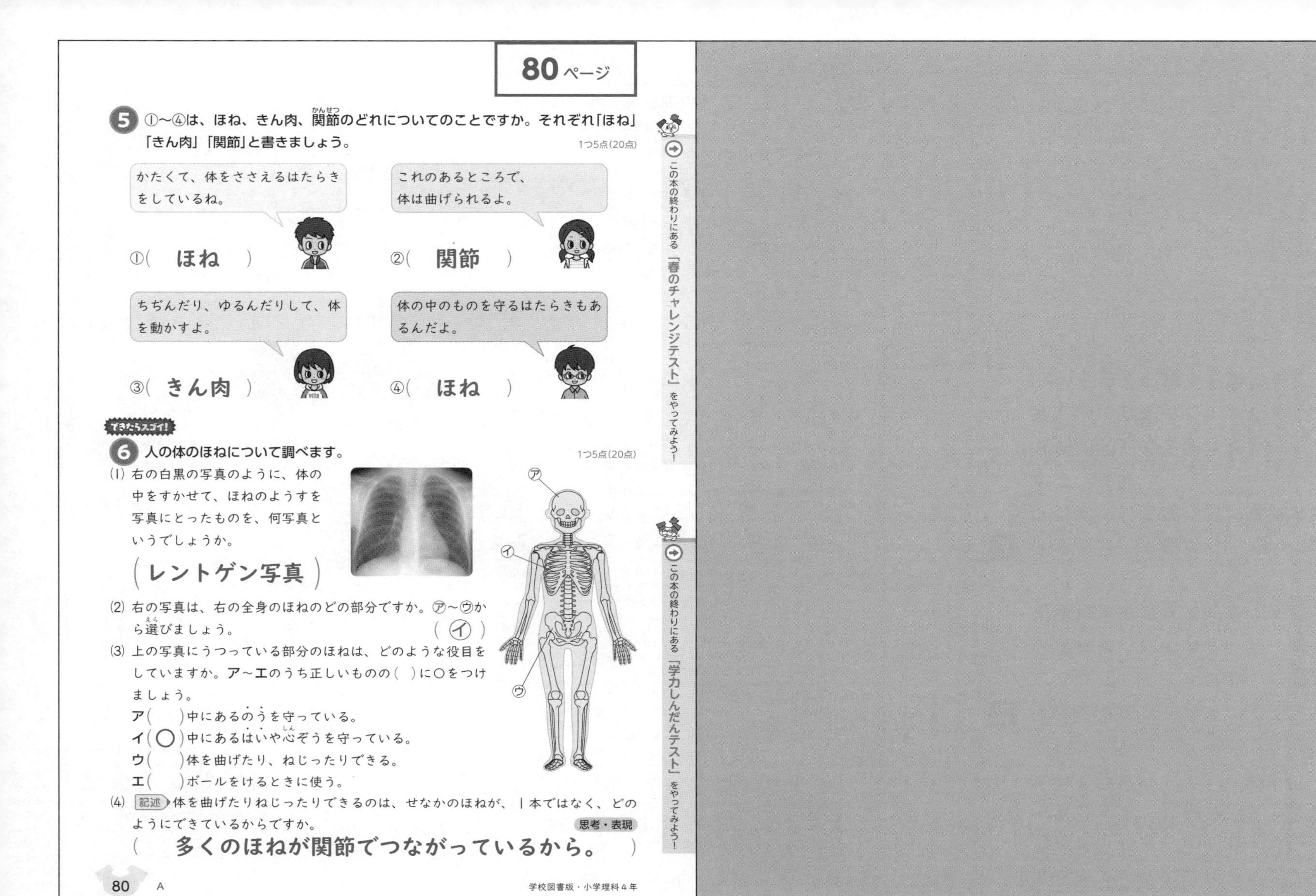

80ページ

5 ①〜④は、ほね、きん肉、関節（かんせつ）のどれについてのことですか。それぞれ「ほね」「きん肉」「関節」と書きましょう。　1つ5点(20点)

かたくて、体をささえるはたらきをしているね。

①（ ほね ）

これのあるところで、体は曲げられるよ。

②（ 関節 ）

ちぢんだり、ゆるんだりして、体を動かすよ。

③（ きん肉 ）

体の中のものを守るはたらきもあるんだよ。

④（ ほね ）

できたらスゴイ!

6 人の体のほねについて調べます。　1つ5点(20点)

(1) 右の白黒の写真のように、体の中をすかせて、ほねのようすを写真にとったものを、何写真というでしょうか。

（ レントゲン写真 ）

(2) 右の写真は、右の全身のほねのどの部分ですか。㋐〜㋒から選（えら）びましょう。　（ ㋑ ）

(3) 上の写真にうつっている部分のほねは、どのような役目をしていますか。ア〜エのうち正しいものの（ ）に○をつけましょう。

ア（ ）中にあるのうを守っている。
イ（ ○ ）中にあるはいや心（しん）ぞうを守っている。
ウ（ ）体を曲げたり、ねじったりできる。
エ（ ）ボールをけるときに使う。

(4) 記述 体を曲げたりねじったりできるのは、せなかのほねが、１本ではなく、どのようにできているからですか。　思考・表現

（ 多くのほねが関節でつながっているから。 ）

80ページ　**てびき**

5 ほねは、体をささえるとともに、体の中のものを守るはたらきもしています。ほねとほねのつなぎ目が関節です。ほねときん肉によって、体を動かすことができます。

6 (1)レントゲン写真をとると、体の中のほねのようすがよくわかります。

(2)問題のレントゲン写真は、むねのほねをとったものです。このほねは、ろっこつといいます。

(3)のうを守るのは頭のほね、はいや心（しん）ぞうを守るのはむねのほね、体を曲げたり、ねじったりできるのはせなかのほね、ボールをけるときに使うのは足のほねです。

夏のチャレンジテスト

教科書 6~85ページ

名前　　月　日

時間 40分

知識・技能	思考・判断・表現	ごうかく80点
/60	/40	/100

答え42~43ページ

知識・技能

1 春から夏にかけて、生き物のようすを観察しました。 (1)~(4)は1つ3点、(5)は2つともできて3点(18点)

(1) 春に見られるサクラの□に○をつけましょう。

ア □　イ ○

(2) 夏の気温や水温は、春にくらべてどうなっていますか。正しいものの( )に○をつけましょう。

①(○)高くなっている。
②( )低くなっている。
③( )変わらない。

(3) 気温のはかり方について、( )にあてはまる言葉や数を□から選んで書きましょう。

気温は、(風通し)のよい場所で、地面からの高さが(1.2m~1.5m)のところではかる。

風通し　日当たり　30cm~50cm　1.2m~1.5m

(4) ア~ウのうち、ヘチマのたねはどれですか。正しいものの□に○をつけましょう。

ア □　イ ○　ウ □

(5) 夏の生き物のようすについて、正しいものの( )2つに○をつけましょう。

①(○)ヘチマなどの植物のくきがよくのび、葉がふえ、大きく成長している。
②( )ヘチマなどの植物はかれたり、成長しなくなったりする。
③(○)虫などの動物が活発に活動している。
④( )虫などの動物の活動がにぶくなる。

2 下の図は、夏の夜空に見える星をスケッチしたものです。 1つ3点(12点)

ベガ　デネブ　㋐　アルタイル

(1) ㋐の星ざを何というでしょうか。

(はくちょうざ)

(2) ベガ、デネブ、アルタイルの3つの星を結んでできる三角形を何というでしょうか。

(夏の大三角)

(3) 夜空の星の色と明るさについて、( )にあてはまる言葉を□から選んで書きましょう。

夜空の星の色は、①(星によってちがう)。
星の明るさは、②(星によってちがう)。

どの星も同じ　星によってちがう

※同じ言葉を2回使ってもよいです。

3 かん電池とモーターをどう線でつないで、回路をつくりました。 (1)は2つともできて3点、(2)~(4)は1つ3点(21点)

(1) かん電池とモーターをどう線でつなぐと、電流はどのように流れますか。( )に＋または－を書きましょう。

かん電池の(＋)極からモーターを通って、(－)極へと電流が流れる。

(2) けん流計を使うと、電流の何を調べることができますか。2つ書きましょう。

電流の(向き)と電流の(大きさ)

(3) ア~ウの回路図記号は、それぞれ何を表していますか。

ア ⊗　イ Ⓜ　ウ ─┤├─

(電球) (モーター) (かん電池)

(4) かん電池の向きを変えると、つないでいたモーターの回る向きはどうなりますか。 (変わる。)
(反対になる。逆になる。)

うらにも問題があります。

夏のチャレンジテスト　おもて　てびき

1 (1)春になると、サクラは花をさかせます。
(2)夏は、春にくらべて気温や水温が高くなります。
(3)温度計のえきだめに直せつ日光が当たらないようにして、地面から1.2 m~1.5 mの高さではかります。
(4)ヘチマのたねはイです。アはツルレイシ(ニガウリ)のたね、ウはヒョウタンのたねです。
(5)夏になると、植物が大きく成長したり、動物が活発に活動したりします。

2 (1)、(2)夏の大三角をつくる、デネブははくちょうざ、ベガはことざ、アルタイルはわしざの星です。
(3)星には、白や黄色、赤などさまざまな色があります。明るさも星によってさまざまです。

3 (1)電流は、＋極から－極へ向かって流れます。
(2)けん流計を使うと、電流の流れる向きや大きさを調べることができます。
(3)回路図記号を使うと、かん電池などを絵にかかなくても、回路を図で表すことができます。
(4)かん電池の向きを変えると、電流の向きが変わります。

4 下の図のように、注しゃ器に水と空気を半分ずつ入れてピストンをおします。　1つ3点(9点)

(1)　ピストンをおすときは、注しゃ器を手でまっすぐささえて、真上からゆっくりとおします。その理由として、ア～ウのうち正しいものの(　)に○をつけましょう。

ピストン　ゴムの板　空気　水

ア(　)水と空気がまざらないようにするため。

イ(○)水や空気がもれないようにするため。

ウ(　)おすときの手ごたえを小さくするため。

(2)　注しゃ器の中の水と空気の体積はどうなりますか。下の㋐～㋓の図のうち、正しいものを1つ選びましょう。　(㋒)

㋐ どちらも体積は変わらない。　㋑ 水だけ体積がへる。　㋒ 空気だけ体積がへる。　㋓ どちらも体積がへる。

(3) 記述 ピストンをおさえていた手をはなすと、ピストンはどうなるでしょうか。

(元の位置にもどる。(上にあがる。))

思考・判断・表現

5 晴れの日とくもりの日に、気温の変化を調べて、折れ線グラフにしました。　(1)は4点、(2)は6点(10点)

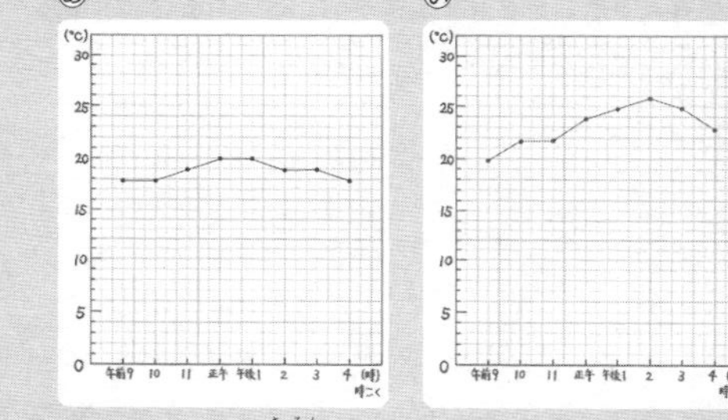

(1)　晴れの日の記録は、あ、いのどちらですか。　(い)

(2) 記述 (1)のように答えた理由を書きましょう。

(気温の変化は、晴れの日の方が大きいから。)

6 すな場のすなと花だんの土を使って、土の種類と水のしみこみ方の関係を調べました。　1つ4点(8点)

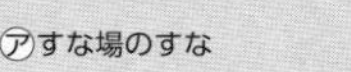

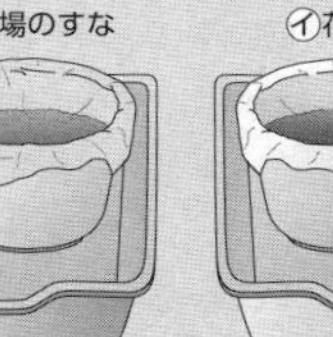

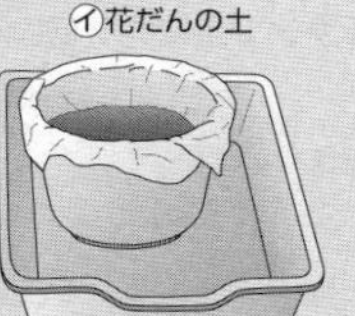

(1)　花だんの土のほうが、すな場のすなにくらべて、土のつぶが小さかったです。水がしみこみやすいのは、花だんの土とすな場のすなのどちらですか。

(すな場のすな)

(2)　すな場のすなと、じゃりに、同じ量の水を流しこむと、じゃりのほうが速く水がしみこみました。すな場のすなと、じゃりでは、土のつぶが大きいのはどちらだと考えられますか。

(じゃり)

7 かん電池を2こ使って、モーターの回り方を調べました。　(1)、(2)、(4)は4点、(3)は6点(22点)

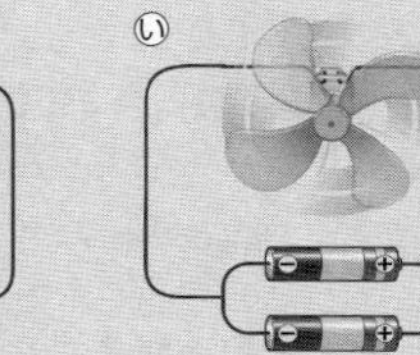

(1)　あ、いのかん電池2このつなぎ方を何といいますか。

あ(直列つなぎ)
い(へい列つなぎ)

(2)　あといでは、どちらのモーターが速く回りますか。　(あ)

(3) 記述 (2)のように答えた理由を書きましょう。

(直列つなぎの方が、回路に流れる電流が大きいから。)

(4)　あといでは、モーターは同じ向きに回りますか、反対の向きに回りますか。

(同じ向き(に回る)。)

夏のチャレンジテスト　うら　てびき

4 (1)ゴムの板は、水や空気がもれないようにするだけでなく、おしたときのすべり止めになっています。
(2)空気はおしちぢめられますが、水はおしちぢめられません。そのため、空気の体積だけがへります。
(3)手をはなすと、空気は元の体積にもどるので、ピストンはおす前と同じ位置にもどります。

5 天気によって、1日の気温の変化のしかたがちがいます。晴れの日は、1日の気温の変化が大きく(い)、くもりや雨の日は、1日の気温の変化が小さい(あ)です。

6 (1)土のつぶが大きいほど、土に水がしみこみやすいです。
(2)すな場のすなより、じゃりのほうが水がしみこみやすいということは、じゃりのほうが、すな場のすなよりつぶが大きいことになります。

7 (1)～(3)かん電池2こを直列つなぎにすると、かん電池1このときよりも回路に流れる電流は大きくなります。かん電池2こをへい列つなぎにすると、かん電池1このときと回路に流れる電流は変わりません。よって、へい列つなぎより直列つなぎの方が、回路に流れる電流が大きいので、直列つなぎの方がモーターは速く回ります。
(4)あといの回路で、電流の向きは変わらないので、モーターの回る向きは同じです。

冬のチャレンジテスト

教科書 88〜145ページ

月　日

名前

時間 40分

知識・技能	思考・判断・表現	ごうかく80点
/60	/40	/100

答え44〜45ページ

知識・技能

1 ある日の朝、白い月が下の図のように見えました。 1つ3点(9点)

(1) ㋐の方位は、東・西・南・北のどれでしょうか。

（ 西 ）

(2) 時間がたつにつれて、月は㋕〜㋘のどの方向に動いていくでしょうか。

（ ㋗ ）

(3) この月はいつごろ地平線より下にしずんで見えなくなりますか。ア〜ウのうち正しいものの(　)に○をつけましょう。

ア(○)午前中　イ(　)夕方

ウ(　)夜中

2 秋の動物や植物のようすを考えます。 1つ3点(12点)

(1) 秋に見られる動物のようすとして、ア〜エのうち正しいものの(　)に○をつけましょう。

ア(　)セミがさかんに鳴いていた。

イ(○)カマキリの成虫がたまごを産んでいた。

ウ(　)ツバメが巣をつくっていた。

エ(　)おたまじゃくしがたくさん見られた。

(2) 右の図は、ヘチマの実のようすをスケッチしたものです。

① ヘチマの実ができるのは、花がさく前でしょうか、さいた後でしょうか。

（ さいた後 ）

② 実の中には何ができているでしょうか。

（ たね ）

③ しばらくすると、ヘチマは葉が黄色くパリパリになりました。このヘチマは、やがてどうなるでしょうか。

（ かれる。 ）

3 下の図のように、3つのビーカーに同じ量の水を入れ、2日間置いておきます。 1つ3点(9点)

日なたに2日間置く　㋐　㋑　ラップでふたをする

日かげに2日間置く　㋒

(1) 水が一番へるのは、㋐〜㋒のどれでしょうか。

（ ㋑ ）

(2) 水がほとんどへらなかったのは、㋐〜㋒のどれでしょうか。（ ㋐ ）

(3) 記述 ビーカーの水は、何になってどこへいったのでしょうか。

（ 水じょう気になり、空気中に出ていった。 ）

4 9月20日の午後8時と午後9時に、夏の大三角の動きを観察します。 1つ5点(10点)

(1) 右の図は、9月20日午後8時に見えた夏の大三角のようすです。このようすを記録用紙に記入する方法として、ア〜ウのうち正しいものの(　)に○をつけましょう。

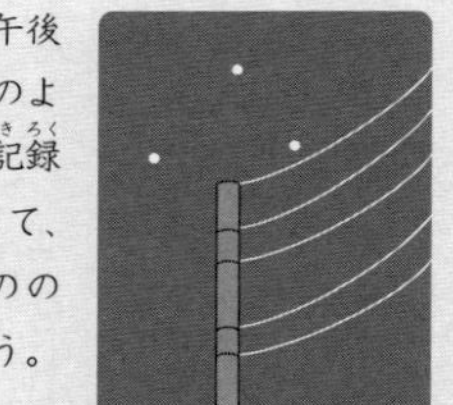

ア(　)夏の大三角をつくる星だけを記入する。

イ(　)夏の大三角をつくる星だけでなく、ほかの星も記入する。

ウ(○)夏の大三角をつくる星だけでなく、電柱も記入しておく。

(2) 1時間後の午後9時に、夏の大三角を観察します。このとき観察する場所について、ア〜ウのうち正しいものの(　)に○をつけましょう。

ア(○)午後8時に観察したときと同じ場所で、観察する。

イ(　)午後8時に観察したときとは別の場所で、観察する。

ウ(　)午後8時のときと同じ位置に見える場所で観察する。

冬のチャレンジテスト(表)

うらにも問題があります。

冬のチャレンジテスト　おもて　てびき

1 (1)朝に見える白い月は、西の空に見えます。
(2)、(3)朝に見える白い月は、時間がたつとともに西にしずみ、午前中のうちに見えなくなります。

2 (1)セミがさかんに鳴くのは夏、カマキリの成虫がたまごを産むのは秋、ツバメが巣をつくるのは春、おたまじゃくしがたくさん見られるのは春です。
(2)①、②花がさいた後に、実ができます。実の中にはたねができています。

3 水は水面から水じょう気となって、空気中に出ていきます。これをじょう発といいます。日なたと日かげでは、日なたの方が、水のじょう発がさかんなので、㋑の水が一番へります。㋐は、ラップでふたをしているので、ビーカーの水が外に出ていかず、水はほとんどへりません。

4 (1)夏の大三角が動いたかどうかを調べるためには、地上の目印になるもの(電柱など)もスケッチしておきます。ほかの星を記入しても、夏の大三角の動きはわかりません。
(2)同じ場所で観察しないと、時間がたったときの夏の大三角の位置を正しく観察できません。

5 下の図のように、水を熱しました。　1つ5点(20点)

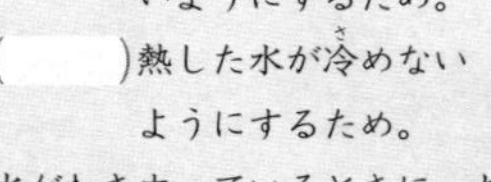

(1) 丸底フラスコの中に入れてある㋐は何でしょうか。

（ ふっとう石 ）

(2) 丸底フラスコの中に㋐を入れておく理由として、ア～ウのうち正しいもの（　）に○をつけましょう。

ア（　）水を早く熱するため。
イ（ ○ ）水が急にわき立たないようにするため。
ウ（　）熱した水が冷めないようにするため。

(3) 水がわき立っているときに、丸底フラスコの中の水に見られる大きなあわは何でしょうか。

（ 水じょう気 ）

(4) 冷たい水の入った試験管は、何のためにありますか。理由として、ア～エのうち正しいもの（　）に○をつけましょう。

ア（　）固体の水を、えき体の水にするため。
イ（　）えき体の水を、気体の水にするため。
ウ（　）気体の水を、固体の水にするため。
エ（ ○ ）気体の水を、えき体の水にするため。

思考・判断・表現

6 夏のころと秋のころの気温と動物の活動のようすを考えます。　1つ6点(12点)

夏のころ	
7月2日	27℃
7月9日	29℃
7月16日	30℃

秋のころ	
10月2日	18℃
10月9日	20℃
10月16日	16℃

(1) 記述 上の2つの表は、夏のころと秋のころの気温の記録です。秋のころの気温は、夏のころの気温とくらべてどうなったでしょうか。

（（気温は）低くなった。）

(2) 記述 秋のころの動物の活動は、夏のころとくらべてどうなったでしょうか。

（（動物の活動は）にぶくなった。）

7 試験管に入れた水を冷やして、何℃になるとこおるのか調べました。　(1)、(3)は4点、(2)は6点(14点)

(1) 試験管に入れた水は、グラフのように温度が変化しました。水が全部氷に変わったのは、約何分後ですか。正しいもの（　）に○をつけましょう。

①（　）約2分後　②（　）約4分後
③（　）約8分後　④（ ○ ）約12分後

(2) 記述 (1)のように答えた理由を書きましょう。

（水がこおり始めてから、全部氷になるまで、温度は0℃から変わらないから。）

(3) 水は何℃で氷になりますか。

（ 0℃ ）

8 金ぞく球が金ぞくの輪を通りぬけることをたしかめてから、金ぞく球を熱したところ、輪を通りぬけなくなりました。　(1)、(3)は4点、(2)は6点(14点)

(1) 金ぞく球を熱するのに、右の写真の加熱器具を使いました。この器具の名前を書きましょう。

（実験用ガスコンロ(ガスコンロ)）

(2) 記述 金ぞく球が金ぞくの輪を通りぬけなくなったのはなぜですか。その理由を書きましょう。

（金ぞく球を熱して(温度が高くなり)、体積が大きくなった(ふえた)ため。）

(3) 金ぞく球が金ぞくの輪を通りぬけることをたしかめてから、金ぞく球を氷水につけて冷やしました。金ぞく球は金ぞくの輪を通りぬけますか、通りぬけませんか。

（通りぬける。）

冬のチャレンジテスト　うら　てびき

5 (1)、(2)熱するときにふっとう石を入れるのは、水が急にわき立って、丸底フラスコからあふれ出るのをふせぐためです。
(3)水がふっとうすると、大きなあわが見られます。これは、えき体の水が、気体の水じょう気になったものです。
(4)気体の水は冷やされると、えき体の水になります。

6 (1)表の気温をくらべると、秋の方が気温が低くなっていることがわかります。
(2)気温が低くなると、動物の活動はにぶくなります。オオカマキリなどのようにたまごを産むものもあります。

7 水は0℃になるとこおり始めますが、全部氷になるまで、温度は0℃のまま変わりません。グラフで、温度が0℃より下がり始めた時間を見ると、約12分後からなので、12分後に水は全部氷になったと考えられます。6分後から12分後までは、水と氷がまざっています。

8 (2)金ぞくも、温めると、体積が大きくなります。ただ、その体積の変化は、見ただけではわからないほど小さいです。
(3)金ぞく球を冷やすと、体積が小さくなります。もともと金ぞくの輪を通りぬけることができたので、冷やしても金ぞくの輪を通りぬけることができます。

春のチャレンジテスト

教科書 146〜187ページ

名前　　月　日

時間 40分

知識・技能	思考・判断・表現	ごうかく80点
／60	／40	／100

答え46〜47ページ

知識・技能

1 冬の夜空を観察しました。

1つ3点(6点)

(1) 図に見られる、3つの星を結んでできる三角形のことを何といいますか。

（ 冬の大三角 ）

(2) 2時間後、同じ場所から夜空を観察しました。星の位置と、ならび方はどうなっていましたか。正しいものの(　　)に○をつけましょう。

ア(　　)星の位置もならび方も変わっていた。
イ(○)星の位置だけが変わっていた。
ウ(　　)星のならび方だけが変わっていた。
エ(　　)星の位置もならび方も変わっていなかった。

2 下の図は、こん虫が冬をこしているようすを表したものです。

1つ3点(15点)

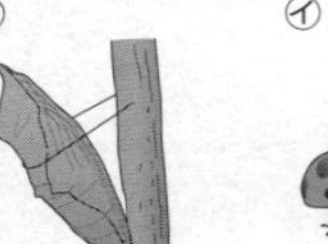

(1) ㋐〜㋒のこん虫の名前を、下の[　　]の中から選び、書きましょう。

オオカマキリ　　アゲハ　　ナナホシテントウ

㋐(アゲハ)
㋑(ナナホシテントウ)
㋒(オオカマキリ)

(2) 図の㋑は成虫です。㋐、㋒のすがたはそれぞれ何というでしょうか。

㋐(さなぎ)
㋒(たまご(らんのう))

3 下の表は、それぞれの日の午前10時に記録した気温を表しています。また、下の㋐〜㋓の図は、サクラのえだを観察し、スケッチしたものです。どの時期に観察したものか整理します。表の(　　)に、㋐〜㋓のうちあてはまるものを書きましょう。

1つ3点(12点)

日にち	気温	図
4月5日	15℃	(㋑)
7月5日	25℃	(㋓)
11月5日	13℃	(㋐)
1月5日	6℃	(㋒)

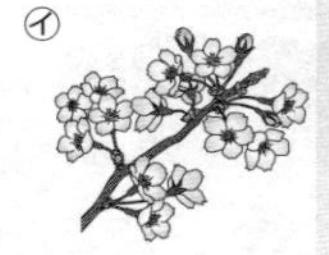

4 下の図のように、金ぞくのぼうを、アルコールランプで熱します。

1つ4点(12点)

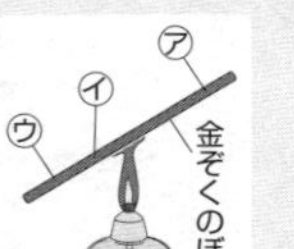

(1) アルコールランプのしんに火をつけます。ア〜ウのうち正しいものの(　　)に○をつけましょう。

ア(　　)ランプのしんの上の方から火を近づける。
イ(　　)ランプのしんの横の方から火を近づける。
ウ(○)ランプのしんの下の方から火を近づける。

(2) 金ぞくのぼうには、ろうをぬります。ろうをぬる理由を説明した下の文の(　　)に、あてはまる言葉を書きましょう。

ろうが(とける)ことで、どこから金ぞくが温まるかがわかるから。

(3) 上の図のように、金ぞくのぼうをアルコールランプで熱しました。㋐〜㋒のうち一番速く温まる部分はどこでしょうか。

(㋑)

うらにも問題があります。

春のチャレンジテスト　おもて　てびき

1 (2)時こくとともに、星の見える位置は変わりますが、星のならび方は変わりません。

2 アゲハはさなぎで、オオカマキリはたまごで冬をこします。アゲハやオオカマキリの成虫は寒くなると死んでしまいます。ナナホシテントウは成虫のままで、かれ葉の下などでじっとして冬をこし、あたたかくなると、たまごを産みます。

3 サクラは、春に花がさき、夏には緑の葉を多くつけて、秋には葉の色が変わり、冬には葉が落ちてしまいます。冬のえだには、新しい芽ができていて、あたたかくなると、芽がふくらんできます。

4 (1)アルコールランプに火をつけるときは、火をしんの下の方から近づけます。
(2)ろうは熱するととけるため、ろうがとけたところは、金ぞくのぼうが温まったということがわかります。
(3)金ぞくは、熱したところから順に熱が伝わって温まっていくので、熱せられているところに近い㋑です。

5 人の体が動くしくみを調べました。　1つ3点(15点)

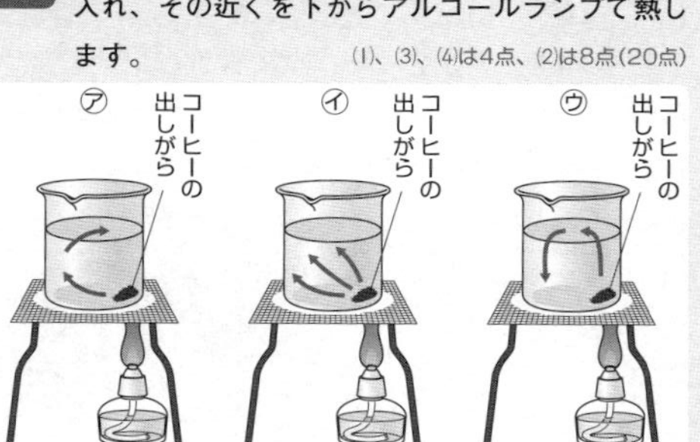

(1) あは、かたくてじょうぶであり、いで2つのあがつながっています。あといを、それぞれ何といいますか。

あ(ほね)　い(関節)

(2) かやきは、外からさわると、あとくらべてやわらかくなっています。かやきのことを何といいますか。

(きん肉)

(3) 図のようにうでを曲げたときは、うでをのばしたときとくらべて、かときはゆるんでいますか、それともちぢんでいますか。それぞれ書きましょう。

か(ちぢんでいる。(ちぢむ。))
き(ゆるんでいる。(ゆるむ。))

思考・判断・表現

6 冬の夜、東から南の空に、下の図のような星ざが見えました。　(1)、(2)は4点、(3)、(4)は6点(20点)

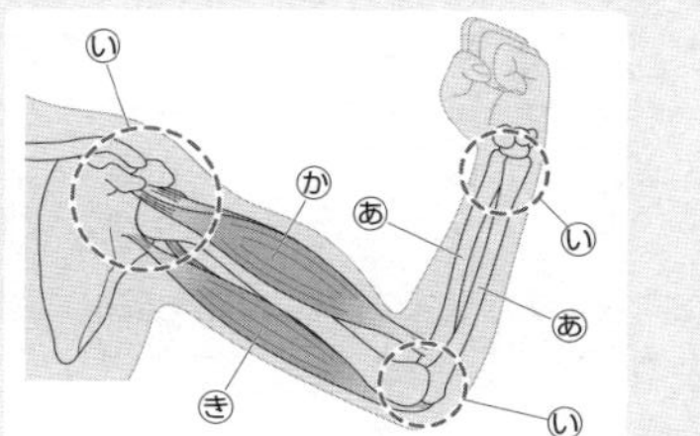

(1) 時間がたつと、この星ざはア～エのどの方向に動いていくでしょうか。　(エ)

(2) 星ざをつくる星が動くにしたがって、星どうしのならび方はどうなるでしょうか。

(変わらない。)

(3) 記述 この星ざをつくる星の色はどうなっているでしょうか。

(いろいろな色がある。)

(4) 記述 この星ざをつくる星の明るさはどうなっているでしょうか。

(いろいろな明るさがある。)

7 水を入れたビーカーの底にコーヒーの出しがらを入れ、その近くを下からアルコールランプで熱します。　(1)、(3)、(4)は4点、(2)は8点(20点)

ア コーヒーの出しがら　イ コーヒーの出しがら　ウ コーヒーの出しがら

(1) コーヒーの出しがらはどのように動きますか。上の図のア～ウのうち正しいものを選びましょう。

(ウ)

(2) 記述 出しがらの動きから、何の動きがわかりますか。

(温まった水の動きがわかる。)

(3) ビーカーの底から水を熱したとき、冷たい水はどうなりますか。ア～ウのうち正しいものの(　)に○をつけましょう。

ア(　)冷たい水は上にあがる。
イ(　)冷たい水は動かない。
ウ(○)冷たい水は下にしずむ。

(4) 水の温まり方は、金ぞくや空気の温まり方とくらべてどうなっていますか。ア～ウのうち、正しいものの(　)に○をつけましょう。

ア(　)水の温まり方は金ぞくとも空気ともちがっている。
イ(　)水の温まり方は金ぞくににているが、空気とはちがっている。
ウ(○)水の温まり方は空気ににているが、金ぞくとはちがっている。

春のチャレンジテスト　うら　てびき

5 (1)かたくてじょうぶなほねが、人の体をささえています。体の中の曲げられるところは、ほねとほねのつなぎ目で、これを関節といいます。
(2)、(3)きん肉がちぢんだりゆるんだりすることで、体は動きます。うでを曲げるときは、内側のきん肉(か)はちぢんでふくらみ、外側のきん肉(き)はゆるみます。

6 (1)、(2)オリオンざは、太陽や月と同じように、東の空からのぼって、南の高い空を通って、西の空にしずんでいきます。星ざは、時間がたっても、星どうしのならび方は変わりません。
(3)、(4)星の明るさは明るいものや暗いものなど、さまざまで、色もいろいろあります。

7 (1)、(2)温まった水は上にあがり、冷たい水は下にしずみます。このため、水の中のコーヒーの出しがらは、温まった水が上にあがるので、いっしょに上にあがります。温まった水が上にあがるのは、冷たい水よりも軽いためです。
(3)冷たい水は温かい水よりも重いので、下にしずみます。
(4)空気も、水と同じように、温まった空気が上にあがり、冷たい空気は下にしずみます。このため、エアコンのだんぼうの風の向きは、下向きにすると、早く室内を温めることができるのです。

4年 理科のまとめ　学力しんだんテスト

月　日
名前

時間 40分

ごうかく80点　／100

答え 48~49ページ

1 モーターを使って、電気のはたらきを調べました。

各4点(12点)

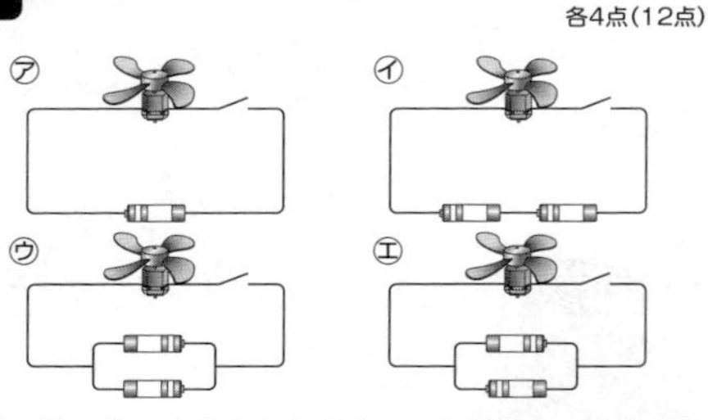

(1) ㋑、㋒のようなかん電池のつなぎ方を、それぞれ何といいますか。

㋑(直列つなぎ) ㋒(へい列つなぎ)

(2) スイッチを入れたとき、モーターが一番速く回るものは、㋐~㋓のどれですか。 (㋑)

2 ある1日の気温の変化を調べました。

各4点(16点)

(℃) 気温 25 20 15 10 5 0
0 1 2 3 4 5 6 7 8 9 10 11 正午 1 2 3 4 5 6 7 8 9 10 11(時)
(午前) (午後) 時こく

(1) この日に一番気温が高くなったのは何時ですか。

(午後2時)

(2) この日の気温が一番高いときと低いときの気温の差は、何℃ぐらいですか。正しいものに○をつけましょう。

①(　) 10℃ぐらい ②(○) 20℃ぐらい

(3) この日の天気は、①と②のどちらですか。正しいものに○をつけましょう。

①(○)晴れ ②(　)雨

(4) (3)のように答えたのはなぜですか。

(1日の気温の変化が大き(く、昼すぎの気温が高)いから。)

3 ある日の夜、はくちょうざを午後8時と午後10時に観察し、記録しました。

各4点(8点)

午後8時　午後10時
東　西　南

(1) さそりざのアンタレスは赤色の星です。はくちょうざのデネブも同じ色ですか。 (ちがう。)

(2) 時こくとともに、星ざの中の星のならび方は変わりますか、変わりませんか。 (変わらない。)

4 注しゃ器の先にせんをして、ピストンをおしました。

各4点(8点)

空気　ピストン　せん

(1) 注しゃ器のピストンをおすと、空気の体積はどうなりますか。 (小さくなる。)

(2) 注しゃ器のピストンを強くおすと、手ごたえはどうなりますか。正しいものに○をつけましょう。

①(○)大きくなる。 ②(　)小さくなる。

5 うでのきん肉やほねのようすを調べました。

各4点(8点)

ちぢむ　ゆるむ　㋐　㋑

(1) うでをのばしたとき、きん肉がちぢむのは、㋐、㋑のどちらですか。 (㋑)

(2) ほねとほねがつながっている部分を何といいますか。 (関節)

➡うらにも問題があります。

学力しんだんテスト　おもて　てびき

1 (1)㋓もへい列つなぎに見えますが、2つのかん電池が「輪」になっているのでちがいます。かん電池やどう線が熱くなるので、このつなぎ方をしてはいけません。

(2)直列つなぎにすると、回路に流れる電流が大きくなり、モーターが速く回ります。

2 (1)、(2)グラフから、一番気温が高いのは午後2時で28℃ぐらい、一番気温が低いのは午前5時で8℃ぐらいと読み取ることができます。

(3)、(4)晴れの日は1日の気温の変化が大きく、くもりや雨の日は1日の気温の変化が小さいです。グラフから気温の変化を読み取ると、この日の天気は晴れと考えられます。

3 (1)アンタレスもデネブも同じ明るさですが、アンタレスは赤色、デネブは白色で色はちがいます。

(2)時こくとともに、星の見える位置は変わりますが、星のならび方は変わりません。

4 (1)とじこめた空気をおすと、体積は小さくなります。

(2)ピストンをおすと、空気はさらにおしちぢめられ、空気におし返される手ごたえは大きくなります。

5 (1)うでをのばすと、内側のきん肉(㋐)はゆるみ、外側のきん肉(㋑)はちぢみます。

(2)関節があるので、体を曲げることができます。

6 ものを温めたときの体積の変化を調べました。

各4点(12点)

(1) 丸底フラスコを温めたときの水面を表しているのは、㋐、㋑のどちらですか。

(㋐)

(2) 丸底フラスコの口に石けん水でまくを作りました。湯につけると、石けん水のまくはどうなりますか。㋒～㋕から正しいものを選び、□に○をつけましょう。

(3) 金ぞくを温めたとき、体積はどのように変化しますか。正しいものに○をつけましょう。

①(○)大きくなる。 ②(　)小さくなる。

7 ものの温まり方を調べました。

各4点(12点)

(1) 右の図のように、試験管に水を入れて熱し、㋐が温かくなったので熱するのをやめました。5分後に一番温度が高いのは、㋐～㋒のどれですか。 (㋐)

(2) 下の図のように、金ぞくのぼうにろうをたらし、ぼうの一部を熱しました。ろうがとけるのが一番おそい部分は、㋓～㋖のどれですか。 (㋓)

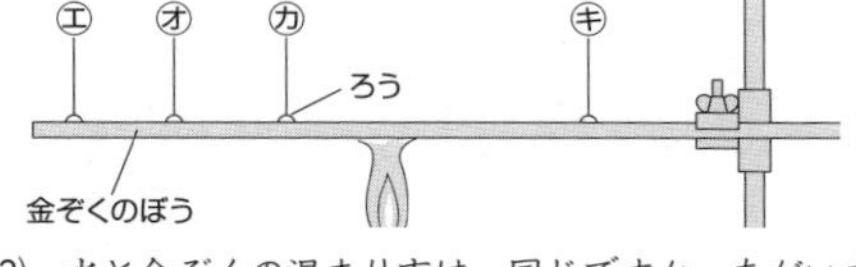

(3) 水と金ぞくの温まり方は、同じですか、ちがいますか。 (ちがう。)

学力診断テスト(裏)

活用力をみる

8 自然の中をめぐる水を調べました。

各4点(16点)

㋐ せんたく物がかわく。

㋑ まどガラスの内側に水てきがつく。

(1) ㋐、㋑は、どのような水の変化ですか。あてはまる言葉を(　)に書きましょう。

㋐ 水から(水じょう気)への変化

㋑ (水じょう気)から(水)への変化

(2) 雨がふって、地面に水が流れていました。地面を流れる水はどのように流れますか。正しいものに○をつけましょう。

①(○)高いところから低いところに流れる。

②(　)低いところから高いところに流れる。

9 身の回りの生き物の一年間のようすを観察しました。

各4点(8点)

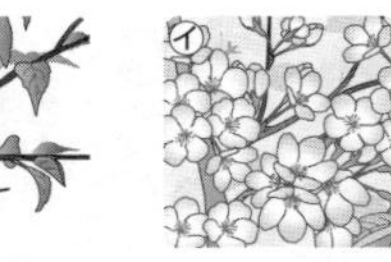

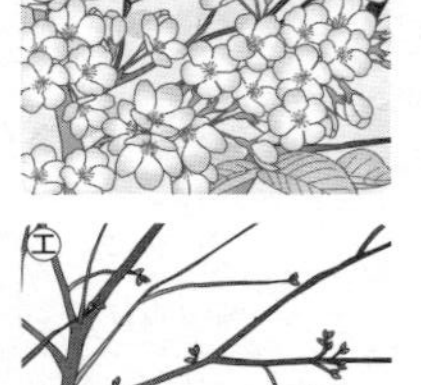

(1) ㋐～㋓のサクラの育つようすを、春、夏、秋、冬の順にならべましょう。 (完答)

(㋑ → ㋒ → ㋐ → ㋓)

(2) オオカマキリが右のころのとき、サクラはどのようなようすですか。㋐～㋓から選び、記号で書きましょう。

(㋑)

学力しんだんテスト　うら　てびき

6 (1)温めると水の体積は大きくなるので、水面は上がります。

(2)温めると空気の体積は大きくなるので、石けん水のまくがふくらみます。

(3)金ぞくも、温めると体積が大きくなります。

7 (1)水を熱すると、温められた部分が上へ動き、冷たい水が下へしずみます。そのため、試験管を熱するのをやめると、上の方の温度が高くなっています。

(2)、(3)金ぞくは、熱した部分から順に熱が伝わって温まっていきます。

8 (1)㋐せんたく物にふくまれていた水（えき体）が水じょう気(気体)になります。

㋑空気中の水じょう気がまどガラスで冷やされて、水になります。

(2)地面を流れる水は、高いところから低いところに向かって流れます。

9 (1)㋐は葉がかれて落ちてきている秋、㋑は花がさく春、㋒は葉がしげる夏、㋓は葉が落ちた冬です。

(2)春になると、オオカマキリのたまごからよう虫がかえります。

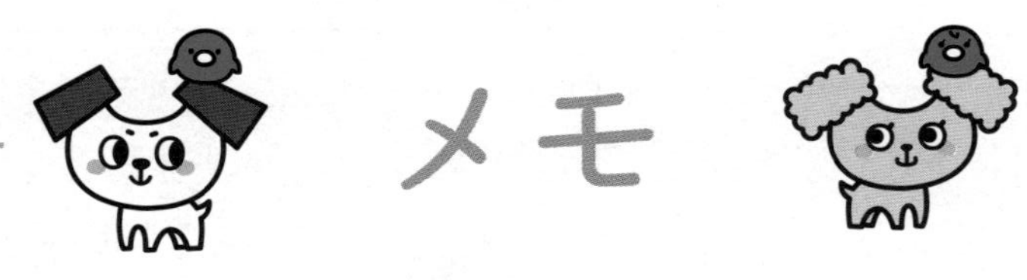

メモ

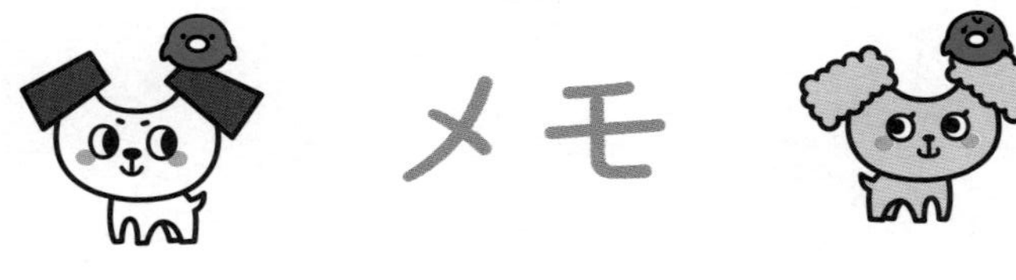
メモ

付録　取りはずしてお使いください。

理科スタートアップドリル

4年

このドリルを使って
3年生で学習した
ことをふり返ろう。

年　組

1 植物のつくりと育ち①

1 植物のたねをまいて、育ちをしらべました。

(1) 図を見て、(　　)にあてはまる言葉を、あとの［　　］からえらんで書きましょう。

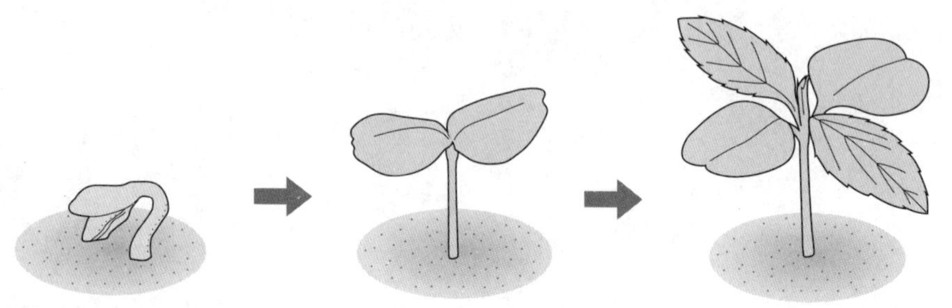

①植物のたねをまくと、たねから(　　　　　)が出て、やがて葉が出てくる。
　はじめに出てくる葉を(　　　　　)という。

②植物の草たけ(高さ)が高くなると、(　　　　　)の数もふえていく。

め	子葉	葉	花	実	数	長さ

(2) 植物の育ちについてまとめました。
(　　)にあてはまるものは、
①～③のどれですか。
①2cm
②5cm
③10cm

日にち	草たけ(高さ)
4月15日	―――
4月23日	1cm
4月27日	3cm
5月　8日	(　　　　)
5月15日	7cm

(　　　)

2 植物の体のつくりをしらべました。

(1) ㋐～㋓は何ですか。
名前を答えましょう。

㋐(　　　　　)
㋑(　　　　　)
㋒(　　　　　)
㋓(　　　　　)

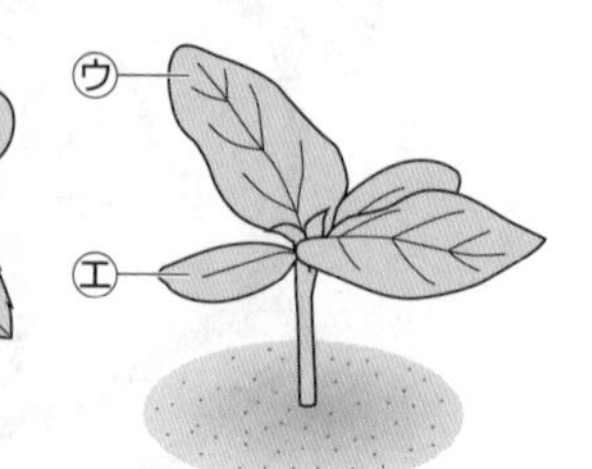

(2) ㋐と㋑で、先に出てくるのはどちらですか。

(　　　)

(3) ㋒と㋓で、先に出てくるのはどちらですか。

(　　　)

2 植物のつくりと育ち②

1 植物の体のつくりをしらべました。

(1) (　　)にあてはまる言葉を書きましょう。

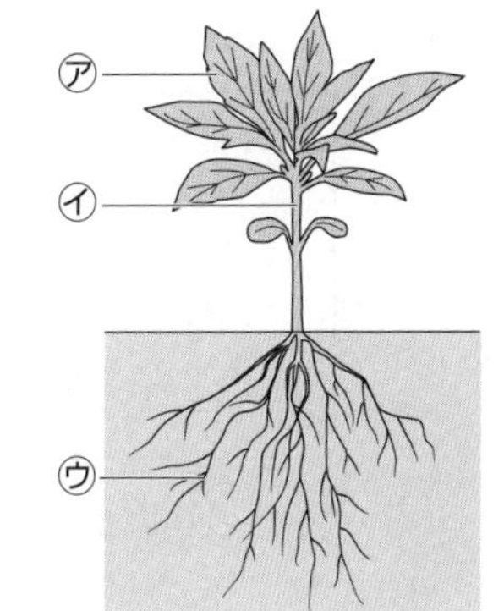

○植物は、色や形、大きさはちがっても、つくりは
同じで、(　　　　　)、(　　　　　)、(　　　　　)
からできている。

(2) ㋐～㋒は何ですか。名前を答えましょう。

(3) ①～③は、㋐～㋒のどれのことか、記号で答えましょう。

①くきについていて、育つにつれて数がふえる。　(　　　)

②土の中にのびて、広がっている。　(　　　)

③葉や花がついている。　(　　　)

2 植物の一生について、まとめました。
(　　)にあてはまる言葉を書きましょう。

①植物は、たねをまいたあと、はじめに(　　　　　)が出る。
②草たけ(高さ)が高くなり、葉の数はふえ、くきが太くなり、
やがてつぼみができて、(　　　　　)がさく。
③(　　　　　)がさいた後、(　　　　　)ができて、かれる。
④実の中には、(　　　　　)ができている。

3 こん虫のつくりと育ち①

1 チョウの体のつくりをしらべました。

(1) (　　)にあてはまる言葉を書きましょう。

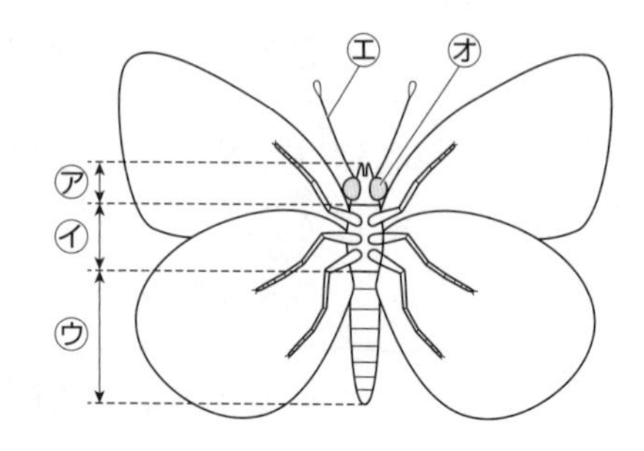

○チョウのせい虫の体は(　　　　)、(　　　　)、(　　　　)の3つの部分からできていて、むねに6本の(　　　　)がある。

(2) ア〜オは何ですか。名前を答えましょう。

ア(　　　　)
イ(　　　　)
ウ(　　　　)
エ(　　　　)
オ(　　　　)

(3) ①〜②は、ア〜ウのどれのことか、記号で答えましょう。

①あしやはねがついている。

(　　)

②ふしがあって、まげることができる。

(　　)

2 モンシロチョウの育ちについて、まとめました。

(1) ア〜エを、育ちのじゅんにならべましょう。

ア 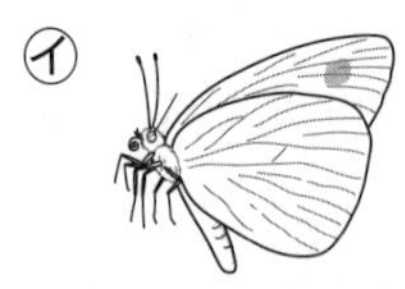

ウ 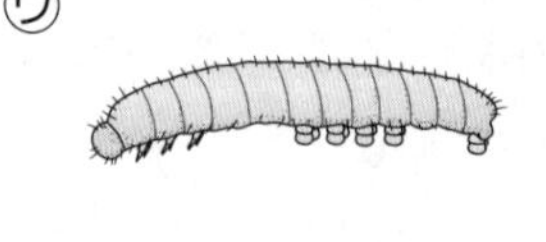

エ 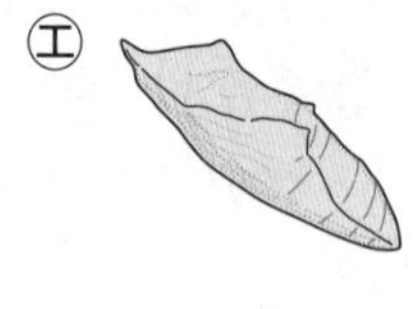

(　ア　→　　→　　→　　)

(2) イはせい虫といいます。ア、ウ、エは何ですか。名前を答えましょう。

ア(　　　　)
ウ(　　　　)
エ(　　　　)

(3) 何も食べないのは、ア〜エのどれですか。すべて答えましょう。

(　　　　)

4 こん虫のつくりと育ち②

1 こん虫の体のつくりをしらべました。

(1) （　）にあてはまる言葉を書きましょう。

①こん虫は、色や形、大きさはちがってもつくりは同じで、（　　　）、（　　　）、（　　　）の3つの部分からできている。
②こん虫の（　　　）には、目や口、しょっ角があり、（　　　）には6本のあしがある。

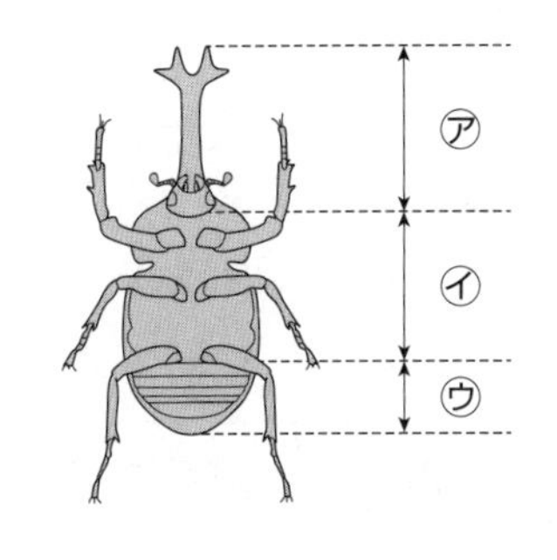

(2) 図の㋐～㋒は何ですか。名前を答えましょう。

㋐（　　　）
㋑（　　　）
㋒（　　　）

2 こん虫の育ちについて、まとめました。

（　）にあてはまる言葉を書きましょう。

①チョウやカブトムシは、
たまご→（　　　）→（　　　）→せい虫
のじゅんに育つ。
②バッタやトンボは、
たまご→（　　　）→せい虫
のじゅんに育つ。
③チョウやカブトムシは（　　　）になるが、
バッタやトンボはならない。

3 こん虫のすみかと食べ物について、しらべました。

（　）にあてはまる言葉を、あとの［　］からえらんで書きましょう。

○こん虫は、（　　　）や（　　　）場所があるところをすみかにしている。

遊ぶ　　池　　かくれる　　木　　食べ物

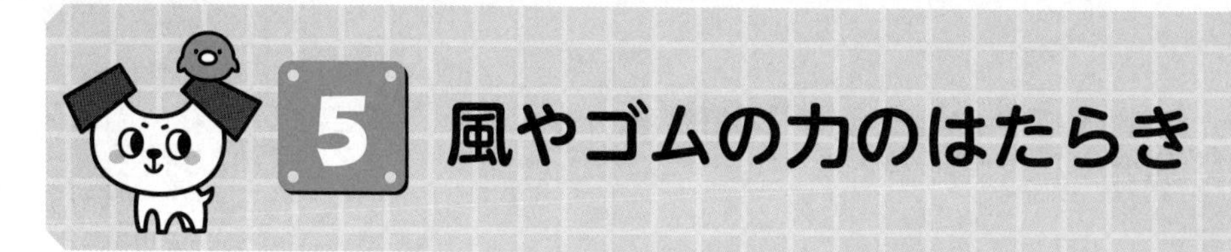

5 風やゴムの力のはたらき

1 風の力のはたらきについて、しらべました。

(1) （　）にあてはまる言葉をえらんで、○でかこみましょう。

①風の力で、ものを動かすことが（　できる　・　できない　）。
②風を強くすると、風がものを動かすはたらきは
（　大きく　・　小さく　）なる。

(2) 「ほ」が風を受けて走る車に当てる風の強さを変えました。
弱い風を当てたときのようすを表しているのは、①、②のどちらですか。

①
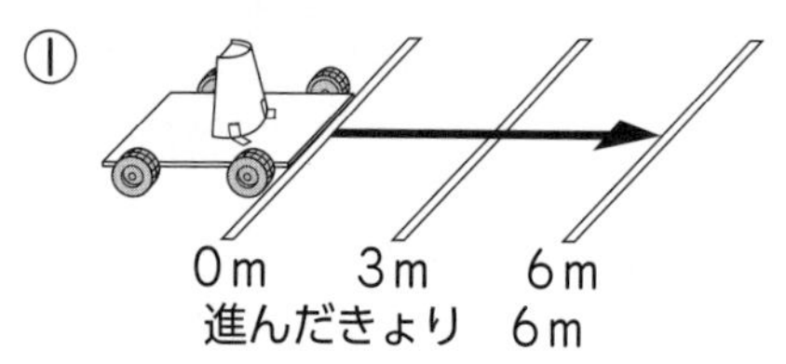

②
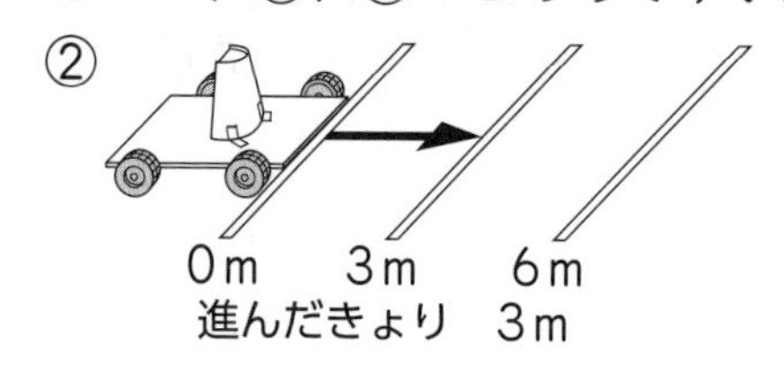

（　　　）

2 ゴムの力のはたらきについて、しらべました。

(1) （　）にあてはまる言葉をえらんで、○でかこみましょう。

①ゴムの力で、ものを動かすことが（　できる　・　できない　）。
②ゴムを長くのばすほど、ゴムがものを動かすはたらきは
（　大きく　・　小さく　）なる。

(2) ゴムの力で動く車を走らせました。わゴムを5cmのばして手をはなしたとき、車の動いたきょりは3m 60cmでした。
わゴムを10cmのばして手をはなしたときにはどうなると考えられますか。
正しいと思われるものに○をつけましょう。

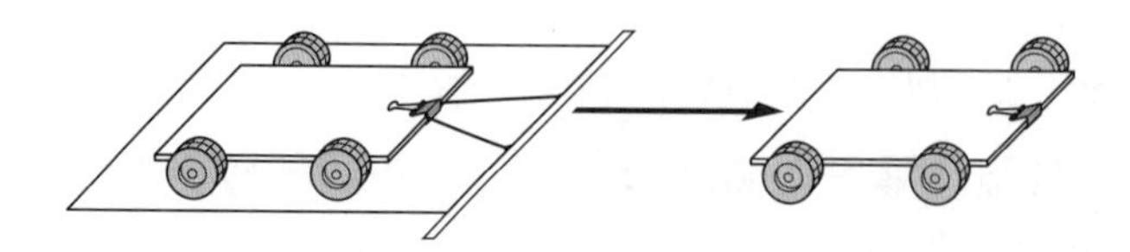

①（　　　）5cmのばしたときと、車が動くきょりはかわらない。
②（　　　）5cmのばしたときとくらべて、車がうごくきょりは長くなる。
③（　　　）5cmのばしたときとくらべて、車がうごくきょりはみじかくなる。

6 かげのでき方と太陽の光

1 **かげのでき方と太陽の動きやいちをしらべました。**

(1) （　　）にあてはまる言葉を書きましょう。

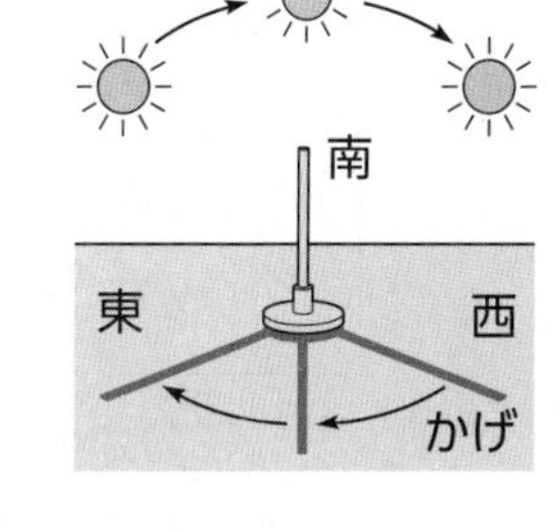

①太陽の光のことを（　　　　　）という。
②かげは、太陽の光をさえぎるものがあると、
　太陽の（　　　　　　）がわにできる。
③太陽のいちが（　　　　　）から南の空の高い
　ところを通って（　　　　　）へとかわるにつれて、
　かげの向きは（　　　　　）から（　　　　　）へと
　かわる。

(2) 午前９時ごろ、木のかげが西のほうにできていました。

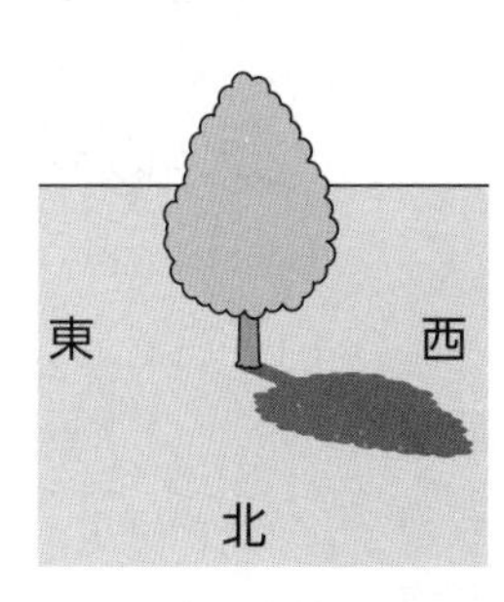

①このとき、太陽はどちらのほうにありますか。

（　　　　）

②午後５時ごろになると、木のかげはどちらのほうに
　できますか。

（　　　　）

2 **表は、日なたと日かげのちがいについて、しらべたけっかです。**
（　　）にあてはまる言葉を、あとの □ からえらんで書きましょう。

	日なた	日かげ
明るさ	日なたの地面は（　　　　　）。	日かげの地面は（　　　　　）。
しめりぐあい	（　　　　　　）いる。	（　　　　　　）いる。
午前９時の地面の温度	14℃	（　　　　　）
正午の地面の温度	（　　　　　）	16℃

明るい　　かわいて　　暗い　　しめって　　13℃　　16℃　　20℃

7 光のせいしつ

1 かがみを使って日光をはね返して、光のせいしつをしらべました。

(1) (　　)にあてはまる言葉を書きましょう。

①(　　　　　　)ではね返した日光をものに当てると、 当たったものは(　　　　　　)なり、あたたかくなる。 ②かがみではね返した日光は、(　　　　　　　　)進む。

(2) 3まいのかがみを使って、日光をはね返してかべに当てて、はね返した日光を重ねたときのようすをしらべました。

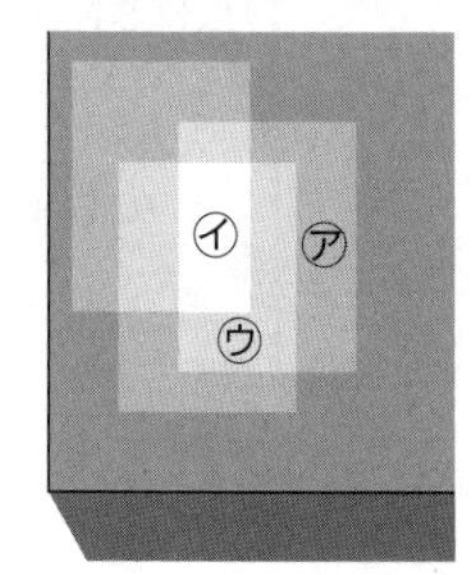

①㋐～㋒で、2まいのかがみではね返した日光が重なっているのはどこですか。

(　　　)

②㋐～㋒を、明るいじゅんにならべましょう。

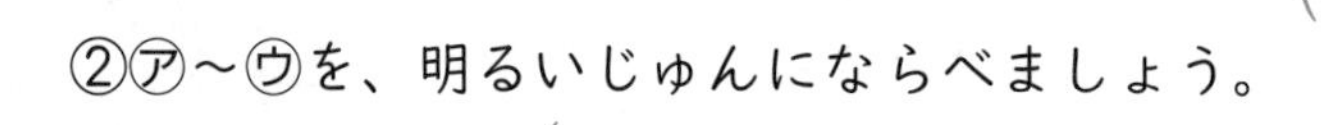

(　　　→　　　→　　　)

③㋐～㋒のうち、いちばんあたたかいのはどこですか。

(　　　)

2 虫めがねで日光を集めて、紙に当てました。

(1) 集めた日光を当てた部分の明るさとあたたかさについて、正しいものに○をつけましょう。

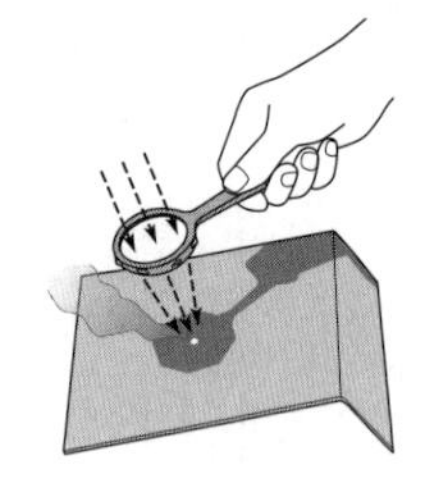

①(　　)明るい部分を大きくしたほうがあつくなる。

②(　　)明るい部分を小さくしたほうがあつくなる。

③(　　)明るい部分の大きさとあたたかさは、かんけいがない。

(2) (　　)にあてはまる言葉をえらんで、○でかこみましょう。

①虫めがねを使うと、日光を集めることが(　できる　・　できない　)。 ②虫めがねを使って、日光を(　小さな　・　大きな　)部分に 集めると、とても明るく、あつくなる。

8 音のせいしつ

1 音のせいしつについて、しらべました。

(1) （　　）にあてはまる言葉を書きましょう。

①ものから音が出ているとき、ものは（　　　　　　）いる。
②ふるえを止めると、音は（　　　　　）。
③（　　　　　）音はふるえが大きく、
（　　　　　）音はふるえが小さい。

(2) 紙コップと糸を使って作った糸電話を使って、
音がつたわるときのようすをしらべました。

①糸電話で話すとき、ピンとはっている糸を指でつまむと、
どうなりますか。正しいものに○をつけましょう。

㋐（　　）糸をつまむ前と、音の聞こえ方はかわらない。
㋑（　　）糸をつまむ前より、音が大きくなる。
㋒（　　）糸をつまむ前に聞こえていた音が、聞こえなくなる。

②糸電話で話すとき、糸をたるませるとどうなりますか。
正しいものに○をつけましょう。

㋐（　　）ピンとはっているときと、音の聞こえ方はかわらない。
㋑（　　）ピンとはっているときより、音が大きくなる。
㋒（　　）ピンとはっているときに聞こえていた音が、聞こえなくなる。

(3) たいこをたたいて、音を出しました。

①大きな音を出すには、強くたたきますか、弱くたたきますか。

（　　　　　　）

②たいこの音が２回聞こえました。２回目の音のほうが１回目の音より小さかったとき、より強くたいこをたたいたのは１回目ですか、２回目ですか。

（　　　　）

9 電気の通り道

1 豆電球とかん電池を使って、明かりがつくつなぎ方をしらべました。

(1) 図は、明かりをつけるための道具です。

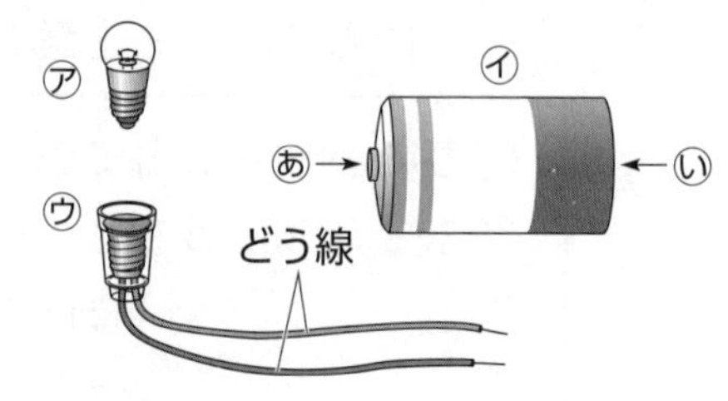

①㋐～㋒は何ですか。名前を書きましょう。

②㋑について、あ、いは何きょくか書きましょう。

(2) (　　)にあてはまる言葉を書きましょう。

> ○豆電球と、かん電池の(　　　　　)と(　　　　　)が
> どう線で「わ」のようにつながって、(　　　　)の通り道が
> できているとき、豆電球の明かりがつく。
> この電気の通り道を(　　　　)という。

(2) ①～③で、明かりがつくつなぎ方はどれですか。すべて答えましょう。

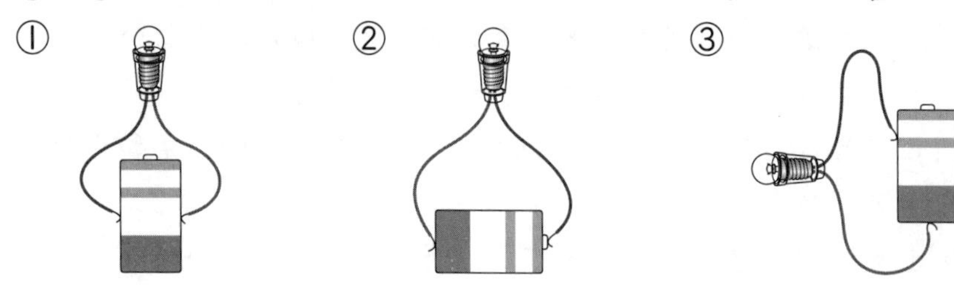

(　　　)

2 電気を通すものと通さないものをしらべました。(　　)にあてはまる言葉を書きましょう。

> ○鉄や銅などの(　　　　　)は、電気を通す。
> プラスチックや紙、木、ゴムは、電気を(　　　　　)。

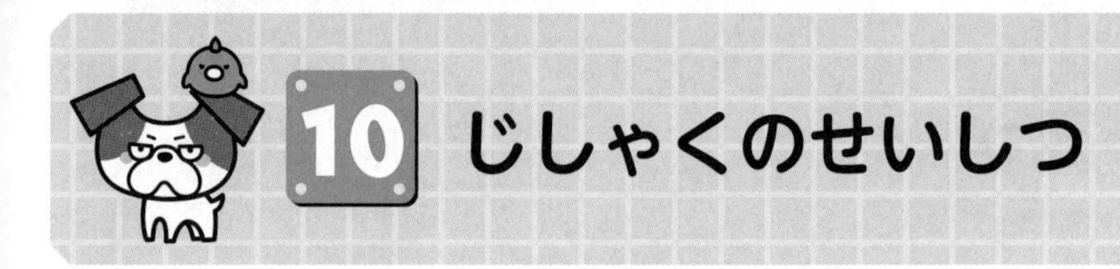

10 じしゃくのせいしつ

1 **じしゃくのせいしつについて、しらべました。**
（　）にあてはまる言葉を書きましょう。

①ものには、じしゃくにつくものとつかないものがある。
（　　　　）でできたものは、じしゃくにつく。
②じしゃくの力は、はなれていてもはたらく。
その力は、じしゃくに（　　　　）ほど強くはたらく。
③じしゃくの（　　　　）きょくどうしを近づけるとしりぞけ合う。
また、（　　　　）きょくどうしを近づけると引き合う。

2 **じしゃくのきょくについて、しらべました。**

(1) じしゃくには、2つのきょくがあります。何きょくと何きょくですか。

（　　　　）と（　　　　）

(2) たくさんのゼムクリップが入った箱の中にぼうじしゃくを入れて、ゆっくりと取り出しました。このときのようすで正しいものは、①～③のどれですか。

①

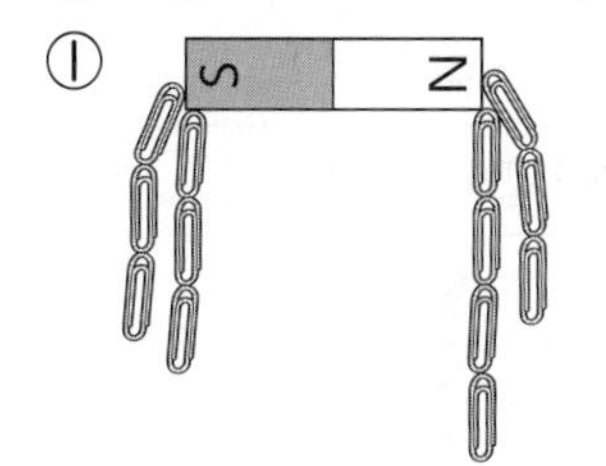

②

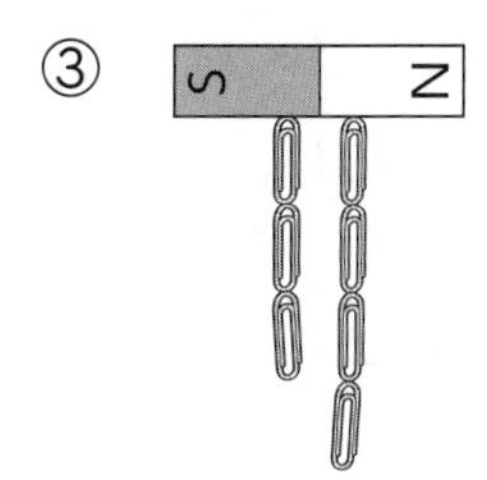

③ S N

（　　）

3 **①～⑥から、電気を通すもの、じしゃくにつくものをえらんで、**
（　）にすべて書きましょう。

電気を通すもの（　　　　）
じしゃくにつくもの（　　　　）

11 ものの重さ

1 もののの形やしゅるいと重さについて、しらべました。
（　）にあてはまる言葉を書きましょう。

①ものは、（　　　　）をかえても、重さはかわらない。
②同じ体積のものでも、もののしゅるいがちがうと
重さは（　　　　）。

2 ねんどの形をかえて、重さをはかりました。

(1) はじめ丸い形をしていたねんどを、平らな形にしました。
重さはかわりますか。かわりませんか。

（　　　　）

(2) はじめ丸い形をしていたねんどを、細かく分けてから
全部の重さをはかったところ、150gでした。
はじめに丸い形をしていたとき、ねんどの重さは何gですか。

（　　　　）

3 同じ体積の木、アルミニウム、鉄のおもりの重さをしらべました。

もののしゅるい	重さ(g)
木	18
アルミニウム	107
鉄	312

(1) いちばん重いのは、どのおもりですか。

（　　　　）

(2) いちばん軽いのは、どのおもりですか。

（　　　　）

(3) もののしゅるいがちがっても、同じ体積
ならば、重さも同じといえますか。
いえませんか。

（　　　　）

答え

1 植物のつくりと育ち①

1 (1)①め、子葉
②葉
(2)②
★草たけ(高さ)は高くなっていきます。4月27日が3cm、5月15日が7cmなので、5月8日は3cmと7cmの間になります。

2 (1)㋐葉　㋑子葉　㋒葉　㋓子葉
(2)㋑
(3)㋓

2 植物のつくりと育ち②

1 (1)根、くき、葉
(2)㋐葉　㋑くき　㋒根
(3)①㋐　②㋒　③㋑

2 ①子葉
②花
③花、実
④たね

3 こん虫のつくりと育ち①

1 (1)頭、むね、はら、あし
(2)㋐頭　㋑むね　㋒はら　㋓しょっ角　㋔目
(3)①㋑　②㋒

2 (1)㋐→㋒→㋓→㋑
(2)㋐たまご　㋒よう虫　㋓さなぎ
(3)㋐、㋓

4 こん虫のつくりと育ち②

1 (1)①頭、むね、はら
②頭、むね
(2)㋐頭　㋑むね　㋒はら

2 ①よう虫、さなぎ
②よう虫
③さなぎ

3 食べ物、かくれる

5 風やゴムの力のはたらき

1 (1)①できる
②大きく
(2)②
★風が強いほうが、車が動くきょりが長いので、①が強い風、②が弱い風を当てたときのようすになります。

2 (1)①できる
②大きく
(2)②
★わゴムをのばす長さが5cmから10cmへと長くなるので、車が動くきょりも長くなります。

6 かげのでき方と太陽の光

1 (1)①日光
②反対
③東、西、西、東
(2)①東
②東

2

日なた	日かげ
日なたの地面は（　明るい　）。	日かげの地面は（　暗い　）。
（　かわいて　）いる。	（　しめって　）いる。
14℃	（　13℃　）
（　20℃　）	16℃

★地面の温度は、日かげより日なたのほうが高いこと、午前9時より正午のほうが高いことから、答えをえらびます。

7 光のせいしつ

1 (1)①かがみ、明るく
②まっすぐに
(2)①ウ　②イ→ウ→ア　③イ
★はね返した日光の数が多いほど、明るく、あたたかくなります。

2 (1)②
(2)①できる　②小さな

8 音のせいしつ

1 (1)①ふるえて
②止まる（つたわらない）
③大きい、小さい
(2)①ウ　②ウ
★糸をふるえがつたわらなくなるので、音も聞こえなくなります。
(3)①強くたたく。　②１回目

9 電気の通り道

1 (1)①ア豆電球　イかん電池　ウソケット
②あ＋きょく　い－きょく
(2)＋きょく、－きょく、電気、回路
(3)②
★かん電池の＋きょくから豆電球を通って、－きょくにつながっているのは、②だけです。

2 金ぞく、通さない

10 じしゃくのせいしつ

1 ①鉄
②近い
③同じ、ちがう

2 (1)Nきょく・Sきょく
(2)①
★きょくはもっとも強く鉄を引きつけます。ぼうじしゃくのきょくは、両はしにあるので、そこにゼムクリップがたくさんつきます。

3 電気を通すもの①、②、③
じしゃくにつくもの①、②
★金ぞくは電気を通します。金ぞくのうち、鉄だけがじしゃくにつきます。

11 ものの重さ

1 ①形
②ちがう

2 (1)かわらない。
(2)150 g
★ものの形をかえても、重さがかわらないように、細かく分けても、全部の重さはかわりません。

3 (1)鉄（のおもり）
(2)木（のおもり）
(3)いえない。